河南省计量人员培训教材

计量管理基础知识

（第4版）

苗　瑜　主编

黄河水利出版社
·郑州·

内容提要

为了配合计量人员的教育培训，本书依据2013年现行有效的国家计量法律法规介绍了我国的计量工作体制，阐述了法定计量单位的有关知识、量值传递与量值溯源的概念，对测量误差与测量不确定度的评定进行了系统的整理，围绕计量标准的考核与管理、计量检定人员的管理、注册计量师制度的实施、计量检定机构的管理与考核、计量授权工作、仲裁检定与计量调解要求、计量器具许可证制度实行、实验室资质评定、企业计量检测体系的建立与确认、计量监督与行政执法的开展等计量管理监督工作内容及要求进行了详细叙述，便于读者对计量管理与监督活动有一个基本了解。本书还选编了一部分练习题，以便自我检查学习效果。

本书可用于计量检定人员培训，也可供从事计量管理、计量技术、测量管理体系审核等工作的人员阅读参考。

图书在版编目(CIP)数据

计量管理基础知识/苗瑜主编. —4版. —郑州：黄河水利出版社，2014.2

ISBN 978-7-5509-0720-1

Ⅰ.①计… Ⅱ.①苗… Ⅲ.①计量管理 Ⅳ.①TB9

中国版本图书馆CIP数据核字(2014)第024576号

出 版 社：黄河水利出版社

地址：河南省郑州市顺河路黄委会综合楼14层　　邮政编码：450003

发行单位：黄河水利出版社

发行部电话：0371-66026940、66020550、66028024、66022620(传真)

E-mail：hhslcbs@126.com

承印单位：河南地质彩色印刷厂

开本：787 mm×1 092 mm　1/16

印张：18

字数：420千字　　印数：1—3 100

版次：2014年2月第4版　　印次：2014年2月第1次印刷

定价：46.00元

本书编委会

再版前言

计量是关于测量的科学，它涉及测量理论、测量技术和测量实践等多个领域。现代计量是国民经济建设中一项重要的技术基础。近几年来，法制计量、科学计量和工业计量都发生了较大的变化，取得了较快的发展。随着我国社会主义市场经济的深入发展，计量工作在经济、科技和国际贸易中的重要作用日益显著，同时社会发展也对计量工作提出了更高的要求，对计量战线的广大计量管理和技术人员的知识结构、业务能力及技术水平也提出了新的、更高的要求。为了更新计量知识，帮助和促进计量部门与企事业单位的计量管理和技术人员提高计量业务素质，根据国家有关计量管理和监督的要求，2004 年河南省计量测试学会组织人员编写了河南省计量人员培训教材《计量管理基础》，作为河南省计量管理及计量检定人员的考核培训教材，对全省计量人员的培训发挥了积极的作用。

2006 年 7 月，河南省计量测试学会组织了再版修订，保留了原来的基本结构和内容，订正了原来编写中个别不够确切或严谨之处，更正了印刷中的一些错误。针对计量工作中新的发展和变化，对相关内容进行了修订，如:《法定计量检定机构考核规范》由 JJF 1069—2003 换版为 JJF 1069—2007；计量认证纳入实验室资质认定，评审的依据由《产品质量检验机构计量认证/审查认可(验收)评审准则》改变为《实验室资质认定评审准则》等。为适应全省质量技术监督系统管理人员岗位培训考核的需要，增加了一些练习题，以便通过这些练习题进一步掌握本书相关内容的要点。

2010 年河南省计量测试学会组织人员进行了第 3 版修订，根据计量知识普及和更新、提高的需要，补充了法定计量单位的使用知识；更新了 JJF 1033—2008《计量标准考核规范》修订后对计量标准的考核与管理要求；随着 2008 年《计量检定人员管理办法》的修改，增加了计量检定人员的管理新变化和注册计量师制度的实施要求；按照JJF 1246—2010《制造计量器具许可考核通用规范》的要求，修订了计量器具依法管理要求；增加了计量监督与执法中对于《河南省质量技术监督行政处罚裁量标准适用规则》的执行原则等内容。教材更名为《计量管理基础知识》。

2013年河南省计量测试学会组织人员进行了第4版修订。根据JJF 1069—2012《法定计量检定机构考核规范》的换版调整，JJF 1001—2011《通用计量术语及定义》的修订变动，JJF 1059.1—2012《测量不确定度评定与表示》的修改与变化，《计量检定人员考核规则》的颁布，《注册计量师注册管理暂行规定》的出台，计量管理内容和监督要求不断变化、增加、规范、提高，编委会组织力量围绕相应章节进行了对应修改。

在本书的编写中，尽管编写人员付出了艰辛的劳动，仍会存在许多不足，我们诚恳希望大家在使用中多提宝贵意见，以便在下次修改时借鉴完善。

编　者

2013年10月

目 录

第一章 计量基本知识

第一节 计量概述

计量是关于测量的科学,是实现单位统一、量值准确可靠的活动。

计量起源于古代,人类从开始使用工具以来,就有了量的概念。随着人类的进步、生产的发展和文明的提高,出于社会分工和商品交换的需要,计量应运而生,随着社会的发展和科学技术的进步走向现代。

古代计量在各个国家独立产生,基本处于各个国家各自为政的状况。各国使用的计量单位、进位制度、计量器具、管理制度彼此差异较大。在中国长达两千多年的封建社会阶段,我国的度量衡制度随着王朝兴衰不断颁定,基本以秦汉古制为基础,单位量值没有大幅度变化。秦始皇统一度量衡是中华民族对世界文明历史发展的重要贡献之一。《礼记·月令》篇中说:仲春、仲秋之月"日夜分,则同度量,均衡石,角斗甬,正权概"。意为每年时逢仲春、仲秋之季,一天中温度、湿度变化幅度不大的时候,校准测量长度用的尺子、测量容积用的容器及测量重量用的砝码等民间常用度量衡器具,以保证量值的准确、统一。

1840年以来,随着外国帝国主义的军事侵略和经济掠夺,各国度量衡制度也纷纷传入我国,造成计量从制度到器具以及量值等方面的极度紊乱。国民党统治时期,国民政府也深知度量衡的统一关系到国家的政治主权、经济建设、民众生活,组织制定并颁布了《度量衡法》。但由于政治腐败,连年戡乱,经济衰退,工业、科技和教育事业凋敝,计量事业虽有法律、有规划、有目标,但无财力保障,无精力实施,更谈不上发展,造成计量单位公制、市制、俄制、英制、德制、旧杂制等混用。这一时期是我国计量历史上最乱的阶段。

新中国成立后,随着国民经济的恢复、建设和发展,计量工作采用苏联的管理模式,建立了我国的计量基础,发展了现代计量事业。党的十一届三中全会以后,党和国家的工作重点转移到以经济建设为中心上来,经济建设的需要为计量事业的发展创造了条件,我国逐步建立健全了计量法律体系、计量管理体系、计量技术体系。到目前为止,制定颁布了计量法律及大量法规、规章;构建了以国家、省、市、县四级国家计量行政部门力量为骨干,各部门各行业计量队伍为补充的计量监督管理体系;建立了长度、热工、力学、电磁、时间频率、无线电、电离辐射、光学、声学和化学十大计量专业以及专用类等各类国家计量基准、计量标准，形成了不同专业、不同量限、不同准确度等级的国家、省、市、县四级社会公用计量标准网络，保证了国家计量单位制的统一，保证了与国际计量单位的一致，为我国经济发展提供了计量基础保证。

随着社会主义市场经济的建立，计量已经成为国家事务管理的组成部分，成为国民经济管理的重要基础，现代计量已发展成为集计量技术、计量法制、计量组织和计量经济各个方面于一身，纳法制、科技、管理于一体的现代管理系统。计量管理作为现代管理的科学方法，对提高管理水平，降低生产成本，优化资源配置，提高经济效益，促进社会发展，有着直接影响和深远意义。我国的现代计量起步较晚，寻求完善的管理模式，促进计量事业的科学发展，满足生产者、经营者、消费者对计量工作的期望与需求，营造公平竞争、健康有序的经济发展环境，已成为计量事业发展的追求和目标。

第二节　计量的特点

一、计量、测量与测试

计量是在度量衡的基础上发展起来的。度量衡是指长度、容积、重量(质量)三种量的测量。随着生产和科学技术的发展，特别是物理科学的发展，需要测量的量值种类越来越多，原有的度量衡概念已远远不能适应社会发展的需要，因而逐步以“计量”取代了“度量衡”。随着科学技术的不断发展，计量的范围不断扩展，测量准确度要求不断提高，计量的范畴已经扩展到工程量、化学量、生理量甚至心理量。目前普遍开展的、较为传统和成熟的有几何量计量、温度计量、力学计量、电磁计量、无线电计量、时间计量、光学计量、电离辐射计量、声学计量和化学计量等十大专业。在生物工程、医学医药、环境检测、航天测控、信息技术、计算机应用、资源勘探等高新技术领域，也在不断提出新的计量需求。随着科学技术的进步，计量测试技术正在向跨专业、跨学科方向发展，国民经济的进一步发展将大力促进计量工作的深化和加强。

物质世界的每一项重大发现、发明，从定性区别到定量测定，直到测量方法的统一、单位的统一和量值的统一，需要经历长时间的演变过程。只有发展到要求实现测量统一的阶段才被列入计量的范围。在 JJF 1001—2011《通用计量术语及定义》中，把计量一词定义为：“实现单位统一、量值准确可靠的活动”。这个定义，揭示了计量这一术语的内涵，确立了计量工作的重点：计量不在于对量进行具体的测量操作，而在于实施对测量要求的控制和管理。该定义既是对计量的传承，也适于计量的发展。现代计量内容包括：计量单位的定义，单位制的统一，计量基准和计量标准的建立、保持、维护与使用，计量方法的研究，测量仪器与材料及其计量特性的评定，计量的法制管理，计量理论、计量技术的研究与推广，数据的处理与测量不确定度的评定及表示，等等。

人们还常常使用“测量”和“测试”两个术语。测量的定义是指“通过实验获得并可合理赋予某量一个或多个量值的过程”。测量的目的是确定量值；测量的对象是作为被测量的量；测量本身是确定被测对象量值的全部操作过程。也就是说，测量是利用一个已知的单位量，采取一定的手段和方法，与被测的同种量进行比较的全部过程，测量的结果是具有确定单位的量值。

测试的定义为“具有试验性质的测量”，可以理解为包括测量和试验的全过程。测试的本质是测量，因为任何测试最终都要拿出数据。但目的并不单纯是获得某一量值，往往是为了解决科研和生产或者贸易中的实际问题，具有一定的探索性、试验性、不确定性，是试验研究过程中的一个环节。测试的范围十分广泛，可以是定量测定，也可以是定性分析，既可以单项测试，也可以综合测试。

二、计量的分类

计量学是“关于测量的科学”。它包括有关测量理论和实践两个方面。国际上趋向于把计量学分为法制计量、科学计量和工程计量三类，分别代表计量的国家管理、基础研究和应用推广三个层面。

（一）法制计量

法制计量是计量的重要部分，是计量工作的特色体现。古今中外计量都是政府应当管理的社会事务的一部分，但并不是所有的计量工作都需要政府直接管理。政府应当把管理重点放在制定计量法律法规、督促法律法规的贯彻实施、依法进行计量管理与监督上，也就是说，法制计量是政府及其法定计量机构的工作重点。在 JJF 1001—2011《通用计量术语及定义》中，法制计量是：为满足法定要求，由有资格的机构进行的涉及测量、测量单位、测量仪器、测量方法和测量结果的计量活动。法制计量是政府依计量法律法规应当予以管理、监督、保障的社会活动。在国民经济、社会和人民生活中，要解决由于不准确、不诚实的测量所带来的危害，维护国家和人民的利益，必须实施计量的法制管理。当前国际社会公认的法制计量领域也是我国《计量法》所规定的，在贸易结算、安全防护、医疗卫生、环境监测等领域中的计量活动是实施国家计量强制管理的内容。随着可持续发展战略的提出，各国对资源的开发利用越来越重视，资源控制也将纳入法制管理的范围。所以，法制计量的领域是随社会、经济发展而变化的。

在 JJF 1001—2011《通用计量术语及定义》中对于法制计量的阐述，主要讲了法制计量所涉及的工作内容及执行主体。在我国，法制计量主要包括计量立法、统一计量单位、有关测量方法、计量器具和测量结果的控制、有关法定计量技术机构及测量实验室管理等内容。计量立法包括计量立法宗旨、调整范围、计量单位制、计量基准器具、计量标准器具和计量检定、计量器具管理、计量监督、计量机构、计量人员、计量授权、计量认证、计量纠纷处理和计量法律责任等。法制计量是政府的行为，是政府的职责，是计量管理的重点。

（二）科学计量

科学计量是计量的基础，它是指基础性、探索性、先行性的计量科学研究，通常用最新的科技成果来精确地定义与复现计量单位，并为最新的科技发展提供可靠的测量基础。科学计量是国家计量科学研究机构的主要任务，包括计量单位的定义、单位制的研究、计量基准与标准的研制、物理常数与精密测量技术的研究、量值传递或者量值溯源方法的研究、量值比对方法与测量不确定度的研究，也包括对测量原理、测量方法、测量仪器的研究，动态、在线、自动、综合测量技术的研究，涉及法制计量领域和计量管理理论的研究，等等。科学计量是实现单位统一、量值准确可靠的重要技术保障。

（三）工程计量

工程计量也称为工业计量。一般是指工业、农业、工程、商贸、医疗卫生、环境监测、国防、科研、气象观测等各个领域中的实用计量，具有广义性，是涉及应用领域的计量活动的统称。如：有关能源或材料的消耗、监测和控制，生产过程工艺流程的监控，生产环境的监测以及产品质量与性能的检测，企业的质量管理和测量管理体系的完善与建立，生产技术的开发和创新，提高生产效率，保证产品质量，企业的节能降耗与环保，统计技术的应用，生产活动的经营和管理，安全的保障，等等，无不和计量有关。所以，计量已成为企业生产活动中不可缺少的环节，是企业的重要技术基础。工业计量一词是我国对这些计量活动的一种习惯用语。工程计量包括建立企业计量标准，开展各种计量检定、校准、检测活动，建立企业计量管理体系，发展仪器仪表产业等方面。工业计量测试能力实际上也是一个国家工业竞争力的重要组成部分，在以高技术为基础的经济构架中显得尤为重要。工程计量为计量在国民经济中的实际应用开拓了广阔的前途和领域。

三、计量工作的特点

（一）统一性

统一性是计量工作的基本特性，指在统一计量单位的基础上，无论在何时何地采用何种方法，使用何种计量器具，以及由何人测量，只要符合有关的要求，其测量结果就应当具有一致性，测量结果应是可复现和可比较的。统一主要包括在横向和纵向两个方面。横向的统一主要指与国际计量单位的统一，计量量值与世界各国保持一致。目前我国采用的单位制正是被世界上绝大多数国家所采用的科学、先进的国际计量单位制度，用于复现量值的计量基准、计量标准，通过与国际计量局以及经济发达国家的计量基准、计量标准进行比对，与国际上保持一致。纵向的统一主要是指把全国各领域、各行业、各部门、各单位使用的不同准确度等级的计量器具，通过量值溯源或者量值传递，使其显现的量值都统一到国家计量基准上来。

（二）准确性

准确性是计量工作的核心，也是统一性的基础。准确是指测量结果与被测量真值的一致程度。对于任何一个测量过程，由于测量误差的存在，在给出量值的同时必须给出适用的误差范围或者测量不确定度，这种量值的表示要求是计量工作有别于其他测量工作的最大不同之处。不断提高测量的准确性、可靠性是计量学研究的对象，也是一切计量科学研究的目的和归宿。

(三)社会性

计量是经济生活、国防建设、科学研究、社会发展的重要技术基础,人们在广泛的社会活动中,每天都在进行着各种不同的测量。可以说,测量已经渗透到人类活动的各个领域。而测量的准确与否,直接影响着测量活动的成效,计量工作是实现测量结果准确的基本保证,没有准确可靠的计量,社会事务就无法进行。计量工作的属性必然包含着浓重的社会性。

(四)法制性

由于计量工作具有上述统一性、准确性与社会性等特点,就决定了计量工作必须由国家用法律法规的形式进行规范、监督、管理。为了保证计量单位的统一和量值的准确一致,适应科学技术、制造生产、贸易往来的需要,维护国家和人民的利益,国家制定了有关计量工作的法律、法规、命令、条例、办法等一系列法制性文件,作为各地区、各部门、各行业以及个人共同遵守的计量行为准则。目前,世界上的大多数国家计量监督管理都突现了计量工作的法制性特点,将计量作为国家管理事务的组成部分。计量学作为一门学科,它所具有的法制特点在其他学科中是很少见的。

第三节　计量在国民经济中的重要作用

在人们的广泛社会活动中,每时每刻都在进行着大量的不同类型的测量活动,无论是科学实验、社会生产、商品流通,还是人民生活,都离不开测量,而且在测量过程中都在追求测量的准确。没有准确的测量,则可能出现科学实验数据虚假、工艺过程无法控制、产品加工质量低劣、能源消耗心中无数、贸易结算产生分歧、市场买卖缺斤少两、医疗卫生误诊错治、统计报表数字不实、经济管理假账真算等现象,对国民经济各个领域、社会活动的各个方面产生不良影响,使社会经济活动不能正常进行,经济秩序发生混乱。而计量工作的目的就是为测量的准确提供可靠保证,确保国家计量单位制度的统一和全国量值的准确可靠,这也是国家机体运转的基本保障。可见,计量是发展国民经济的一项重要技术基础,是确保社会活动正常进行的重要条件,是保护国家和人民利益的重要保证,计量在国民经济中具有十分重要的作用。

一、计量的宏观效应

计量是国民经济建设的一项重要基础技术工作,凡是进行物质生产、商业流通和科学研究的部门都离不开计量。计量也是生产力,国民经济离开了计量保证就无法有序进行。

社会越进步,国民经济越增长,科技越发展,对计量的要求越高。

工业生产的过程大多为:原料→半成品→成品。在这些过程中各个指标的实现都离不开计量。现代化生产水平越高,产品科技含量越高,计量的重要性越显著。优质的原材料,先进的计量检测手段,完善的工艺装备,已成为现代化生产的三大支柱。计量在不增加固定资产投资的情况下,能有效地利用资源、减少投入、增加收益。工业计量是对企业现有能力进行挖潜,以获得最佳投入产出比的活动。

冶金工业是高耗能企业,其能源的合理分配、节约使用,产品质量的提高,都依赖于准确的计量手段。如原材料进出厂的称重,生产原料、辅料的配比,炉温的测量与控制,钢材轧制的测量,成品质量检测都依赖于计量检测。

在电子工业、机械行业、食品工业生产中,加强计量测试工作是保证产品质量,特别是优化产品质量的技术前提。通过计量,可以及时发现质量波动状况,以便调整生产条件,改进工艺,使产品质量达到并且保持产品标准的技术指标要求。

在交通运输业中,计量可提高交通运输质量,保证机车、船舶、车辆的修造质量。自动化装卸中的经济核算、节能降耗等都是计量提供技术保证的重要手段。

随着世界各国经济的发展,我国对外贸易量大增,为了快装、快卸、准确计量,港口和商检部门加强了计量检测手段配置,仅对棉、粮、糖、化肥、橡胶等大宗物品进行重量计量,每年都可为国家挽回上千万美元的经济损失。港口计量涉及对外贸易的巨大经济利益和国家主权。港口是多环节、多部门、多工种的联合作业机构,涉及物资、交通运输、外贸商检和计量等部门。建立统一的计量管理机构,配备必要的检测手段,采用先进的大容量、大质量、大流量计量检测技术,是对外贸易发展的需要。

在农业现代化上,要做到科学种田,对土壤中的酸碱度、盐分、水分、有机质和氮、磷、钾的含量,种子质量,农药、化肥有效含量的测量,对谷物、蔬菜、瓜果等农产品中重金属元素含量、农药残留等指标的测量,都离不开计量测试。现代农业生产要达到高产、稳产,必须加强农业计量,在准确可靠的检测数据基础上,促进农业科研工作的发展和农业生产技术的提高。

体育与计量也密切相关:体育场馆要对其温度、湿度、风量、采光、电磁干扰等进行监控;体育设施、体育竞技需要长度计量、质量计量、时间计量等严格的测控,如赛程的距离、器材和人体的称重、准确的计时,正是应用了光电测距仪、高精度称重仪、电子计时器等计量技术,使体育竞赛成绩得到了科学的保证,使裁判的工作更加公平、公正,使比赛更为精彩;体育训练中要对运动员身体的机能进行评定,则应进行生理生化的监控和测试;要开展运动员兴奋剂的检测,以确保比赛的公平。

科学研究,总是从大量数据开始,然后总结出一般的规律,从而建立各种定理、定律、理论和学说,这是科学发展的必由之路。科技创新事关国民经济发展的大业,但科技创新并非一蹴而就,要做到真正有价值的科技创新,准确的计量是重要的基础工作。科学实验是检验真理的标准,在居里夫人长达数年艰苦的镭元素提炼、提纯过程中,经历了 5 000 多次精密的成分分析、称重测量,才得到了 1 g 镭元素物质。她科学研究的成功离不开准确的力学计量手段。美籍华裔物理学家李政道和杨振宁提出的弱相互作用宇称不守衡的假设,由华裔女科学家吴健雄教授用当时美国标准物理研究院(NIST)最先进的计量设施钴 60

放射源测量装置进行了验证，1957 年，李、杨二人为此获得诺贝尔物理学奖。高温超导材料生产中的超导转变温度的测量与控制，我国处于国际最高水平，是由中国计量科学研究院承担的。导弹控制、交通运输监测、车辆监控、飞行控制等广泛使用的全球定位系统（GPS），其准确性依赖于现代时间频率计量标准——铯原子钟。

准确的计量是技术创新和各种高新技术发展必需的重要基础，科学技术的发展也为计量技术的更新、仪器的换代、准确度的提高，提供了有力的支持。

在国防能力建设中，为保证国防技术、产品、项目的成功，使整个项目（系统）协调一致，统一动作，实现预定的总体指标和战术技术指标，保证高质量和高可靠性，就要求计量贯穿于系统的预研、设计、试制、试验、定型、生产的全过程。在预研和设计阶段，靠计量提供数据，判断理论或方案是否合理；在试制和试验阶段，计量数据是监控各个子系统状态，判断试验成败的技术依据；在定型和生产阶段，计量又是检查元器件质量，确定各个零部件和分系统技术性能，保证生产顺利进行的基本手段。美国某航空喷气发动机公司研制发动机时发现，当制造所用计量仪表误差为 0.75σ 时，需进行 200 次试验，试验费用高达 2 000 万美元。当计量仪表误差减小到 0.5σ 时，只需试验 28 次。计量仪表误差每减少 0.25σ，每台发动机生产成本降低 120 万美元。由此可见，计量是实现科技现代化、国防现代化的重要技术基础。

目前我国政治体制改革、经济体制改革已经进入新的阶段，在社会主义市场经济的建立中，坚持对外开放、对内搞活的经济政策，促进国民经济持续、快速、健康发展，计量在国民经济中的作用是其他任何措施都不能替代的。

二、计量的微观效应

计量从度量衡开始就与人民群众生活密切相关，人们生活的衣、食、住、行、医疗、环境等各个方面都离不开计量。

在贸易交往中，大多数贸易行为都依赖于计量手段完成。人们到市场买菜、买粮要用秤，买布用米尺，用电需要电能表，用水有水表，用天然气有燃气表，打电话用计时计费器，乘出租车用里程计价器。如果没有计量，就不能维持正常的经济生活秩序，维持有序的市场经济运转，维护人民日益增长的物质文化生活需要和权益。

在安全生产上，有毒有害易燃易爆危险品的检测必须使用计量仪器仪表，计量对维护人身安全、国家财产安全更为重要。

在环境保护中，交通车辆、广播、电视、人声及工业机器运转所产生的噪声，使人心烦意乱，影响了人们的学习、生活和身体健康。北京市机动车辆数量是东京的 1/20，而噪声级别却相等。环保部门、劳动部门、计量部门联合布点对各交通要道进行了噪声计量现场测试，实测结果为北京市政府制订治理噪声污染政策提供了计量技术依据。

计量与人们的健康有着更密切的关系。有病到医院就诊，需要借助各种计量仪器对临床症状进行测量，供医生诊断参考。量体温用温度计，测血压用血压计，透视用 X 光机，诊断用 A 超、B 超、CT、核磁共振，化验血液用血球计数器、血气酸碱生化分析仪，配药用天平、戥秤。如果计量不准、测量方法不当，将造成误诊误治，危及人身健康与生命。

随着人民生活质量的提高、计量意识的增强,人们普遍开始关注个人的身体健康和安全。现在人们更为关注的是在日常生活中,食品、空气和水的污染与安全:食品中化肥、农药等残留量是否超标?可否放心食用?饮用水是否符合卫生标准要求?室内外空气质量是否达标?噪声是否超标?家用电器的电磁波、超声波对人身健康的影响有多大?人们已进一步认识到各种量的影响以及准确可靠测量的重要性。计量无时无刻不在人们身边,计量只有被广大群众所理解,才会产生更大的作用。

综上所述,计量确确实实不愧为国民经济发展的重要技术基础,不论从宏观分析还是微观分析,不论从社会效益还是经济效益,不论从国家利益还是个人利益,计量已经成为国民经济发展和人民日常生活中不可忽视的重要领域。

第四节　计量工作的发展

计量或者说度量衡是从保护消费者权益起源的,是以维护统治者利益为目的的。随着19世纪工业革命的推动,商品贸易在人们的经济生活中变得日益重要,商品交易的公正性使计量在利益冲突的买卖双方之间成为需要特殊信任的测量活动。计量是实现单位统一、量值准确可靠的测量科学。

市场经济是法治经济、质量经济,是竞争经济,计量是构成国家和企业市场竞争能力的重要因素。市场经济的建立,为计量工作注入了新的活力。经济贸易全球化、市场国际化,要求贸易计量必须具备等效性、可信性。市场的竞争主要是质量和价格的竞争。朱镕基曾经指出:"凭数据指导生产、监控工艺、检测产品,质量才能得到保证。没有准确的计量,就没有可靠的数据,就无法正常控制工艺过程,也就不可能生产出高质量的产品。"一个国家的计量水平决定了它的技术发展和产品开发的上限,一个企业的计量检测水平决定了其产品质量的上限。通过对原材料物料消耗的计量、生产过程的计量监控、产成品的最终检测,企业可以降低消耗,减少次品,从而降低生产成本,提高经济效益,以低价位、高质量的产品参与市场竞争。根据工业发达国家的统计和估算,测量及与测量有关的工作占国内生产总值(GDP)的4% ~6%,这个比例在欧盟国家中相当于每年几千亿美元。在美国,改善电子元器件的热性能计量投入产出比为1/5,改进硅耐热性测量投入产出比是1/37。加拿大的商贸计量检定投入产出比是1/11。

科学技术的发展,对计量工作提出了更高要求。聂荣臻元帅指出:"科技要发展,计量要先行。"知识经济的发展使测量进入数字化、整体化、智能化时代。过去复杂烦琐的测量过程变得直观、简单,同时也使计量的科学技术含量越来越高,对科学计量工作也提出了新的要求,如果计量水平不随之提高,将会阻碍科学技术的发展。大量的计量检测信息使我国在经济政策制定、贸易结算、医疗卫生、环境检测、安全防护、资源保护、行政管理等方面作出更加科学合理的决策。

社会结构和社会意识的变化，为计量工作提供了广阔的舞台。第三产业的兴起使计量监督与服务的领域在逐步拓宽。零售商品、定量包装商品、大宗物料交易、商品房面积、电话计时收费器、出租车计价器、燃油加油量等计量问题已成为计量监督的重点。随着全社会法治意识的增强、消费者自我保护意识的提高，计量监督具备了广泛的群众基础。消费者对计量问题的关注，为计量监督的实施提供了雄厚的群众基础，但同时对计量行政管理工作也提出了更高要求。

可持续发展战略已成为各国经济发展的战略选择，全球环保意识日趋增强，我国各大中城市纷纷开始公布的空气质量指标中，对一氧化碳、二氧化硫、臭氧、悬浮微粒等含量的检测，既要快又要准。环保检测已成为新的计量课题。为适应全球环保需要，计量在资源损耗、生态环境、人体健康影响等方面将发挥更大作用。21 世纪中，在信息技术、生物工程、纳米技术、医疗诊断治疗、食品药物评定等这些新兴的边缘科学技术方面，科学技术的发展迫切需要更为准确可靠的跨学科综合计量测量。

进入 21 世纪后，随着国民经济的快速发展，国家对计量支持的力度不断增加，我国现代计量有了更大规模的发展，主要表现在三个方面：首先，以量子物理为基础的基础研究进一步深入开展，课题选择面向国际计量热点和前沿关键问题，例如量子质量基准、光钟、基本常数测量等，并陆续取得优秀的成果。其次，大力推广不确定度概念和应用，普遍开展校准和检测实验室认可活动，使计量技术和管理两方面的水平有了一个长足的进步。再次，通过签订国际计量互认协议，广泛参加国际比对、同行评审，积极参加国际计量活动，我国的国家计量基准、计量标准和计量检定、校准能力得到了国际互认，我国计量水平已经跻身于国际先进行列。

第二章　计量法律法规体系

任何一个国家的法律都有自己的表现形式。我国的法律是由国家制定或认可，体现工人阶级领导的广大人民群众意志，由国家以强制力保证实施，具有普遍约束力的行为规则，它包括宪法、法律、行政法规、地方性法规、自治法规、特别行政区法、部门规章和地方规章等，形成了一个具有不同法律效力、自上而下、严密统一的多层次法律体系。

第一节　法学基础知识

一、法的概念

法是以国家意志形式出现，作为司法机关和执法机关办案依据，具有普遍性、明确性和肯定性，以权利和义务为主要内容，首先和主要体现执政阶级意志，最终决定于社会物质生活条件的社会规范的总称。

二、法的价值

法的价值是指法在发挥社会作用的过程中能够保护和增加的价值，如人身安全、财产安全、公民的自由、经济的可持续发展、和谐的社会环境等。这些价值构成了法律的理想和目的，其中正义、秩序、自由、效率是倍受重视的法的价值。

秩序是构成人类理想的要素，是人类社会活动的基本目标，是法的最基本价值之一。法对秩序的维护作用主要表现在：

(1)维护占统治地位的社会集团的统治秩序；

(2)维护权利运行的秩序；

(3)维护经济秩序；

(4)维护正常的社会秩序。

其通常表现为以下特点:普遍性、明确性、统一性、稳定性、可行性、公开性。

从字面上看,正义一词泛指具有公正性、合理性的观点、行为以及事业、关系、制度等。从实质上看,正义是一种观念形态,是一定经济基础上的上层建筑。正义是社会道德价值的核心,法是实现正义的手段,法对正义的实现作用主要表现在:分配权利以实现正义,惩罚罪恶以伸张正义,补偿损失以实现正义。其作用表现为:保障安全、维护平等、保证自由、促进效率。

秩序是形式上的正义,正义是实质上的秩序。

三、法的规则

法的规则是国家政权中有权机关制定或认可,规定社会主体权利和义务的行为规范。

法的规则的逻辑结构,就是指从逻辑意义上说由哪些要素构成了法的规则整体,以及构成法的规则整体的各要素之间的逻辑关系。

行为模式:可以这样行为(授权性规则),应当这样行为(命令性规则),不得这样行为(禁止性规则)。

后果模式:肯定性后果,否定性后果。

法的规则的种类:

(1)按照法的规则所设定的行为模式分为权利规则、义务规则、权义复合规则。

(2)按照法的规则的效力强弱或刚性程度分为强制性规则、任意性规则。

四、法律关系

法律关系是法律规范在调整人们行为过程中所形成的法律上的权利义务关系。法律关系主体,即法律关系的参加者,是指在法律关系中依法享有权利和承担义务的人或组织,如自然人、组织、国家。法律关系客体是指法律关系权利义务指向的对象,包括物、行为、非物质财富。法律关系内容是指法律关系主体之间的权利和义务。法律事实是法律规范所规定的能够直接引起法律关系产生、变更和消灭的现象,包括法律行为和法律事件。

五、法的制定

立法体制是指国家立法机关的体系及其立法权限的划分。2000 年 7 月 1 日《中华人民共和国立法法》的实施,进一步确立了我国的立法体制。我国的立法体制从纵向上分为中央立法和地方立法,从横向上分为权力机关立法和行政机关立法。

我国法的形式包括法律、行政法规、地方性法规、自治条例和单行条例、部门规章、地方规章。

法律由全国人民代表大会及其常务委员会制定;行政法规由国务院制定;地方性法规

由省、自治区、直辖市人民代表大会及其常务委员会，较大的市的人民代表大会及其常务委员会制定；自治条例和单行条例由民族自治地方的人民代表大会制定；部门规章由国务院各部、各委员会、中国人民银行、审计署、具有行政管理职能的直属机构制定；地方政府规章由省、自治区、直辖市和较大的市的人民政府制定。

六、法的适用

法的适用是法的实施的重要方式。法律的适用常有广义和狭义两种理解。广义的适用是指国家机关（包括司法机关、权力机关和行政执法机关等）和国家授权单位在其法定职权范围内，依法定程序，将法律规范应用到具体的人或组织的一种专门活动。狭义的法的适用指司法机关依法办案的活动。

（一）法的适用范围

法的适用范围主要包括：

（1）当人们享受法律规定的权利、履行法律义务需要取得一定国家机关的支持或帮助时，如发放计量器具许可证。

（2）当人们在权利和义务上发生争议，难以协商解决时，如计量争议的仲裁检定。

（3）当某些事实需要核实，证明其合法性、真实性或某种特性时，如计量认证。

（4）当违法行为需要制裁时，如计量行政处罚。

（二）法的适用要求

法的适用要求如下：

（1）准确——事实清楚，证据确凿，定性准确，处理适当；

（2）合法——符合实体法和程序法；

（3）及时——提高办事效率。

（三）法的效力

法的效力是指法的生效范围或适用范围，即法在什么时间、什么地方和对什么人适用。

法的时间效力：指生效时间、终止时间和法的溯及力。

法的空间效力：指域内效力和域外效力。

法对人的效力：以属地主义为基础，以属人主义、保护主义为补充。

保护主义原则：即任何人只要损害了某一国的利益，不论损害者的国籍与所在地域，该国法都对其有效。

七、法的遵守

法的遵守是法律实施的基本形式。

（一）法的遵守的内容

法的遵守的内容包括：①行使法定权利；②履行法定义务。

（二）法的遵守的条件

1. 主观条件

其主观条件包括文化修养、法律修养、道德修养。

具有一定的文化修养，才能知法懂法；具有一定的法律修养，才能自觉守法；具有一定的道德修养，才能把守法视为道德义务。

2. 客观条件

客观条件包括经济条件、政治条件、法治条件。

社会经济发展水平影响着人们是否采用合法方式来满足自己的需要，并关系到能否为人们守法提供必要的物质保障。从法的遵守的政治条件上看，政局稳定，政治民主，法的地位就高，人们也更守法。

法治条件既以法的遵守为其有机组成部分，又是守法的客观条件。良法更能被遵守，恶法不易被遵守。法能正确地被适用，本身就能教育公民守法。错误地适用法，就歪曲了法的规定，模糊了人们的行为准则。

八、法的监督

法的监督是法的实施的重要组成部分。法的监督体系如下：

（1）国家监督：权力机关监督、检察和审判机关监督、行政机关监督（一般行政监督和监察、审计等专门行政监督）。

（2）社会监督：政府的监督、社会组织的监督、社会舆论的监督、人民群众的监督。

九、法律责任

法律责任是指实施违法行为的人所应承担的法律后果，是国家对违法者所设定的强制性义务。

法律责任的触发原因主要有：违法行为、违约行为、法的规定。

以引起责任的行为性质为特征，法律责任可以进行以下分类：

（1）民事责任：违约责任和侵权责任；

（2）行政责任：行政处罚和行政处分；

（3）刑事责任：刑事违法行为应承担的责任；

（4）国家赔偿责任：国家机关及其工作人员违法行使职权，侵犯公民、法人和其他组织的合法权益并造成损害的，由法律规定的赔偿义务机关承担的对受害人予以赔偿的责任；

（5）违宪责任：国家制定法律、法规、规章、决定、命令以及采取的措施和重要国家领导人行使职权过程中的行为与宪法和宪法性文件的内容和原则相抵触应承担的责任。

十、法治

（一）法治的含义

法治是一种与人治相对应的治国方略；法治是一种以民主为基础的法制模式；法治是一种尊崇法律、保护人权的精神；法治是一种包含富裕、民主、文明、安全的社会理想。

（二）法治的具体体现

（1）立法思想。一是反映广大人民群众的利益；二是研究国家的情况；三是考虑对公民加强教育；四是灵活性与稳定性相结合。

（2）执法思想。国家执政人员要严格执行法律。法律有明确规定的，应严格依法执行；法律规定不详或没有规定的，必须按照法律的原则来公正地处理和裁决案件。

（3）守法思想。守法是法治的关键。国家必须加强对公民守法观念的培养和训练。

（三）法治的优越性

法治的优越性是相对于人治而言的，而这种优越性主要体现在：第一，法律是集体智慧和审慎考虑的产物；第二，法律没有感情，不会偏私，具有公正性；第三，法律不会说话，不能像人那样信口开河；第四，法律借助规范形式，具有明确性；第五，实行人治容易贻误国家大事，特别是世袭制更是如此；第六，时代的进步要求实行法治，不能实行人治。

（四）法治缺陷的弥补

在法律有所不及的地方可以采取三种补救措施：以个人的权力或若干人联合组成的权力“作为补助”；对某些不完善的法律进行适当的变更；加强法律解释，要按照法律的精神（法意）对案件作出公正的处理和裁决。

（五）法治的重要性

法律是社会最高的规则，没有任何人或组织机构可以凌驾于法律之上。

第二节　我国的法律表现形式

一、宪法

宪法是我国的根本大法，是国家治理的总章程，在我国法律体系中具有最高的法律地位和法律效力，是我国法律体系建设的渊源。它具有以下特点：

从内容的设置上，宪法明确规定了国家、社会的基本制度，国家的根本任务，国家机构的主要组织、职权和活动原则，公民的基本权利和义务等。这些都是国家体制中最根本、最重要的关系，是治国安邦的基本大纲，是解决社会生活各类问题的根本所在。

从制定的机关上，宪法是由国家最高权力机关即全国人民代表大会讨论、修改、通过和颁布的。全国人民代表大会常务委员会虽然也行使立法权，但却不能制定和修改宪法。

从制定的程序上，宪法的制定需要成立专门的宪法起草委员会，提出宪法草案，组织全民讨论，需要全国人大代表的2/3以上多数通过才生效，宪法需由全国人民代表大会发布公告施行。

从效力的约束上，宪法是全国人民代表大会制定的，是国家的根本大法，具有最高的法律效力。宪法是制定其他法律法规的基础，各种法律、法规的制定都必须依照宪法所确定的原则和基本精神，不得与宪法的规定相抵触。

二、法律

一般来讲，法律是各种法律规范的统称，这里讲的法律是狭义的法律文件，指由全国人民代表大会和全国人民代表大会常务委员会制定颁布的规范性法律文件，法律地位和效力低于宪法。法律由国家主席公布实施。按照宪法的规定，我国的法律有两类：一是基本法律；二是基本法律以外的其他法律，也称非基本法律。

基本法律是由全国人民代表大会制定的调整国家和社会生活中带有普遍性、根本性、全面性的社会关系的规范性法律文件的统称，如刑法、民法、刑事诉讼法、国务院组织法等。对基本法律，全国人民代表大会常务委员会在全国人民代表大会闭会期间有权进行部分的补充和修改。

非基本法律是由全国人民代表大会常务委员会制定的调整国家和社会生活中某种社会关系或其中某一方面内容的规范性法律文件。即基本法以外调整对象针对性强、涉及面较窄、内容较具体的法律，如《中华人民共和国计量法》、《中华人民共和国标准化法》、《中华人民共和国商标法》、《中华人民共和国文物保护法》等，与基本法律相比，其调整范围较小，内容规定较为具体。

此外，全国人民代表大会及其常务委员会发布的规范性决议、决定、办法等，如《关于严惩严重危害社会治安的犯罪分子的决定》、《关于县级以下人民代表大会代表直接选举的若干规定》等，也是法律形式的一种，与法律具有同等地位。

三、行政法规

行政法规是指国家最高行政管理机关，即国务院制定和颁布的有关国家行政管理活动的各种规范性文件。它的法律地位与效力低于宪法和法律。

根据宪法规定，国务院有权根据宪法和法律制定行政法规，规定行政措施，发布决定和命令。行政法规和国务院发布的决定、命令等其他规范性文件，其地位低于法律，高于地方性法规和规范性文件。国务院作为我国最高权力执行机关，是全国人民政治、经济和文化生活的组织与领导机构。国务院制定和发布的各项行政法规、决定与命令等规范性文件，对在全国范围内贯彻执行宪法和法律，实现国家的基本职能有着重大作用。

行政法规的名称只限于条例、规定、办法三种,有时也用命令。对某一方面的行政工作作出的比较全面系统的规定,称为条例;对某一方面的行政工作作出的部分规定,称为规定;对某一方面的行政工作作出的比较具体的规定,称为办法。

四、地方性法规

地方性法规是指省、自治区、直辖市的人民代表大会及其常务委员会,省、自治区人民政府所在地的人民代表大会及其常务委员会,国务院批准的较大的市的人民代表大会及其常务委员会,经济特区所在市的人民代表大会及其常务委员会,根据本行政区域的具体情况和实际需要,在不与宪法、法律、行政法规相抵触的前提下,制定、发布的地方性法规文件。地方性法规的名称通常有条例、办法、规定、规则、实施细则等。

五、自治法规

民族区域自治是我国的一项基本政治制度。各少数民族可以在聚居的地方实行区域自治,设立自治机关,行使自治权利,管理民族事务。民族自治的地方可根据当地的政治、经济和文化特点,制定和颁布自治法规。自治法规可分为三种情况:

一是自治条例,即由民族自治地方的权力机关依照宪法和民族区域自治法的规定,结合自治地方的特点制定的管理本民族事务的综合性法规。这是民族自治区地方自治机关行使自治权的法律表现形式。

二是单行条例,即自治机关为了照顾当地民族特点,保护民族利益,针对某一方面的事宜依法制定的法规。

三是在贯彻国家法律、行政法规时,根据本自治区、自治州、自治县的特殊情况,制定的细化措施、操作办法和补充规定。

自治区权力机关制定的自治条例和单行条例,与地方性法规具有相同的法律地位和效力。

六、行政规章

行政规章可以分为部门规章和地方规章两类。

部门规章是指国务院各部门根据法律和国务院行政法规、决定、命令,在本部门权限内按照规定程序所制定的规定、办法、实施细则、规则等规范性文件的总称。

地方规章亦称地方人民政府规章,是指省、自治区、直辖市和计划单列市人民政府,省、自治区人民政府所在地的市人民政府,经国务院批准的较大的市的人民政府,根据法律、行政法规和地方性法规,按照规定程序所制定的普遍适用于本地区行政管理工作的规定、办法、实施细则、规则等规范性文件的总称。

部门规章、地方规章都必须按有关法规规定报国务院备案。部门规章由制定部门报国务院备案;几个部门联合制定的规章,由主办部门负责报国务院备案;地方规章由省、自治区、直辖市和计划单列市人民政府报国务院备案。

七、特别行政区法

我国宪法规定,国家在必要时设立特别行政区。在特别行政区内实行的制度按照具体情况由全国人民代表大会依照法律规定。特别行政区法是从我国的历史和现实出发,根据"一个国家,两种制度"的框架作出的一项重要决策。

我国是单一制的社会主义国家。特别行政区与中央人民政府的关系是地方与中央的关系。它的权限由全国人民代表大会制定的特别行政区法律规定。特别行政区可以享有其他省、直辖市、自治区所没有的某些独有的权力。1997 年 7 月 1 日我国对香港恢复行使主权时,设立香港特别行政区。根据中英两国政府《关于香港问题的联合声明》,香港特别行政区直辖于中华人民共和国中央人民政府。除外交、国防事务属中央人民政府管理外,香港特别行政区享有高度自主权。它享有行政管理权、立法权、独立的司法权和终审权。现行的法律基本不变,现行的社会制度、经济制度和生活方式不变。我国还设立了澳门特别行政区。

第三节 计量法规体系

1985 年全国人民代表大会常务委员会通过《中华人民共和国计量法》(以下简称《计量法》)以来,我国已基本建成了比较完善的计量法规体系,形成了一系列与其配套的由若干计量行政法规、规章、规范性文件组成的计量法群,在整个计量领域实现了有法可依。根据审批的权限、程序和法律效力的不同,我国的计量法规体系可以分为三个层次。

一、计量法律

《计量法》是根据国家完善法制建设、加强计量监督管理的需要提出来的。它科学地总结了新中国成立以来我国计量事业发展的经验,从条款的设置、内容的撰写、体制的确定、责任的明确等各个方面,吸取了国外计量立法的成功经验;结合我国的国情,紧贴我国经济体制改革方向,既考虑了当前的工作需要,又考虑了未来的发展。《计量法》于 1985 年 9 月 6 日由第六届全国人民代表大会常务委员会第十二次会议通过,正式颁布,1986 年 7 月 1 日正式实施。《计量法》是我国计量工作依据的基本法律,随着《计量法》的颁布实施,我国的计量工作迈入了与国际惯例接轨的法制管理轨道。

二、计量行政法规

国务院依据《计量法》的规定，制定、批准颁布了一些计量行政法规，如《中华人民共和国计量法实施细则》（以下简称《计量法实施细则》）、《中华人民共和国强制检定的工作计量器具检定管理办法》、《关于在我国统一实行法定计量单位的命令》等。计量行政法规的制定必须处于《计量法》基本精神的限制之下。

三、计量行政规章

计量行政规章包括国家计量行政部门制定的全国性的有关计量工作的各种管理办法、技术法规。国家质量监督检验检疫总局制定的各种规定、办法、实施细则等都属于部门规章的范畴，如《中华人民共和国计量法条文解释》、《计量标准考核办法》、《计量检定人员考核规则》等。

国务院有关部门制定的在本部门实施的计量管理办法属于计量行政规章的第二种类型，如《纺织企业计量工作导则（试行）》就是原国家纺织工业局颁布的部门计量规章。

计量行政规章的第三种表现形式是规范性文件。这些规范性决定和通知同样具有法律效力。如《关于推行国际法制计量组织证书制度的通知》，由原国家计量总局发放，就是规范性文件，与计量行政规章等效。

计量行政规章的另一种形式为地方人民政府颁布的地方计量规章。《浙江省贸易结算计量监督管理办法》由浙江省人民政府第七十六次常务会议审议通过，是仅在浙江省有效的地方计量行政规章。

依据法学基本原理，以上的计量法规和规章不管出自哪个部门或哪个省（自治区、直辖市），都不得与《计量法》的原则、精神相抵触，不得与国务院制定的计量行政法规相抵触。

第四节　计量立法的宗旨及调整范围

《计量法》是调整计量法律关系的法律规范的总纲。它以法定的形式统一国家计量单位制，利用现代科学技术所达到的最高测量准确度建立计量基准、标准，保证全国量值的统一和准确可靠，实现对计量工作的国家监督，在全国的计量工作中体现国家意志。

《计量法》作为国家管理计量工作的根本法，是实施计量法制监督的最高准则。其基本内容包括:计量立法宗旨、调整范围、计量单位制使用、计量检定原则、计量器具管理、计量监督、计量授权办理、计量认证评审、计量纠纷处理和计量法律责任等。

当今世界上多数国家,计量立法的原则差异较大。我国《计量法》遵循的是"统一立法、区别管理"的原则,这是根据我国的国情提出来的。"统一立法",就是无论是经济建设、国防建设的计量工作,还是与人民生活、健康安全等有关的计量工作,都要受法律的约束,由政府计量部门实施统一的监督。"区别管理",就是在管理方法上要有区别,要根据不同情况,有的工作由政府计量部门实施强制管理,有的工作主要由企事业单位及其主管部门依法进行自主管理,政府计量部门侧重于监督检查。"统一立法、区别管理"的计量立法原则,是经过长期调查研究和充分论证之后确定下来的。它总结了我国计量工作的实践经验,又汲取了国际上一些成功的做法,完全符合我国的实际国情和经济体制改革的方向。在《计量法》的制定过程中,这一原则起到重要的指导作用。

计量立法,首先考虑的是加强计量监督管理,健全国家计量法制。而加强计量监督管理最核心的内容是保障计量单位制的统一和全国量值的准确可靠,这是计量立法的基本点。保障计量单位制的统一和量值的准确可靠,是经济发展和生产、科研、贸易、生活能够正常进行的必要条件,《计量法》中各项规定都是紧紧地围绕着这两个基本点进行的。加强计量监督管理,保障计量单位制的统一和量值的准确可靠,不是计量立法的最终目的,最终目的应该是要达到应有的社会经济效果:既要有利于促进科学技术进步和国民经济发展,为社会主义现代化建设提供计量保证;又要取信于民,保护广大消费者免受不确定或不诚实计量所造成的危害,保护人民群众的健康和生命、财产的安全,保护国家的利益不受侵犯。因此,《计量法》第一条明确规定了计量立法的宗旨是"加强计量监督管理,保障国家计量单位制的统一和量值的准确可靠,有利于生产、贸易和科学技术的发展,适应社会主义现代化建设的需要,维护国家、人民的利益"。

《计量法》的调整范围包括适用地域和调整对象,即在中华人民共和国境内的所有国家机关、社会团体、中国人民解放军、企事业单位和个人,凡是使用计量单位,建立计量基准、计量标准,进行计量检定、校准、检测,制造、修理、销售、进口、使用计量器具,开展计量认证,实施计量仲裁检定,调解计量纠纷,出具计量公正数据,进行计量监督管理的,都必须按照《计量法》的规定执行,不允许随意变通和各行其是。根据我国的实际情况,《计量法》侧重调整的是单位量值的统一、影响社会经济秩序以及危害国家和人民利益的计量问题。不是每项计量工作都要立法。也就是说,主要限定在对社会可能产生影响的范围内,如教学示范中使用的计量器具类的演示教具,家庭自用的健康秤、血压计等计量器具,则不必纳入调整范围。如果不适当地将调整范围定得过宽,一是没有必要,二是难以实施,结果由于执行不了,反而失去了法律的严肃性。

第五节　计量法律在我国法律体系中的位置

通过对我国法律法规体系的介绍,可以看出计量法律在我国法律体系中的位置,用结构图(见图2-1)的形式可以更加清楚地理解。

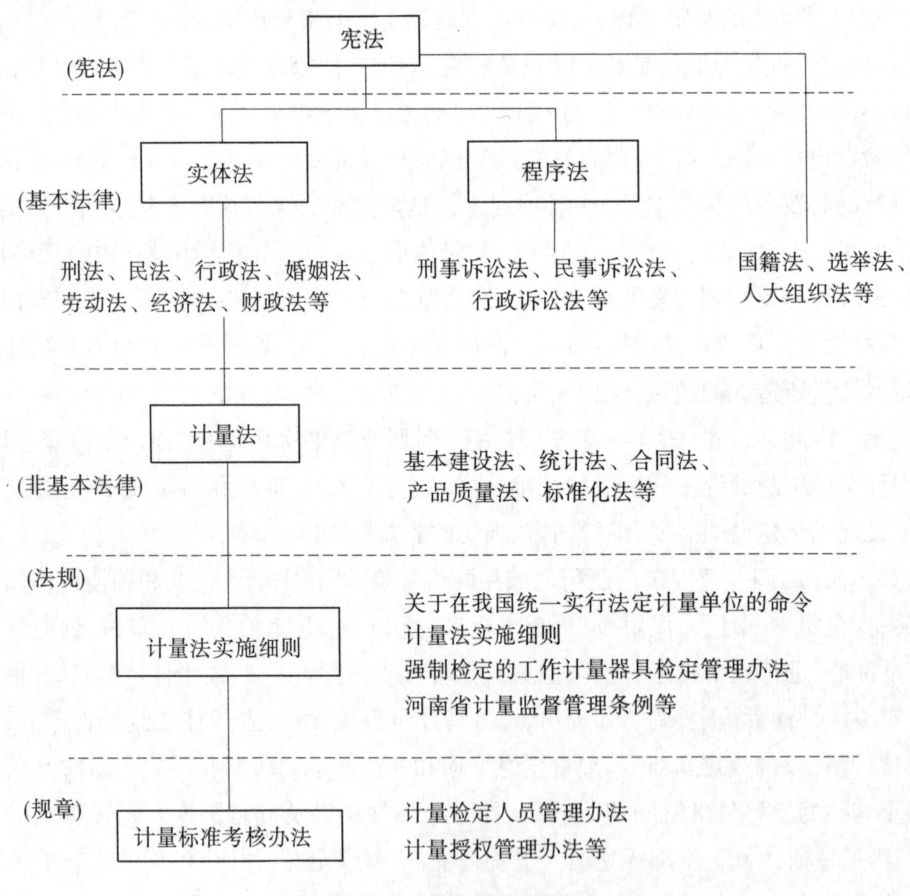

图2-1　计量法律法规体系

第六节　地方计量法规建设

一、各省市地方计量法规的制定

由于《计量法》及《计量法实施细则》制定的时间比较早，随着改革开放的深入，对新形势下计量工作中出现的新情况、新问题缺乏规范和指导，对计量违法行为处罚力度偏轻，使得一些计量争议与纠纷得不到妥善解决和及时处理，缺斤短两、弄虚作假、不按计量数据结算等行为时有发生。这些问题的出现和存在，扰乱了市场经济秩序，损坏了国家利益和社会公众利益，同时也侵犯了公民、法人或者其他组织的合法权益。近年来，随着改革开放力度的加大，国际上一些管理要求的输入，新型管理方法的采用，对企事业单位与国际惯例接轨也提出了计量评价要求。政府计量行政主管部门应当适应形势的发展，明确相应的指导规范意见。因此，根据计量法律法规的基本精神和原则，结合各地经济发展水平，考虑社会接受程度，贴近各省、自治区、直辖市的具体情况，针对计量监督管理的需求制定地方计量法规对国家的法律、行政法规进行细化和补充，成为各省市计量工作地方性法规建设的成功经验。全国已经有 20 余个省（自治区、直辖市）的人民代表大会常务委员会分别制定了地方计量条例，有些地方人民政府出台了计量行政规章，促进了地方计量工作的发展。

二、《河南省计量监督管理条例》

《河南省计量监督管理条例》是河南省人民代表大会依据《计量法》及《计量法实施细则》制定的一部地方性计量法规。它在与国家法律、行政法规不相抵触的前提下，解决了河南省计量监督管理工作中的实际问题，突出了地方特色，增强了法规的可操作性。对广大人民群众关心的热点、难点问题，作出了较为明确的规定，注重了保护经营者和消费者的合法权益；坚持了权利与义务对等的原则，在赋予计量行政主管部门执法权利的同时，对其执法行为进行约束和规范，加大了对计量监督管理人员违法失职行为的惩处力度。

第三章　我国计量工作体制

随着国民经济和科学技术的飞跃发展，现代计量已发展成为集计量法制、计量组织、计量技术和计量经济诸方面于一身，纳法制、科技、管理于一体的现代管理系统。计量已经成为国家事务管理的重要组成部分，成为国民经济管理的重要基础。

第一节　计量法律法规体系

计量法律法规体系是指以《计量法》为母法，由《计量法》及从属于《计量法》的若干法规、规章所构成的有机联系的整体。计量法律法规体系可以分为以下三个层次：

(1)计量法律，即《计量法》。这是我国计量工作的最高法律依据。

(2)计量法规，包括国务院依据《计量法》制定或批准实施的《计量法实施细则》、《国务院关于在我国统一实行法定计量单位的命令》、《中华人民共和国强制检定的工作计量器具检定管理办法》等，省、自治区、直辖市人民代表大会为实施《计量法》制定或批准施行的各种条例、规定或办法，以及民族自治地方的自治州、自治县制定的实施《计量法》的条例、规定或办法等法规。

(3)计量规章，亦称行政规章，包括国务院计量行政部门制定的各种全国性的单项管理办法和技术规范，国务院有关主管部门制定的部门计量管理规章，地方人民政府及其所属计量行政部门制定的地方性计量管理办法、规定等。

在上述计量法律法规体系中，计量法规和规章都必须从属于《计量法》，是《计量法》的“子法”。《计量法实施细则》是在全国范围内施行的计量法规，地方计量法规不能与其抵触；地方立法要贯彻《中华人民共和国行政立法法》，要报上一级人民代表大会备案，上一级人民代表大会有对其否决的权力。地方计量法律法规和规章都不能与国家计量法律相抵触。

总之，健全计量法律法规体系是计量法制建设的前提和基础。各级政府计量行政部门应根据《计量法》规定的原则，从本地实际情况出发，制定相应的计量法规或规章，不断完善计量法律法规体系。

第二节 计量监督管理体制

任何法律规范，不管制定得多么正确、完美，都不会自行产生效力。要想使法律规定得以有效地实行，必须采取行之有效的措施加以保障：一是在法律执行过程中要严格进行监督；二是对违反法律的行为要坚决予以惩办。如果对法律的实施无人监督，法律等于虚设，不会起到任何作用。因此，保证法律法规得以有效地执行，就需要建立相应的监督管理制度，设置必要的执法机构。计量监督管理体制就是计量监督管理的组织形式。《计量法》规定，县级以上计量行政部门实施的计量监督执法是代表政府进行的行政监督，具有一定的强制力。

一、计量监督概述

（一）计量监督的概念及其作用

计量监督是指为保证《计量法》的有效实施进行的计量法制管理，也可以说是为保障某项活动的顺利进行所提供的计量保证。它是计量管理的一种特殊形式。计量工作依法所进行的管理，都属于计量监督的范畴。所谓计量法制监督，就是依照《计量法》的有关规定进行的强制性管理，或称为计量法制管理。

计量监督的作用，在于保障国家计量单位制的统一和量值的准确可靠，有利于生产、贸易和科学技术的发展，为社会主义现代化建设提供计量保证，维护国家和群众的利益。这是计量监督所独具的特色。加强计量监督一定要依法办事，只有做到有法必依、违法必究、公正执法，才能保证《计量法》的全面实施；只有正确运用法律赋予计量部门的职权，才能维护《计量法》的尊严，体现计量法律的强制力。

计量监督是计量管理的一个重要组成部分。在《计量法》颁布以后，各级政府计量行政部门的工作重心，应当是组织和监督计量法律法规在本行政区域内的贯彻实施。对于计量监督的重要性，必须予以高度重视。

（二）计量监督的体制

计量监督体制是指计量监督工作的具体组织形式，它体现国家与地方各级政府计量行政部门、各主管部门、各企事业单位之间在计量监督中的相互关系。

我国计量监督管理实行按行政区划统一领导、分级负责的体制。全国的计量工作由国务院计量行政部门负责实施统一监督管理。各行政区域内的计量工作由当地计量行政部门监督管理。省级人民政府计量行政部门是省级人民政府设置的计量监督管理机构。

市(地)、县级计量行政部门是省级政府计量行政部门的直属工作机构。对于中国人民解放军和国防科技工业系统的计量工作,另行制定监督管理条例。各有关部门设置的计量管理机构,负责监督计量法律法规在本部门的贯彻实施。企事业单位根据生产、科研和经营管理的需要设置的计量机构,负责监督计量法律法规在本单位的贯彻实施。

政府计量行政部门所进行的计量监督,是纵向和横向的行政执法性监督;部门计量管理机构对所属单位的监督,企事业单位的计量机构对本单位的内部监督,则属于行政管理性监督,一般只对纵向发生效力。从全国来讲,国家、部门、企事业单位的计量监督是相辅相成的,各有侧重,相互渗透,互为补充,构成一个有序的计量监督网络。从法律实施的角度讲,部门和企事业单位只能给予行政处分,而政府计量行政部门对计量违法行为则可依法给予行政处罚,因为行政处罚是特定的具有执行监督职能的政府计量行政部门行使的。

行政执法性监督和行政管理性监督各有其确定的地位和作用,不能相互替代。行政管理是社会主义社会发挥最为充分的一种管理,在一定阶段起着重要的作用,严格的行政管理不能代替行政执法监督。法制管理在实现中与行政管理相结合,才能更好地发挥作用。在加快法治建设步伐的进程中,法制管理终将取代行政管理。

(三)计量监督的内容

根据我国计量法律法规的规定,计量监督管理主要包括以下内容。

1. 实施法定计量单位制度

以国家法令的形式把我国允许使用的计量单位统一起来,要求在我国境内各个地区、各个领域、各个行业都按照统一规定,使用法定计量单位的管理方式叫实施法定计量单位制度。法定计量单位是国家以法令形式强制使用或允许使用的计量单位。

2. 计量基准的法制管理

计量基准是指经国家计量行政部门批准,在中华人民共和国境内为了定义、实现、保存、复现量的单位或者一个或多个量值,用作有关量的测量标准定值依据的实物量具、测量仪器、标准物质或者测量系统。

计量基准由国家质量监督检验检疫总局根据社会、经济发展和科学技术进步的需要,统一规划,组织建立。对计量基准的管理,包括申报计量基准的条件、评审技术要求,使用、运行、保存和维护计量基准的有关要求等,是计量法制监督管理的一项重要内容。

3. 计量标准考核制度

计量标准是指准确度低于计量基准,用于检定其他计量标准或工作计量器具的测量设备。计量标准考核,是计量行政部门对计量标准测量能力的评定和开展量值传递资格的确认。计量标准考核包括对新建计量标准的考核和对计量标准的复查考核。计量标准考核要求包括计量标准器及配套设备、计量标准的主要计量特性、环境条件及设施、人员、文件集及计量标准测量能力的确认等六个方面。国家对计量标准实行考核制度,并纳入行政许可的管理范畴。

4. 计量人员管理制度

围绕计量工作的技术性、特殊性,必须重视计量人员的配备、人员素质的提高、人员知识技能的培训及人员的资质管理。在监督管理活动中需要建立计量专家考评考核制度,如国家计量标准考评员、法定计量检定机构考评员、制造计量器具许可证考评员、计量认证评审员等制度，以满足计量工作的需要。

对具体承担计量检定或者校准活动计量人员的管理，分为计量检定员管理和注册计量师执业资格制度两种形式，计量检定人员实行持证上岗管理。

5. 计量检定或校准的监督管理

对社会公用计量标准、部门和企事业单位的最高计量标准实施技术考核，对在用计量标准器具和工作计量器具实行强制检定和非强制检定。非强制检定也称计量校准。

强制检定的范围：社会公用计量标准器具，部门和企事业单位使用的最高计量标准器具，用于贸易结算、安全防护、医疗卫生、环境监测、资源保护、法定评价、公证计量方面列入强制检定目录的工作计量器具。

非强制检定计量器具的范围：除纳入国家实施强制检定管理外的计量器具。

6. 对计量技术机构的监督管理

计量技术机构分为法定计量检定机构和一般计量检定机构。法定计量检定机构是指县级以上人民政府计量行政部门依法设置或者授权建立的计量检定机构，法定计量检定机构必须经计量行政部门考核合格后，经授权才能开展相应的工作；一般计量检定机构是指其他部门或企事业单位根据需要建立的计量检定机构，一般计量检定机构若开展除本单位非强检计量器具的检定、校准外的工作，需申请计量授权。各级政府计量行政部门在各自的职责范围内，对计量检定机构进行管理。管理的内容一般包括计量行政监督和计量人员的考核、计量标准考核、法定计量检定机构考核、计量授权考核等。

7. 实施计量器具生产行政许可

对制造、修理计量器具的企事业单位生产列入《中华人民共和国依法管理的计量器具目录(型式批准部分)》并纳入法制管理范围计量器具产品的，实施计量器具行政许可，内容主要包括计量器具新产品的型式批准制度，制造、修理计量器具许可证制度和进口计量器具的型式评价及检定制度。

8. 实施计量认证制度

计量认证是指由政府计量行政部门对产品质量检验机构的计量检定、测试能力和可靠性进行的考核和证明。为社会提供公证数据的产品质量检验机构，必须经省级以上人民政府计量行政部门计量认证。

9. 企业计量检测体系的建立与确认

计量是企业现代管理中不可缺少的技术基础，是企业提高素质、加强现代管理的基本条件。计量水平的高低，标志着一个企业的科技水平和产品质量水平，帮助、指导企业建立计量检测体系，并组织对企业计量管理水平进行评价确认也是计量行政部门的一部分工作。

10. 商品量计量监督和检验的法制管理

加强对商品量的计量监督管理是世界各国政府法制计量工作的重要内容，也是我国当前计量工作需加强的重要工作。为加强对商品计量的监督管理，国家先后出台了《零售商品称重计量监督管理办法》、《定量包装商品计量监督管理办法》、《商品量计量违法行为处罚规定》等三部规章和《定量包装商品生产企业计量保证能力评价规定》等规范性文件，以及计量技术规范 JJF 1070—2005《定量包装商品净含量计量检验规则》等，为我国加强对商品量和定量包装商品生产企业的管理提供了依据。目前实施监督的形式如下。

1)零售商品称重计量监督管理

在《零售商品称重计量监督管理办法》中,对零售商品称重计量监督管理对象、管理要求、称重方法和法律责任等作出了明确的规定。

2)定量包装商品计量监督管理

在《定量包装商品计量监督管理办法》中,对定量包装商品计量监督管理的范围、管理体制、基本要求、净含量标注要求、净含量计量要求、计量监督管理、禁止误导性包装、计量保证能力评价和法律责任等内容作出了明确的规定。

3)过度包装的计量监督

过度包装,是指不符合法规和标准要求,超出适度包装功能需求的产品包装。主要为包装层次过多、包装空隙率过大、选材用料失当、包装难以回收利用、包装成本过高,甚至搭售贵重物品等。依据相关法律法规、国家标准和计量技术检测规范,对包装商品的包装层数、包装空隙率以及包装成本占总成本比率等重要指标,进行限制商品过度包装计量监督专项检查,严肃查处过度包装、利用包装弄虚作假等不符合相关国家标准和法律法规的行为。

11.对计量违法行为实施行政处罚

计量违法的法律责任与法律制裁是基于违法行为而设定的。计量违法行为性质严重、触犯刑律的,由国家司法机关实施刑事制裁;属于民事违法、行政违法行为的,由县级以上地方政府计量行政部门追究其法律责任,予以相应的民事制裁、行政制裁。计量监督执法是具有较强专业性的技术监督执法工作。

二、计量监督机构

(一)政府计量监督机构职责

根据计量法律规定,国务院计量行政部门对全国计量工作实施统一监督管理。各级质量技术监督局为其所在区域的政府计量行政主管机构。

2001年,为适应完善社会主义市场经济体制的要求,进一步加强市场执法监督,维护市场秩序,国务院决定,将国家质量技术监督局、国家出入境检验检疫局合并,组建中华人民共和国国家质量监督检验检疫总局(简称国家质检总局),正部级,为国务院直属机构。国家质检总局是国务院主管全国质量、计量、出入境商品检验、出入境卫生检疫、出入境动植物检疫和认证认可、标准化等工作,并行使行政执法职能的直属机构。

国家质检总局是国务院计量行政主管部门。其主要职责是:统一管理国家计量工作,推行法定计量单位和国家计量制度;管理国家计量基准、标准和标准物质;组织制定国家计量检定系统表、检定规程和技术规范;管理计量器具,组织量值传递和比对工作;监督管理商品量、市场计量行为和计量仲裁检定;监督管理能源计量工作;监督管理计量检定机构、社会公正计量机构及计量检定人员的资质资格,监督检查计量法律法规的实施情况,对违反计量法律法规的行为进行处理。

（二）军事、国防计量监督机构职责

《计量法》规定，中国人民解放军和国防科技工业系统计量工作的监督管理，由国务院和中央军委另行制定条例。国防科学技术工业委员会（以下简称国防科工委）于1990年颁布了《国防计量监督管理条例》，1998年国务院机构改革后，国防计量分为军事计量和国防科技工业计量，分别由中国人民解放军总装备部和国防科工委监督管理，国防科工委于2000年发布了《国防科技工业计量监督管理暂行规定》，中央军委于2003年发布了《中国人民解放军计量条例》。

军队系统和国防科技工业系统都分别建立了相应的计量技术机构和计量标准，负责军队系统和国防科技工业系统的量值传递。其最高计量标准的量值都必须溯源到国家计量基准。

1. 国防科技工业计量监督管理

2000年，国防科工委发布了《国防科技工业计量监督管理暂行规定》。国防计量工作是国家计量工作的组成部分，国防最高计量标准器具，须由国务院计量行政部门组织考核合格后使用。

国防科工委统一监督管理国防科技工业计量工作。国防科技工业计量在业务上接受国务院计量行政部门的指导。国防科工委计量管理机构是国防科技工业计量监督管理的职能部门，其职责是：

（1）贯彻执行国家计量法律、法规，拟定国防科技工业计量工作方针、政策及规章；

（2）编制并组织实施国防科技工业计量工作规划、计划；

（3）组织建立与调整国防科技工业计量技术机构；

（4）组织研究、建立与保持国防科技工业需要的最高计量标准器具、校准装置和测试系统，组织国防最高计量标准以外的计量标准器具、校准装置、测试系统考核和计量人员考核；

（5）组织实施从事国防科技工业计量检定、校准、测试的校准实验室和测试实验室认可；

（6）组织国防科技工业计量工作的监督检查；

（7）组织国防科技工业计量检定规程和校准规范的制定和贯彻实施；

（8）组织国防科技工业系统的国际计量技术合作与交流；

（9）指导有关部门（单位）开展国防科技工业计量工作。

省、自治区、直辖市人民政府国防科技工业行政主管部门，依据其职能和国防科工委计量管理机构的授权，对本地区的国防科技工业计量工作实施监督管理。

军工集团公司计量管理机构，依据规定对本集团的计量工作实施监督管理，组织本集团计量业务技术活动，承办国防科工委计量管理机构交办的其他计量工作。

军工企事业单位（含委属各高校），依法对本单位的计量工作实施自主管理，保证产品的测量质量，接受国防科技工业计量管理机构的监督检查。

国防科技工业建立的计量标准器具、校准装置、测试系统，以及用于产品性能评定、定型鉴定和保证安全的工作计量器具，必须按规定实行计量检定。其他用于产品科研、生产、服务的工作计量器具和专用测试设备，应按规定实行校准。经检定或经校准不满足预期使用要求的，不得使用。

2. 军队计量监督管理

为了加强军队计量监督管理，规范军队计量工作，根据《计量法》，中央军委制定了《中国人民解放军计量条例》。条例规定中国人民解放军总装备部归口管理全军计量工作，履行下列职责：

（1）拟定军队计量工作的方针、政策和法规，制定军队计量规章，并监督执行；

（2）组织协调全军计量建设规划、计划工作；

（3）组织指导全军计量保障体系建设，对全军计量机构的布局、设置提出建议；

（4）组织指导全军计量技术机构的认可和考核工作；

（5）组织指导全军测量标准的考核工作；

（6）组织指导全军计量检定人员的培训、考核工作；

（7）组织指导全军计量科学技术研究、交流与合作；

（8）负责协调与地方计量部门的有关业务工作；

（9）中央军委赋予的其他职责。

中国人民解放军各总部各军兵种有关部门负责管理本部门、本系统的计量工作，军区和军级以下单位有关部门负责所属单位的计量保障与监督管理工作，中国人民武装警察部队的计量工作参照《中国人民解放军计量条例》执行。

军事装备和检测设备应当按照规定进行计量检定、校准；对直接影响装备作战效能、人身与设备安全的参数或者项目，必须按照计量强制检定、校准目录实施计量强制检定、校准。军事装备和检测设备指实施和保障军事行动所需的武器装备、后勤装备、科研试验装备。军队测量标准应当通过不间断的溯源链，保证测量标准的量值能够溯源到相应的国家计量基准。测量标准的日常使用、维护、存放和运输，应当符合测量标准的性能、编配用途和技术规范，并执行有关装备的管理规定。战时测量标准的使用、维护、存放和运输，按照战时有关规定执行。

（三）法定计量检定机构的职责

法定计量检定机构是指各级政府计量行政主管部门依法设置或授权建立并经考核合格的计量检定机构。法定计量检定机构的主要任务是认真贯彻执行国家计量法律法规，保障国家计量单位制的统一和量值的准确可靠，为政府计量行政主管部门依法实施计量监督提供技术保证。

法定计量检定机构根据政府计量行政主管部门授权行使以下职责：

（1）研究、建立计量基准、社会公用计量标准或者本专业项目的计量标准；

（2）承担授权范围内的量值传递，执行强制检定和法律规定的其他检定、测试任务；

（3）开展校准工作；

（4）研究起草计量检定规程、计量技术规范；

（5）承办有关计量监督中的技术性工作。

（四）计量授权的计量技术机构

计量授权是《计量法》赋予政府计量行政部门的一项权利。为实现《计量法》规定的强制检定和其他检定、测试任务，除依靠国家法定计量检定机构外，还应充分利用社会的计量测试资源和技术力量，通过计量授权，使这些社会资源为实施《计量法》服务。

计量授权的原则是:统筹规划、经济合理、就地就近、方便生产、利于管理。

计量授权的主要形式如下:

(1)授权专业性或区域性的计量检定机构作为法定计量检定机构;

(2)授权建立社会公用计量标准;

(3)授权某一部门或某一单位的计量检定机构,对其内部使用的强制检定的计量器具执行强制检定;

(4)授权有关技术机构,承担法律规定的其他检定、测试任务。

按照《计量法实施细则》的规定,被授权的单位应当遵守下列规定:

(1)被授权单位执行检定、测试任务的人员,必须经授权单位考核合格;

(2)被授权单位的相应计量标准必须接受计量基准或者社会公用计量标准的检定;

(3)被授权单位承担授权的检定、测试工作,必须接受授权单位的监督;

(4)被授权单位成为计量纠纷当事人一方时,在双方协商不能自行解决的情况下,由县级以上有关人民政府计量行政部门进行调解和仲裁检定。

三、质量技术监督管理体制及计量技术机构设置和管理

1998 年国家进行行政体制改革,国务院决定对质量技术监督管理体制进行调整,国家质量监督检验检疫总局为国务院直属机构,省、自治区、直辖市质量技术监督局作为省级政府的职能机构,实施省以下垂直管理模式,调整后的质量技术监督管理体制及计量技术机构设置和管理见图 3-1。

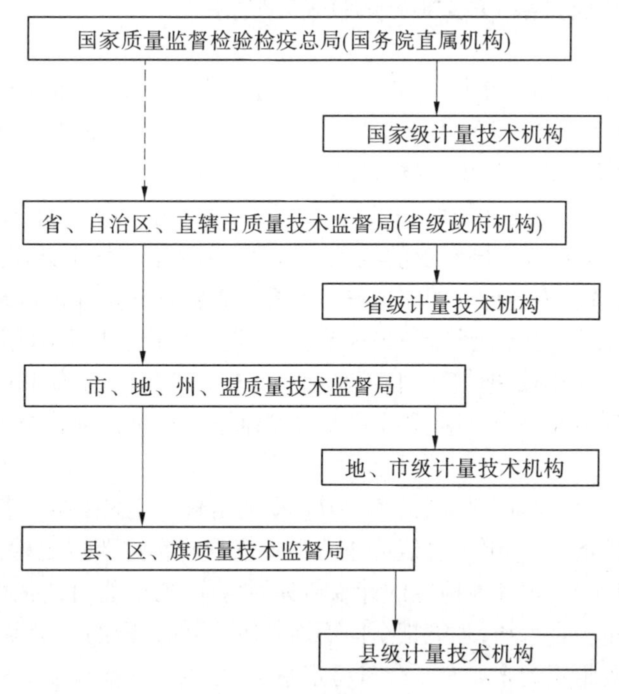

图 3-1　质量技术监督管理体制及计量技术机构设置和管理

2011 年,根据党中央、国务院关于加强食品安全监管工作的要求,为进一步理顺省级以下食品安全监管体制,强化地方各级政府食品安全监管责任,调整省级以下工商、质监行政管理体制,按照精简统一效能的原则,强化地方政府责任,理顺权责关系,完善监管体制,提高监管水平,将工商、质监省级以下垂直管理改为地方政府分级管理体制。业务接受上级工商、质监部门的指导和监督,领导干部实行双重管理,以地方管理为主。其行政编制分别纳入市、县行政编制总额,所属技术机构的人员编制、领导职数,由市、县两级机构编制部门管理。各级法定计量检定机构依然是相应计量行政部门的直属技术机构,根据政府计量行政主管部门授权行使《计量法》规定的法定计量检定机构职责。

第三节　计量技术法规体系

计量技术法规是统一全国计量量值、实施计量法制管理的重要技术文件,它包括计量检定系统表、计量检定规程、计量校准规范、计量技术规范、国家计量基准副基准操作技术规范、国际文件和国际建议等。

一、国家计量检定系统表(国家溯源等级图)

国家计量检定系统(表)是指,“在一个国家内,对给定量的计量器具有效的一种溯源等级图,它包括推荐(或允许)的比较方法和手段”。它对从计量基准到各级计量标准直至工作计量器具的检定程序作出了技术规定,由文字和框图构成。每一个计量检定系统就计量基准到各等级计量标准的传递层次来说,是“金字塔”形的,最高层次的计量基准只能有一个,多了就会造成全国量值的混乱。因此,《计量法》第十条规定:计量检定必须按照国家计量检定系统表进行。国家计量检定系统表由国务院计量行政部门制定。

国家计量检定系统表属于计量技术规范,是为量值传递(或量值溯源)而制定的一种法定性技术文件。其作用是把实际用于测量的工作计量器具的量值和国家计量基准所复现的量值联系起来,构成一个完整、科学的从计量基准到计量标准直至工作计量器具的检定链。

计量检定系统表在计量工作中具有十分重要的地位。它是建立计量基准和各等级计量标准、制定计量检定规程、组织量值传递的重要依据。它主要规定检定程序,即哪一级检定哪一级,以及用于检定和被检定的计量器具的名称、测量范围、准确度和检定方法等。因此,只有应用计量检定系统,才能把全国不同等级、不同量限的计量器具,纵横交错的计量网络,科学合理地组织起来。有了计量检定系统,才能使计量检定结果在允许范围内溯源到计量基准的量值,从而达到数出一门、量出一家的目的。所以,计量检定必须按照计量检定系统表进行。

二、计量检定规程

计量检定规程是指,“为评定计量器具的计量特性,规定了计量性能、法制计量控制要求、检定条件和检定方法以及检定周期等内容,并对计量器具作出合格与否的判定的计量技术法规”。

《计量法》第十条规定:计量检定必须执行计量检定规程。国家计量检定规程由国务院计量行政部门制定。没有国家计量检定规程的,由国务院有关主管部门和省、自治区、直辖市人民政府计量行政部门分别制定部门计量检定规程和地方计量检定规程,并向国务院计量行政部门备案。

我国计量检定规程有国家计量检定规程、部门和地方计量检定规程之分。凡跨地区、跨部门需要在全国范围内执行的,由国务院计量行政部门制定国家计量检定规程。仅为某个部门、某个地区需要或暂时没有国家计量检定规程的,可制定部门或地方计量检定规程,在本部门或本行政区域内执行。编写起草计量检定规程应当按照国家计量技术规范 JJF 1002《国家计量检定规程编写规则》执行。

计量检定规程的主要作用在于统一测量方法,确保计量器具的准确一致,使全国的量值都能在一定的允差范围内溯源到计量基准。它是协调社会经济生活测量需要,是构建测量器具、计量标准、计量基准三者之间计量检定联系的纽带。这是计量检定规程独具的特性,是任何其他技术规范所不能取代的。从某种意义上说,这是具体体现计量定义的基本保证,不仅具有法制性,而且具有科学性。每一个计量检定规程的制定通过,都应是一项科技成果。所以,《计量法》规定,凡新制的、销售的、在用的、修理后的以及进口的计量器具的检定,都必须按照计量检定规程进行。从这个意义上说,计量检定规程也是一种强制性方法标准。计量检定规程是计量监督人员对计量器具实施监督管理、计量检定人员执行检定任务的重要法定依据。国际上凡是开展计量工作的国家,无不制定类似的技术性文件以强化计量法制管理。

三、计量校准规范

计量校准规范是为进行校准而规定的技术文件。对于校准,应根据测量设备的校准要求选择适宜的国家计量校准规范。如无国家校准规范,可以自行制定计量校准规范。编制计量校准规范时可以参照国际标准、国际建议、国家标准或公开发表的文献,也可以参考相应的计量检定规程。计量校准规范编制的方法和内容要求可参考国家计量技术规范 JJF 1071《国家计量校准规范编写规则》进行。制定计量校准规范要注意使用最新技术资料。

四、计量技术规范

计量技术规范是用于指导、约束、规范计量管理、测量技术、试验等测量活动的普遍性、指导性、规范性技术文件。有针对通用或者专业计量术语统一定义的,有围绕计量检定规程编写明确规则的,有实施法制计量管理考核的,有用于计量器具型式评价的,有规范测量技术要求的。

五、国家计量基准、副基准操作技术规范

国家计量基准、副基准操作技术规范是使用计量基准或者副基准进行量值传递或量值溯源测量活动而制定的一种法定性、技术性、程序性文件。

六、国际文件和国际建议

国际法制计量组织成立的主要使命之一,就是起草、制定计量技术以及计量管理方面的国际文件和国际建议。国际文件一般是围绕计量管理、计量立法制定的参考性文件;而国际建议大多是针对某方面测量技术的统一要求起草的,具有条约义务约束的强制性执行力。法制计量方面的国际建议(即国际计量检定规程)是各国共同遵守的国际性计量技术法规,其目的是加强各国计量部门之间的联系,促进技术交流,解决因制造、使用、检定计量器具而出现的技术和管理问题,使计量法制工作在国际范围内尽量得到统一和公认。

七、计量技术法规的编号

常用的国家计量技术法规的编号分别为:

国家计量检定规程用汉语拼音缩写 JJG 表示,编号为 JJG××××—××××。

国家计量检定系统表用汉语拼音缩写 JJG 表示,顺序号为 2000 号以上,编号为 JJG 2×××—××××。

国家计量技术规范用汉语拼音缩写 JJF 表示,编号为 JJF××××—××××,其中国家计量基准、副基准操作技术规范顺序号为 1200 号以上。

××××—××××为法规的"顺序号—年份号",均用阿拉伯数字表示(年份号为批准的年份)。

例如:JJG 1016—2006《心电监护仪检定规程》

JJG 2001—1987《线纹计量器具检定系统》

JJG 2093—1995《常温黑体辐射计量器具检定系统》

JJF 1001—2011《通用计量术语及定义》

JJF 1139—2005《计量器具检定周期确定原则和方法》

JJF 1201—1990《3.39 微米波长基准操作技术规范》

JJF 1049—1995《温度传感器动态响应校准规范》

地方和部门计量检定规程编号为JJG( )××××—××××,( )里用汉字,代表该检定规程的批准单位和施行范围,××××为顺序号,随后的××××为批准的年份。如JJG(京)39—2006《智能冷水表检定规程》,代表北京市技术监督局2006年批准的顺序号为第39号的地方计量检定规程,在北京市范围内施行。又如JJG(铁道)132—2005《列车测速仪检定规程》,代表铁道部2005年批准的顺序号为第132号的部门计量检定规程,在铁道部范围内施行。

第四节 计量技术保障体系

一、量值传递系统

量值是"用数和参照对象一起表示的量的大小"。根据参照对象的类型,量值可以表示为一个数和计量单位的乘积。

量值传递是通过对计量器具的检定或校准,将国家基准所复现的计量单位通过各等级计量标准传递到工作计量器具,以保证被测对象量值的准确和一致。

组织量值传递是计量部门确保全国量值准确一致的主要任务之一,是实施技术监督的措施和保证。

开展量值传递是统一计量器具量值的重要手段,是保证计量结果准确可靠的基础,是维护计量立法宗旨、保障国家计量单位制的统一和量值准确可靠的具体措施和技术保证。

将国家计量基准复现的单位量值通过各级计量标准逐级传递到工作计量器具,由此形成的传递关系称为量值传递系统。

二、计量标准体系

计量标准是按国家规定的准确度等级,实际用于检定工作的计量器具。计量标准在国家检定系统中的地位在计量基准之下。按各类计量标准的法律地位、使用和管辖范围的不同分社会公用计量标准、部门计量标准、企事业单位计量标准。

(一)社会公用计量标准

社会公用计量标准是指经过政府计量行政部门考核、批准,作为统一本地区量值的依据,在社会上实施计量监督具有公证作用的计量标准。

在处理计量纠纷时,只有以计量基准或社会公用计量标准进行的仲裁检定,其数据才具有权威性和法律效力。

最高社会公用计量标准,需向上一级政府计量行政部门申请考核。其他等级社会公用计量标准由当地政府计量行政部门主持考核。经考核合格的社会公用计量标准,由当地政府计量行政部门颁发社会公用计量标准证书后,方可使用。

(二)部门计量标准

部门计量标准是指国务院有关主管部门和省、自治区、直辖市人民政府有关主管部门,根据本部门的特殊需要建立的计量标准。

部门计量标准只能在本部门内部使用,作为统一本部门量值的依据。只要社会公用计量标准能满足需要,各部门就不必再建计量标准。

部门最高计量标准的考核需经同级人民政府计量行政部门主持考核合格,发给计量标准合格证书后,由本部门批准,在部门内部开展计量检定。部门的次级计量标准由本部门自行组织考核后批准在本部门内部开展检定。

(三)企事业单位计量标准

企事业单位计量标准是指企事业单位根据生产、科研、经营管理需要建立的计量标准。

企事业单位计量标准仅能在本单位内部使用,作为统一本单位量值的依据。企事业单位最高计量标准须经与企事业单位主管部门同级的人民政府计量行政部门考核,发给计量标准合格证书后由单位主管领导批准,向主管部门备案后,在本单位内部开展计量检定。企事业单位的次级计量标准由本单位自行组织考核合格后,由本单位主管领导批准,在本单位内部开展计量检定。

部门和企事业单位建立的各项计量标准未经有关计量行政部门授权,不得擅自对社会开展计量检定和对内部开展强制检定。为确保计量器具的准确、可靠、一致,国家对各级社会公用计量标准和部门、企事业单位各项最高计量标准施行强制检定。部门和企事业单位建立的各项最高计量标准,由本部门本单位批准使用,这里的“批准使用”是指行政批准,而计量标准的考核是技术考核,两者不能替代。

三、量值传递(量值溯源)的方式

目前,常用的量值传递方式有以下四种。

(一)实物传递

用实物标准进行逐级传递,将被检计量器具送到具有高准确度等级计量标准的技术机构进行检定或校准,或由上级计量技术机构派人携带计量标准到不便运输的被检计量器具使用现场进行检定或校准。

(二)发放标准物质

标准物质是具有一种或多种准确度确定了的特性值,用以校准计量器具、评价测量方法或给材料赋值,并附有经批准的鉴定机构发放证书的物质和材料。

标准物质可以是气体、液体、固体,常分为一级标准物质和二级标准物质两个层次。

（三）发播标准信号

利用广播通信电视网络的电信设备，将计量标准信号调制在通信信号上按副载频形式发播，各用户可在各地接收计量标准信号，经过解调后，使用计量标准信号校准计量器具。这种方法现仅使用在时间频率项目上。有关机构正在研究其他量值和频率量的关系，以扩展用发播信号方式进行其他项目的量值传递。

（四）传递标准全面考核（MAP）

采用这种量值传递方式不是由下级向上级送检，而是由上级计量技术机构将经过长期计量特性考核合格的“传递计量标准”交给下级技术机构，下级机构按上级机构给出的计量条件和计量方法在本单位计量标准上进行检定，然后将数据报回上级机构，并将传递标准交回，上级机构收到传递标准后进行复校并对下级测量结果进行分析，给出实验结论。这种量传方式是对下级机构的计量标准设备、环境条件、人员素质、检定方法进行的全面综合考核。

我国目前采用 MAP 传递的项目已在无线电计量的功率、衰减，电能，质量等专业项目上进行了探索与实践。

第四章 量和单位

第一节 量的基本概念

一、量、量制与量纲

(一)量

自然界的任何现象、物体或物质都以一定的形态存在,并分别具有一定的特性,这些特性通常是通过量来表征的。

量是指"现象、物体或物质的特性,其大小可用一个数和一个参照对象表示"。

可测量的量、物理量、一般的量和特定量,以及同种量和同类量,在不引起误解的情况下通常都简称为量。这是从计量学的角度对"量"所作的一个界定。这里所说的物体和物质,可以是天然的,也可以是经过加工的,是不依赖于人的主观意识客观存在的;而现象则是指自然现象,包括在人工控制条件下发生的自然现象,但不包括非自然现象。

性质异同的量可以定性区别。如可以把量区别为几何量、电学量、热学量、力学量等,某一类量不同于另一类量,它们之间不能相互比较。例如,同一物体的体积和质量是性质不同的两个量,体现了量的异;而两个物体的温度尽管高低不同,却是性质相同的量,显现了量的同。

具体的量称为特定量,其量可以定量确定。特定量的大小用量值来表示。量值是指"用数和参照对象一起表示的量的大小"。

参照对象可以是一个测量单位、测量程序、标准物质或其组合。如:某一零件长度为3.29 m,量值用一个数和一个测量单位的乘积表示;某样品的洛氏C标尺硬度(150 kg负荷下)为43.5HRC(150 kg),量值用一个数和一个作为参照对象的测量程序的乘积表示;在给定血浆样本中任意镥亲菌素的物质的量浓度(世界卫生组织国际标准80/552)为50国际单位/L,量值用一个数和一个标准物质的乘积表示。

特定量之间可以相互比较。例如,不同物体的体积(或质量,或温度)是可以相互比较或者按大小(或轻重,或高低)排序的。

在计量领域中把可以直接比较的量称为同种量,如零件的几何尺寸、导线的电阻大小。特性相同的量组合在一起称为同类量,如功、热、能可用一个单位焦耳(J)表示,厚度、波长、周长可用长度单位米(m)表示。

"量"还有标量、矢量和张量之分。计量学研究的是标量,对于矢量和张量则处理它们的分量的模,因为这些模也是标量。标量都是可以测量的,测量不同的量采用的方法各异,故又把这种量称为可测量的量。

可测量的量包括物理量和非物理量(硬度、波度、表面粗糙度、感光度等),这些非物理量是约定可计量的量,这类量的定义及量值与计量方法(测量程序)有关,相互之间不存在确定的换算关系。凡是可测量的量都可用数和参照对象一起表示量的大小。有些可测量的量表面上看没有计量单位,如相对密度、折射率等,其实,它们是以具有相同的计量单位的量为参照,取其比值为"1"为单位,这时的单位可以省略,也称无量纲量。温度和时间是常用的物理量,它们除具备量的一般属性外,还有其特殊性。如温度可以表示一种状态,室温 25 ℃;时间还可以表示一种过程,如历时 11 时 10 分。量的符号通常是单个斜体拉丁字母或希腊字母,有时带有下标或其他说明性标记,量的使用规则及方法详见国家标准 GB 3100 ~3102—1993。

(二)量制

量制是指"彼此间由非矛盾方程联系起来的一组量"。

这里说的量是指一般的量,不是指"特定量"。"由非矛盾方程联系起来",是说这些量不是孤立的,而是通过一系列的物理方程式联系在一起的,其中任意两个量之间直接或间接地存在着函数关系。

各种序量(由约定测量程序定义的量,该量与同类的其他量可按大小排序,但这些量之间无代数运算关系),如洛氏 C 标尺硬度,通常不认为是量制的一部分,因它仅通过经验关系与其他量相联系。

量制亦称量系,即量的体系或系统。不同学科有各自的量的体系,即量制。如力学量、热学量、电磁学量、声学量、光学量、化学量等,指的就是一些不完全相同的量制或量系。量制实质上是包括科学领域或其中某一领域的基本量和相应导出量的特定组合。简言之,量制即基本量和导出量的总体。事实上,可以选取不同的量作为基本量。根据所选定的基本量的不同,产生不同的量制。例如,力学领域在历史上曾经有过的量制是:

长度、质量、时间;

长度、力、时间;

长度、功、时间;

长度、引力常数、时间。

(三)量纲

量纲是指"给定量与量制中各基本量的一种依从关系,它用与基本量相应的因子的幂的乘积去掉所有数字因子后的部分表示"。

量纲是用来定性地描述给定量制中每一个量与各基本量的关系的一个概念,在一定程度上可以用来识别两个量在性质上的异同。

因子的幂是指带有指数的因子,每个因子是一个基本量的量纲。

基本量量纲的约定符号用单个大写正体字母表示。导出量量纲的约定符号用定义该导出量的基本量量纲的幂的乘积表示。量 Q 的量纲表示为 $\dim Q$。

在国际量制中,用 L、M、T、I、Θ、N、J 分别表示长度、质量、时间、电流、热力学温度、物质的量、发光强度 7 个基本量的量纲。对于任何一个导出量,它的量纲可以表示为:

$$\dim Q = \mathrm{L}^{\alpha}\mathrm{M}^{\beta}\mathrm{T}^{\gamma}\mathrm{I}^{\delta}\Theta^{\varepsilon}\mathrm{N}^{\xi}\mathrm{J}^{\eta}$$

式中,α、β、γ、δ、ε、ξ 和 η 称为量纲指数。

基本量量纲的表示,如:

长度的量纲 $\dim l = \mathrm{L}$

质量的量纲 $\dim m = \mathrm{M}$

时间的量纲 $\dim t = \mathrm{T}$

导出量量纲的表示,如:

速度 $v = l/t$ 的量纲　$\dim v = \dim l/\dim t = \mathrm{L/T} = \mathrm{LT}^{-1}$

加速度 $a = v/t$ 的量纲　$\dim a = \dim v/\dim t = \mathrm{LT}^{-1}/\mathrm{T} = \mathrm{LT}^{-2}$

力 $F = ma$ 的量纲　$\dim F = \dim m \dim a = \mathrm{M} \cdot \mathrm{LT}^{-2} = \mathrm{LMT}^{-2}$

压力 $P = F/l^2$ 的量纲　$\dim P = \dim F/(\dim l)^2 = \mathrm{LMT}^{-2}/\mathrm{L}^2 = \mathrm{L}^{-1}\mathrm{MT}^{-2}$

动能 $E = \frac{1}{2}mv^2$ 的量纲　$\dim E = \dim m \dim v^2 = \mathrm{M}(\mathrm{LT}^{-1})^2 = \mathrm{L}^2\mathrm{MT}^{-2}$

功 $W = Fl$ 的量纲　$\dim W = \dim F \dim l = \mathrm{LMT}^{-2} \cdot \mathrm{L} = \mathrm{L}^2\mathrm{MT}^{-2}$

当描述某一特定量制时,经常要用到量纲这一概念。某一个量的量纲,指的是量的性质,而不是量的大小。因此,量纲只用于定性地描述物理量,特别是定性地给出导出量与基本量之间存在的关系。量纲是用来定性地描述给定量制中每一个量与各基本量的关系的一个概念,在一定程度上可用来识别两个量在性质上的异同。

量纲仅表明量的构成,而不能充分说明量的内在联系。例如,在给定量制中,同种量的量纲一定相同,但具有相同量纲的量却不一定是同种量。如在国际单位制中,功和力矩的量纲相同,都是 $\mathrm{L}^2\mathrm{MT}^{-2}$,但它们是完全不同性质的量。

量纲是一个量的表达式,在实际工作中,任何科技领域中的规律、定律,都可通过各有关量的函数式来描述。也就是说,所有的科技规律、定律,都可以通过一组选定的基本量以及由它们得出的导出量来表述。而所有的量,又都具有一定的量纲,所以量纲可以反映出各有关量之间的关系,从而使它们所描述的规律、定律获得统一的表示方法。通过量纲可得出任何一个量与基本量之间的关系,以及检验量的表达式是否正确。如果一个量的表达式正确,则其等号两边的量纲必然相同,通常称它为“量纲法则”,利用这个法则可用来检查物理公式的正确性。例如,冲量 $Ft = m(v_2 - v_1)$,其等号左边的量纲为 $\dim(Ft) = \dim F \dim t = \mathrm{LMT}^{-2} \cdot \mathrm{T} = \mathrm{LMT}^{-1}$,等号右边的量纲是 $\dim[m(v_2 - v_1)] = \dim m \cdot \dim v = \mathrm{M} \cdot \mathrm{LT}^{-1} = \mathrm{LMT}^{-1}$,两边具有相同的量纲,表明上述公式是正确的。

此外,在量纲表达式中,其基本量量纲的全部指数均为零的量称为无量纲量。如平面角、线应变、摩擦因数、折射率等。这些量并不是没有量纲,只不过它的量纲指数皆为零。任何指数为零的量其值皆等于 1,所以量纲为 1 的量,叫作无量纲量,无量纲量也是量纲为 1 的量。

二、基本量与导出量

(一)基本量

基本量是指“在给定量制中约定选取的一组不能用其他量表示的量”。

按照基本量的定义,基本量是相互独立的量。用什么量作为基本量,只是一种选择,主要依据是便于接受、推广和使用。基本量的用途,只是用来定义或导出量制中的其他量。在制定单位制或引入量纲的概念时,通常首先确定一定数目彼此独立的量作为单位制的基础,每一种单位制中基本量的数目不宜过多,例如厘米·克·秒制选取长度、质量和时间三个基本量。在国际量制中选取长度、质量、时间、电流、热力学温度、物质的量和发光强度 7 个量为基本量。基本量在量制中是彼此独立的,其中任何一个基本量都不可能通过方程式由其他量推导得出。

(二)导出量

导出量是指“量制中由基本量定义的量”。

在给定的量制中,基本量是明确指定的少数几个量,其余的量都是利用它们与基本量的函数关系推导出来的,推导出来的这些量就是该量制中的导出量。

例如,在国际单位制所考虑的量制中,速度是由长度、时间这两个基本量导出的,面积是由长度这个基本量导出的。

值得注意的是,基本量和导出量的区别是相对的,是各学科为了构建自己的理论体系而作的一种选择,不一定说一个基本量比一个导出量在自然属性上更“基本”。例如,能量是一个导出量,并不说明它的自然属性不够“基本”。在一个量制中,基本量是可以全部列出来的,而导出量则不胜枚举,通常只能列举出最常用的。全部的基本量,加上有意义的导出量,就构成一个特定的量制。

第二节　单位和单位制

一、单位

(一)单位　[测量]单位　[计量]单位

计量单位与测量单位是同义词,在不致混淆的情况下,均可简称为单位。单位是指“根据约定定义和采用的标量,任何其他同类量可与其比较使两个量之比用一个数表示”。

在定义中，约定定义和采用的标量是一个特定量，至于采用哪一个特定量作为给定物理量的单位，理论上可以任意选择，并未规定约定的范围，它可以是国际间的约定，也可以是小范围内的约定。但是，如果约定采用和定义了一个特定量作为参考量，就可用它来表示其他同种量的大小。数量庞大的不同的度量衡单位，也从事实上作了印证。这就是单位的“定义和采用”必须人为地加以约定或规定的原因。而且为了口头和书面表达的需要，还要对每一个单位的名称和符号也加以约定或规定。也就是说，测量单位具有根据约定赋予的名称和符号。

名称是对单位的称谓，可以用全称也可以用简称。如：电流的单位是“安[培]”，简称为“安”。

符号表示计量单位的约定记号。计量单位的符号分为单位符号（国际通用符号）和单位的中文符号（单位名称的简称，且中文符号只能采用简称，没有简称的采用全称）两种，一般情况下使用单位符号（国际通用符号）。如：米的符号是“m”，中文符号是“米”；安[培]的符号是“A”，中文符号是“安”。

同量纲量的测量单位可具有相同的名称和符号，即使这些量不是同类量。例如，焦耳每开尔文和 J/K 既是热容量的单位名称和符号，也是熵的单位名称和符号，而热容量和熵并非同类量。然而，在某些情况下，具有专门名称的测量单位仅限用于特定种类的量。如单位“秒的负一次方”(1/s)用于频率时称为赫兹，用于放射性核素的活度时称为贝克（Bq）。

量纲为 1 的量的单位是数。在某些情况下这些单位有专门名称，如弧度、球面度和分贝；或表示为商，如毫摩尔每摩尔等于 10^{-3}，微克每千克等于 10^{-9}。

对于一个给定量，“单位”通常与量的名称连在一起，如“质量单位”或“质量的单位”。

（二）基本单位

基本单位是指“对于基本量，约定采用的测量单位”。在一贯单位制中，每个基本量只有一个基本单位。例如：在国际单位制（SI）中，米是长度的基本单位。在厘米·克·秒单位制（CGS 制）中，厘米是长度的基本单位。事实上，基本单位就是在一个量制中所选定的基本量的单位。

在国际单位制中，共有 7 个基本单位，它们的名称分别为：长度单位“米”、质量单位“千克”、时间单位“秒”、电流单位“安[培]”、热力学温度单位“开[尔文]”、物质的量单位“摩[尔]”和发光强度单位“坎[德拉]”。

基本单位也可用于相同量纲的导出量。例如：当用体积除以面积定义雨量时，其单位为米。

在给定的量制中，基本量约定地认为是彼此独立的，但相对应的基本单位并不都是彼此独立的。如长度是独立的基本量，但其单位“米”定义中，却包含了时间基本单位“秒”。所以，在现代计量学中，一般不再用“独立单位”这个名词。

（三）导出单位

导出单位是指“导出量的测量单位”。导出单位是由基本单位按一定的物理关系相乘或相除构成的新的计量单位，例如：速度单位是一个导出单位，它由长度单位和时间单位相除而得到，即：米/秒(m/s)。

在国际单位制(SI)中，为了表示方便，对有些导出单位给予专门的名称和符号，称它们为具有专用名称的导出单位，如力的单位名称为“牛[顿]”，符号为“N”；能量的单位名称为“焦[耳]”，符号为“J”；压力的单位名称为“帕[斯卡]”，符号为“Pa”。

导出单位的构成可以有多种形式：

(1)由基本单位和基本单位组成，如速度单位米/秒。

(2)由基本单位和导出单位组成，如力的单位牛[顿]为千克·米/秒^2。其中千克为基本单位，而米/秒^2 为加速度单位，它是导出单位。

(3)由基本单位和具有专门名称的导出单位组成，如功、热的单位焦[耳]为牛·米，其中牛为具有专门名称的导出单位，米为基本单位。

(4)由导出单位和导出单位组成，如电容单位法[拉]为库/伏，库[仑]和伏[特]均为导出单位。

(四)一贯导出单位

一贯导出单位是指“对于给定量制和选定的一组基本单位，由比例因子为 1 的基本单位的幂的乘积表示的导出单位”，简称一贯单位。

如：国际单位制中，$1\ N = 1\ kg \cdot m \cdot s^{-2}$，N(牛[顿])就是力的一贯单位。在国际单位制中，具有专门名称的 SI 导出单位都是一贯单位，但其倍数和分数单位则不是一贯单位。一贯单位是相对于给定单位制而言的。一个单位对于某种单位制是一贯的，对于另一种单位制就可能不是一贯的。如：在厘米·克·秒单位制(CGS 制)中密度单位“g/cm^3”为一贯单位；而在国际单位制(SI)中，密度单位“g/cm^3”不是一贯单位，而采用了千克和立方米表示的密度单位“kg/m^3”是一贯单位。

(五)倍数单位和分数单位

由于科技领域的不同和被计量对象的不同，一般都要选用大小恰当的计量单位，如机械加工时，加工余量用米表示则太大，一般采用毫米或微米表示。若要测量北京至上海之间的直线距离，用米表示又太小，应该用千米。在计量实践中，人们往往从同一种量的许多单位中选用某一个单位作为基础，并赋予它独立的定义，把这个单位叫作主单位，如米、千克、秒、安、牛、伏等。

为了使用方便，表达一个量的大小，仅用一个主单位显然很不方便。1960 年第十一届国际计量大会上对国际单位制构成中的十进倍数和分数单位进行了命名。它是在主单位前加上一个符号，使它成为一个新的计量单位，如千米(km)、兆帕(MPa)、厘米(cm)、毫米(mm)等。

倍数单位是指“给定测量单位乘以大于 1 的整数得到的测量单位”。

分数单位是指“给定测量单位除以大于 1 的整数得到的测量单位”。

在实际选用倍数单位和分数单位时，一般应使量的数值在 0.1～1 000 范围以内，如 0.007 58 m 可写成 7.58 mm，15 263 Pa 可以写成 15.263 kPa；8.91×10^{-8} s 可以写成 89.1 ns。但在特定情况下，也不受数位表示的限制，如真空中光的速度 299 792 458 m/s，为了在使用中对照方便，一般数位不受限制。

二、单位制

(一)单位制

单位制又称计量单位制,是指“对于给定量制的一组基本单位、导出单位,其倍数单位和分数单位及使用这些单位的规则”。

同一个量制可以有不同的单位制,因基本单位选取的不同,单位制也就不一样。如力学量制中基本量都是长度、质量和时间,而基本单位可选用长度为米、质量为千克、时间为秒,则叫它为米·千克·秒制(MKS制)。若长度单位采用厘米、质量用克、时间用秒,则叫它为厘米·克·秒制(CGS制)。还有米·千克力·秒制(MKGFS制)、米·吨·秒制(MTS制)等。我们最常用的是国际单位制。

(二)制外[测量]单位、制外[计量]单位

制外[测量]单位和制外[计量]单位是同义词,在不致混淆的情况下,均可简称为制外单位。制外单位是指“不属于给定单位制的测量单位”。例如,我国法定计量单位中,国家选定的非国际单位制单位,对国际单位制来讲就是制外单位。有一些单位本身具有重要作用,而且使用广泛,但它们没有包括在国际单位制中,所以就为国际单位制的制外单位,如时间单位的分(min)、时(h)、天(日)(d),以及表示体积单位的升(L)和质量单位吨(t)等。

第三节 国际单位制

一、国际单位制(SI)的概念

国际单位制缩写为SI,是指“由国际计量大会(CGPM)批准采用的基于国际量制的单位制,包括单位名称和符号、词头名称和符号及其使用规则”。

1960年第十一届国际计量大会决定将以米、千克、秒、安[培]、开[尔文]和坎[德拉]这六个单位为基本单位的实用计量单位制命名为“国际单位制”,并规定其符号为“SI”。1971年第十四届国际计量大会对国际单位制作了修改,增加了物质的量的单位“摩[尔]”,基本单位增加为7个。

二、国际单位制(SI)的特点

国际单位制是在米制的基础上发展起来的,它是米制的现代化形式,被国际上公认为较为先进的单位制。国际单位制具有统一性、简明性、实用性、合理性、科学性、继承性、通用性及精确性等优点。

(一)统一性

国际单位制适用于力学、热学、电磁学、光学、声学、物理化学、固体物理学、分子物理学、原子物理学、核物理学等整个自然科学的各个领域。其中无论是理论科学还是工程技术科学的量都能用国际单位制的单位来定量描述。7 个 SI 基本单位都有严格的定义,所有的导出单位都依据反映自然规律的方程式由基本单位导出,从而使单位体系形成一个明确反映量与量之间联系的、统一的有机整体。它能将生产、贸易、经营、科研领域和工、农、商、学、兵及日常生活的诸方面需要使用的计量单位统一在一个单位制之中。在国际上能实现统一的原因,不仅由于其本身的科学结构,而且还在于词头的使用以及从单位制本身到各个单位的名称、符号和使用规则的统一化、规范化、标准化。

(二)简明性

国际单位制取消了相当数量的各种烦琐的杂制单位,因而省去了不同单位制之间的换算。例如,力学和热学公式,采用 SI 后就可省去热功当量和功热当量、千克力和牛顿之间的换算,减少了计算错误,节约了工时,提高了工作效率。由于 SI 一律采用十进制,使用十进制词头,贯彻一个单位只有一个名称和一个符号的原则以及物理公式系数为 1 等规定,这就使得国际单位制显得简单明了。

(三)实用性

国际单位制的 SI 基本单位和大多数导出单位的大小很实用,其中大部分已得到广泛应用,例如安[培](A)、焦[耳](J)、伏[特](V)等。国际单位制对大量常用的量并没有增添许多十分不习惯的新单位。为了适应实际需要,国际单位制还包括数值范围很广的词头,以便构成十进倍数和分数单位。由于使用了十进制词头,可使单位大小在很大范围内调整,以适应大到宇宙,小到微观粒子、中子的领域。

(四)合理性

贯彻 SI 的使用原则,可避免多种单位制和单位的并用及换算。例如,用帕[斯卡]就可以代替千克力/厘米^2 和克力/厘米^2 等所有压强单位。又如在力学、热学和电学中的功、能和热这几个量,过去它们的常用单位有千克力米、克力米、尔格、电子伏、瓦特小时等许多米制单位,此外还有千卡、卡、磅力英尺、马力小时等多种单位制和其他单位。使用 SI 时,只用焦[耳]便可以代替所有这些常用单位。这不仅省去很多换算,而且可以避免同类量具有不同量纲以及不是同类的量具有相同量纲的矛盾。

(五)科学性

SI 澄清并明确了很多量和单位的概念。SI 的单位是根据科学实验所证实的物理规律严格定义的。它经过周密考虑与国际协商,废弃了一些旧的不科学的习惯概念、名称和用法。

（六）继承性

在SI中，基本单位的选用，除物质的量的单位“摩[尔]”外，其余6个量都是米制单位原来所采用的。SI是在米制的基础上发展起来的，可以说是现代米制，它在克服旧米制缺点的同时，继承了其合理部分，如采用十进制等。同时SI的许多国际基准就是原来米制的国际基准，这就使原来采用米制的国家和地区，在贯彻SI的过程中较为顺利。

（七）通用性

由于SI是米制的较完善形式，同时国际单位制可以代替几乎所有其他单位制，国际单位制自1960年第十一届国际计量大会通过以来，经过50多年的实践证明，它对科学技术和经济发展有明显的促进作用，许多国家和地区由政府以法令或条例的形式宣布采用，几乎所有的国际政治、经济、技术、学术组织都采用了国际单位制。可以预见，它必将成为全世界统一、通用的单位制。

（八）精确性

国际单位制的7个基本单位，目前都能以当代科学技术所能达到的最高准确度来复现和保存，目前我国7个SI基本单位复现的不确定度水平见表4-1。

表4-1　我国复现7个SI基本单位的标准不确定度

单位名称	标准不确定度
米	2×10^{-11} m
千克	优于 1×10^{-8} kg
秒	8×10^{-15} s
安[培]	1×10^{-6} A
开[尔文]	0.16 mK
坎[德拉]	2.0×10^{-3} cd
摩[尔]	我国暂未复现此单位

三、国际单位制的构成

国际单位制的构成如下：

国际单位制（SI）
- SI基本单位
- SI导出单位
  - 具有专门名称的SI导出单位
  - SI辅助单位
  - 组合形式的SI导出单位
- SI单位的倍数单位

“SI”是国际上规定的“国际单位制”的简称。它源于法文国际单位制（Le Système Internationald’ Unités）的缩写，故不应该称为“SI制”或“国际制”，因“SI”本身已包含“制”的含义。

从国际单位制的构成可以看出，尽管国际单位制简称“SI”，但不能将国际单位制单位简称 SI 单位。“SI 单位”仅仅指 SI 基本单位和 SI 导出单位两部分。SI 单位是国际单位制特定含义的名称，而国际单位制单位不仅包括 SI 单位，还包括 SI 单位的倍数单位（由词头与 SI 单位构成的单位）。

由此可见，国际单位制单位与 SI 单位两者含义是不同的，前者是指全部单位，后者仅指构成 SI 一贯制的那些单位。SI 单位又称主单位，任何一个量只有一个 SI 单位，其他单位都是 SI 单位的倍数、分数单位。如长度的 SI 单位是“m”，其他单位如 nm、mm、cm、dm、km 等都是“m”的分数单位或倍数单位。

第四节　我国的法定计量单位与使用规则

一、我国的法定计量单位

计量单位是为定量表示同种量的大小而约定的定义和采用的特定量，人们为了生活生产、贸易往来、科学研究的方便选择计量单位，不同地区、不同民族、不同国家对同一个量选用的计量单位有所不同，每个国家选择使用什么计量单位是一个国家的主权。我国以国家法令的形式把允许使用的计量单位统一起来，要求在我国境内各个地区、各个领域、各个行业都按照统一规定使用法定计量单位的管理方式，叫实施法定计量单位制度。

法定计量单位是指“国家法律、法规规定使用的测量单位”。1959 年国务院发布了统一计量制度的命令，确定以米制为基本计量制度，并公布了一批统一米制计量单位中文名称的方案。1977 年 5 月 27 日国务院颁发了《中华人民共和国计量管理条例（试行）》，重申我国的基本计量制度是米制，逐步要采用国际单位制。1978 年 8 月我国设立了“国际单位制办公室”，负责推行国际单位制。1981 年 4 月 7 日，国际单位制推行委员会正式颁发《中华人民共和国计量单位名称和符号方案（试行）》。1984 年 2 月 27 日国务院发布了《关于在我国统一实行法定计量单位的命令》，这样就产生了我国的法定计量单位。

我国的法定计量单位以国际单位制为基础，同时选用了一些符合我国国情的非国际单位制单位共同构成。国际单位制是在米制基础上发展起来的，而我国法定计量单位是以国际单位制为基础的，也可以说我国的法定计量单位是由米制发展而来的。

我国的法定计量单位（以下简称法定单位）包括：

（1）国际单位制（SI）的基本单位；

（2）国际单位制（SI）中具有专门名称的包括辅助单位在内的导出单位；

（3）国家选定的非国际单位制单位；

（4）由以上单位构成的组合形式的单位；

(5)由词头和以上单位所构成的倍数单位。

二、SI基本单位

SI 基本单位是国际单位制基本单位的简称。SI 选择了长度、质量、时间、电流、热力学温度、物质的量、发光强度等 7 个基本量,并给基本单位规定了严格的定义。除质量单位千克外,其余 6 个基本单位都是根据自然现象的永恒规律定义的,见表 4-2。

表 4-2　国际单位制基本单位的定义

量的名称	单位名称	单位符号	SI 基本单位的定义
长度	米	m	光在真空中 1/299 792 458 s 的时间间隔内所经过的距离
质量	千克(公斤)	kg	质量单位,等于国际千克(公斤)原器的质量
时间	秒	s	铯 133 原子基态的两个超精细能级之间跃迁所对应的辐射的 9 192 631 770 个周期的持续时间
电流	安[培]	A	在真空中,截面面积可忽略的两根相距 1 m 的无限长平行圆直导线内通以等量恒定电流时,若导线间相互作用力在每米长度上为 2×10^{-7} N,则每根导线中的电流为 1 安[培]
热力学温度	开[尔文]	K	水三相点热力学温度的 1/273.16
物质的量	摩[尔]	mol	一个系统的物质的量,该系统中所包含的基本单元数与 0.012 kg 碳 12 的原子数目相等。在使用摩[尔]时,基本单元应予指明,可以是原子、分子、离子、电子及其他粒子,或是这些粒子的特定组合
发光强度	坎[德拉]	cd	一光源在给定方向上的发光强度,该光源发出频率为 540×10^{12} Hz 的单色辐射,且在此方向上的辐射强度为 1/683 W/sr

三、SI导出单位

导出单位有一贯导出单位和非一贯导出单位之分。SI 的全部导出单位都是按一贯性原则,通过比例因数为 1 的量的定义方程式由 SI 基本单位导出,并由 SI 基本单位以代数形式表示的单位。导出单位是组合形式的单位,它们是由两个以上基本单位幂的乘积来表示的。

SI 导出单位中有些量的单位名称太长，读写不便。为了读写和实际应用方便，国际计量组织选用了 19 个常用的导出单位，给定了专门名称，如力的 SI 导出单位 kg · m/s^2 的专门名称为牛[顿]。

SI 的两个辅助单位，即弧度和球面度是由长度单位导出的，在光度学和辐射度学领域有着重要的应用，是一个独立而具体的单位。以前国际计量大会没有明确规定平面角、立体角单位是基本单位还是导出单位，而把这两个单位称为辅助单位，单独列为一类，像基本单位一样使用；现在归为具有专门名称的导出单位的分类中。这样，包括 SI 辅助单位在内的具有专门名称的导出单位一共有 21 个，见表 4-3。

表 4-3　包括 SI 辅助单位在内的具有专门名称的 SI 导出单位

量的名称	单位名称	单位符号
[平面]角	弧度	rad
立体角	球面度	sr
频率	赫[兹]	Hz
力	牛[顿]	N
压力，压强，应力	帕[斯卡]	Pa
能[量]，功，热量	焦[耳]	J
功率，辐[射能]通量	瓦[特]	W
电荷[量]	库[仑]	C
电位，电压，电动势	伏[特]	V
电容	法[拉]	F
电阻	欧[姆]	Ω
电导	西[门子]	S
磁通[量]	韦[伯]	Wb
磁通[量]密度，磁感应强度	特[斯拉]	T
电感	亨[利]	H
摄氏温度	摄氏度	℃
光通量	流[明]	lm
[光]照度	勒[克斯]	lx
[放射性]活度	贝可[勒尔]	Bq
吸收剂量	戈[瑞]	Gy
剂量当量	希[沃特]	Sv

注：单位名称来源于人名时，符号的第一个字母要大写，第二个字母小写，但必须是正体。如：N(牛[顿])、Pa(帕[斯卡])、Hz(赫[兹])等，不能写成 n、PA、HZ。

四、SI单位的倍数单位和分数单位

SI 单位在实际使用时，由于量值的变化范围很宽，仅用 SI 单位来表示量值是很不方便的，为此 SI 中规定了 20 个构成十进倍数和分数单位的词头（见表 4-4）及其所表示的因数。这些词头不能单独使用，也不能重叠使用，它们仅用于与 SI 单位（kg 除外）构成 SI 单位的十进倍数和十进分数单位。例如：长度的 SI 单位为“m”，它的倍数单位有“hm”、“km”、“Mm”等，分数单位有“dm”、“cm”、“mm”、“μm”、“nm”等。需要注意的是，相应于因数 10^3（含 10^3）以下的词头符号必须用小写正体，等于或大于因数 10^6 的词头符号必须用大写正体，$10^3 \sim 10^{-3}$ 是十进位，其余是千进位。质量的 SI 单位名称“千克”中，已包含了“千”，所以质量倍数单位由词头加在“克”前组成，如毫克“mg”，而不得用“μkg”。

SI 单位加上 SI 词头后两者结合为一个整体，就不再称为 SI 单位，而称为 SI 单位的倍数单位，或称为 SI 单位的十进倍数或分数单位。

表 4-4　用于构成十进倍数和分数单位的词头

所表示的因数	词头名称	词头符号
10^{24}	尧[它]	Y
10^{21}	泽[它]	Z
10^{18}	艾[可萨]	E
10^{15}	拍[它]	P
10^{12}	太[拉]	T
10^{9}	吉[咖]	G
10^{6}	兆	M
10^{3}	千	k
10^{2}	百	h
10^{1}	十	da
10^{-1}	分	d
10^{-2}	厘	c
10^{-3}	毫	m
10^{-6}	微	μ
10^{-9}	纳[诺]	n
10^{-12}	皮[可]	p
10^{-15}	飞[母托]	f
10^{-18}	阿[托]	a
10^{-21}	仄[普托]	z
10^{-24}	幺[科托]	y

五、国家选定的非国际单位制单位

尽管 SI 单位具有很大的优越性，但并非十全十美。考虑到历史原因或在一些特殊领域，仍有一些应用十分广泛且非常重要的非国际单位制单位不能废除，需要继续使用。在我国的法定计量单位中有 16 个并不属于国际单位制单位，仍将其作为法定计量单位使用。在这些单位中，有 10 个是国际计量大会同意与国际单位制单位并用的，3 个暂时保留与 SI 并用(海里、节、公顷)。只有分贝、转每分、特[克斯]3 个单位，是根据我国的具体情况选择确定的，如表 4-5 所示。

表 4-5　国家选定的非国际单位制单位

量的名称	单位名称	单位符号	换算关系说明
时间	分 [小]时 日(天)	min h d	1 min = 60 s 1 h = 60 min = 3 600 s 1 d = 24 h = 86 400 s
平面角	[角]秒 [角]分 度	(″) (′) (°)	1″ = (π/648 000) rad (π 为圆周率) 1′ = 60″ = (π/10 800) rad 1° = 60′ = (π/180) rad
旋转速度	转每分	r/min	1 r/min = (1/60) s^{-1}
长度	海里	n mile	1 n mile = 1 852 m (只用于航程)
速度	节	kn	1 kn = 1 n mile/h = (1 852/3 600) m/s (只用于航行)
质量	吨 原子质量单位	t u	1 t = 10^3 kg 1 u ≈ 1.660 540 2 × 10^{-27} kg
能	电子伏	eV	1 eV ≈ 1.602 177 33 × 10^{-19} J
体积	升	L,(l)	1 L = 1 dm^3 = 10^{-3} m^3
级差	分贝	dB	用于对数量
线密度	特[克斯]	tex	1 tex = 1 g/km
面积	公顷	hm^2,(ha)	1 hm^2 = 10 000 m^2 = 0.01 km^2

六、法定计量单位使用规则

(一)法定计量单位的名称

我们所说的法定计量单位名称，均指单位的中文名称，用于叙述性文字和口述中，不得用于公式、数据表、图、刻度盘等处。单位的中文名称分全称和简称两种,既可用全称也可用简称。把法定计量单位名称中方括号里的字省略即成为其简称。没有方括号的名称,全称与简称相同。简称可在不致引起混淆的场合下使用。例如,力的单位全称是"牛顿",简称为"牛"。

我国有关法定计量单位的法令及有关量和单位的国家标准中,把单位的名称已经标准化了。在计量单位的实际应用中,大量应用到组合单位,组合形式的单位名称国际上没有统一规定任何原则。《中华人民共和国法定计量单位使用方法》根据组合单位名称的读写已形成的一套原则,对其作了相应的规定,具体应主要掌握下列几点。

1. 组合单位中文名称

1)组合单位中文名称的读写

组合单位中文名称读写的顺序原则上与该单位的国际符号表示的顺序一致,中文名称中不能带有"/"、"·"符号。组合单位符号中的乘号没有对应的名称;遇到除号时,读为"每"字。例如,"J/(mol·K)"的名称为"焦耳每摩尔开尔文"。书写时亦应如此,不能加任何图形和符号("·"、"/"、"×"、"÷"),不要与单位的中文符号相混淆。但乘方形式的单位名称要把指数名称读在指数所表示的单位名称之前,相应的指数名称由数字加"次方"二字而成。例如:断面惯性矩的单位"m^4"的名称为"四次方米",密度单位"kg/m^3",其中文名称为"千克每立方米"。

2)组合单位中数学符号("·"、"/"、"X^n")的读写

乘号("·")无对应符号,即不再读写。例如:冲量的单位"N·s",其中文名称为"牛顿秒"或"牛秒",而不是"牛乘秒"、"牛·秒"、"牛—秒"、"[牛][秒]"等;密度单位"kg/m^3"的名称为"千克每立方米",而不是"千克/立方米"。

除号("/")对应读写"每"字,无论分母中有几个单位,"每"字只出现一次。例如:比热容的单位"J/(kg·℃)",中文名称为"焦耳每千克摄氏度",不是"焦耳每千克每摄氏度"。

乘方"X^n"中的指数的相应名称一般是数字加"次方"二字,但如果是长度单位的2次或3次幂,且用以表示面积或体积量时,则相应的指数名称应读写成"平方"和"立方"。例如:角加速度单位"rad/s^2",其中文名称为"弧度每二次方秒",不是"弧度每秒每秒";截面系数单位"m^3",其中文名称为"三次方米";体积单位"m^3",其中文名称为"立方米"。组合单位名称读写时还应注意,当单位的指数全为负指数时,作为分子为1的相除形式的组合单位,其中文名称就以"每"字起头。例如:"$℃^{-1}$"的名称读写为"每摄氏度","s^{-1}"名称读写为"每秒",而不是负一次方摄氏度、负一次方秒。

2. 法定计量单位的词头名称

对于SI词头,国际上规定了统一名称和符号。我国法定计量单位规定了词头相应的中文名称和符号,见表4-4。

词头的名称永远紧接单位名称而不得在其间插入其他词。例如:面积单位"km^2"的名称只能是"平方千米",而不能是"千平方米"。

在书写中作词头用的八个数词如带来混淆有必要明确区别时,可采用圆括号。例如:"3 km"与"3 000 m"的名称均为"三千米"。必要时,前者写为"三(千米)",后者写为"三

千米”。

(二)法定计量单位符号

(1)计量单位的符号分为单位符号(国际通用符号)和单位的中文符号(单位名称的简称,且中文符号只能采用简称)两种,一般情况下使用单位符号(国际通用符号)。单位符号按其名称或简称读,不得按字母读。

(2)单位和词头的符号所用字母一律为正体。

例如:“帕”的符号为“Pa”,不应为“*Pa*”;“毫米”的符号为“mm”,不应为“*mm*”。

(3)单位符号一般用正体小写字母书写,如:分—min,小[时]—h。但以人名命名的单位符号,第一个字母必须正体大写,如:赫[兹]—Hz,帕[斯卡]—Pa,牛[顿]—N。“升”的符号例外,可以用大写“L”,主要为了避免小写字母“l”与数字 1 发生混淆。单位符号后,不得附加任何标记,也没有复数形式。

(4)词头的符号字母,当所表示的因数小于 10^6 时为小写正体,大于或等于 10^6 时为大写正体。

例如:词头“千”(10^3)的符号为“k”;词头“兆”(10^6)的符号为“M”。

(5)单位和词头也可用中文符号。中文符号是以单位的简称代替国际符号构成的。

例如:“$\mathrm{m/s^2}$”的中文符号为“米/秒^2”;

“$\mathrm{kg/m^3}$”的中文符号为“千克/米^3”;

“$\mathrm{W/(m^2 \cdot K)}$”的中文符号为“瓦/(米^2 · 开)”。

在一个单位(组合形式单位)中,单位符号与中文符号一般不得混合使用。

例如:速度单位不得写成“km/时”,应为“km/h”。但是非物理量单位(如台、件、人等),可用汉字与符号构成组合形式单位;摄氏度的符号“℃”可作为中文符号使用,如“J/℃”可写成“焦/℃”;习惯用的吨“t”,数词“亿”、“万”等也可与国际符号组合使用,表示运输量用的单位“万吨千米”,符号可用“10^4 t · km”或“万 t · km”表示。

(6)由两个以上单位相乘构成的组合单位,其符号有下列两种形式:

例如:力矩单位“牛顿米”的符号为“N · m”或“Nm”;电能单位“千瓦时”的符号为“kW · h”或“kWh”。

相乘形式的组合单位次序无原则性规定。一般情况下,不能使用词头的单位不能放在最前面。另外,若组合单位符号中某单位符号同时又是词头符号并有可能发生混淆时,则应尽量将它置于右侧。

例如:力矩单位“牛顿米”的符号应写成“Nm”,而不宜写成“mN”,以免误解为“毫牛顿”。

又如:曝光量单位应为“lx · h”而不是“h · lx”;光量单位应为“lm · h”而不是“h · lm”。

(7)由两个以上单位相乘所构成的组合单位,其中文符号只用一种形式,即用居中圆点代表乘号。例如:动力黏度单位“帕斯卡秒”的中文符号是“帕 · 秒”而不是“帕秒”、“[帕][秒]”、“帕 · [秒]”、“帕 - 秒”、“(帕)(秒)”、“帕斯卡 · 秒”等。

(8)单位和词头推荐使用国际符号。中文符号只用于中文出版物之中。

(9)在叙述性文字中也可使用符号表示单位,不要求一定要用单位名称。

(10)单位符号一律不用复数形式。

例如:"2 千克"的符号为"2 kg",而不得写为"2 kgs"或"2 KGS"。

(11)单位符号一般不得加下角标或其他符号来给予另外的含义。

例如:标准状况下的体积单位,不应使用"NL"表示"标准升"而只应用"升"(L)。1948 年国际上规定并开始使用的绝对单位下角标"ab"不应再使用,改为不带下角标的单位符号。如"绝对焦耳"及符号"J_{ab}"应改为"焦耳",符号"J";"绝对安培"及符号"A_{ab}"应改为"安培",符号"A"。

(12)由两个以上单位相除所构成的组合单位,其符号可以采用以下三种形式之一。

例如:密度单位"千克每立方米",可表示为 kg/m^3,$kg \cdot m^{-3}$,kgm^{-3}。

在可能产生混淆时,尽可能用居中圆点表示乘或用斜线表示除。

例如:速度单位"米每秒"的符号用"$m \cdot s^{-1}$"或"m/s",而不宜用"ms^{-1}",因为后者易混淆为"每毫秒"。

(13)由两个以上单位相除所构成的组合单位的中文符号,可采用以下两种形式之一。

例如:热容的单位"焦耳每开尔文"的中文符号为"焦/开"或"焦·开$^{-1}$"。

(14)在进行运算时,组合单位的除号可用水平线表示。

例如:速度的单位"米每秒"运算中可以写成"$\frac{m}{s}$"或"$\frac{米}{秒}$"。

(15)分子无量纲而分母有量纲的组合单位,即分子为 1 的组合单位符号,一般不用分式而用负数幂表示。

例如:波数单位"每米"的符号是"m^{-1}",一般不用"1/m";中文符号是"米$^{-1}$",一般不用"1/米"。

(16)在用斜线(/)表示相除时,单位符号的分子和分母与斜线处于同一水平行内,而不宜分子高于分母。

例如:速度单位"千米每小时"符号为"km/h",而不宜写成"$^{km}/_{h}$",其中文符号为"千米/时",而不宜写成"$^{千米}/_{时}$"。

(17)当分母中包含两个以上单位相乘时,整个分母一般应加圆括号。

例如:比热容的单位"焦耳每千克开尔文"的符号应为"J/(kg·K)",一般不应为"J/kg·K";它的中文符号应为"焦/(千克·开)",一般不应为"焦/千克·开"。

(18)在组合单位的符号中,表示除号的斜线不应多于一条。不得已出现两条或多于两条时,必须有括号以避免混淆。

例如:传热系数的单位"瓦特每平方米开尔文"的符号应为"$W/(m^2 \cdot K)$"而不应为"$W/m^2/K$",必要时可为"$(W/m^2)/K$"。它的中文符号为"瓦/(米^2·开)",而不应为"瓦/米^2/开",必要时可为"(瓦/米^2)/开"。

(19)词头和单位符号之间不应有间隔,也不加表示相乘的其他符号。它们的符号不应加括号。

例如:面积单位"平方千米"的符号为"km^2"。不应为"$k \cdot m^2$"、"$k \times m^2$"、"$(km)^2$"。

其中文符号为“(千米)^2”,而不应为“(千·米)^2”、“(千×米)^2”等。

中文符号中圆括号只有在可能造成混淆时才使用。

例如:功率单位“千瓦”的中文符号为“千瓦”而不必为“(千瓦)”。

(20)所有单位及词头符号均应按名称或简称读,不得按字母发音读。

例如:“kg”应读为“千克”或“公斤”,而不应按字母名称读为“ke ge”或“ke ji”。

(21)一个单位符号不得分开书写。如“Pa”,不得写成“P a”。“℃”不得写成“° C”。

(三)法定计量单位和词头的使用

1. 单位名称与符号的使用场合

(1)单位和词头的名称与简称一般只用于叙述性文字之中而不用于公式、数据表、曲线图、刻度盘、产品铭牌等地方。

(2)单位和词头的符号可用于一切场合,也用于叙述性文字中表示量值。

2. 组合单位加词头的原则

(1)词头符号与单位符号之间不得留空隙,也不加表示相乘等的任何符号,而是作为一个整体,并具有相同的幂次。

例如:摄氏温度单位“摄氏度”表示的量值应写成“20 摄氏度”或“20 ℃”,不应写成并读成“摄氏 20 度”、“20 度”,也不应写成“20 ° C”。

当用中文符号表示时,为避免混淆,必要时应使用圆括号。

例如:3 平方千米,不能写成“3 千米^2”,而应写成“3(千米)^2”(此处“千”表示的是词头),以避免误为“3 千平方米”。但如用单位符号表示应为“3 km^2”,不应为“3 k·m^2”、“3 k×m^2”,也不必写成“3(km)^2”。

表示旋转频率的量值不得写为“3 千秒$^{-1}$”,如表示“三每千秒”应写为“3(千秒)$^{-1}$”,这里“千”为词头;如表示“三千每秒”,应写为“3 000 秒$^{-1}$”。

(2)仅通过相乘形式构成的组合单位在加词头时,词头应加在第一个单位前。

例如:力矩单位“kN·m”,不宜写成“N·km”。

(3)相除形式的组合单位加词头时,一般不在组合单位的分子分母中同时使用词头。词头通常应加在分子第一个单位符号前。

例如:电场强度单位可用“MV/m”,不宜用“kV/mm”。热容单位“J/K”的倍数单位“kJ/K”,不宜写为“J/mK”;动量单位“kg·m/s”的倍数单位可为“Mg·m/s”而不宜用“kg·km/s”等。此外,同一单位中一般不使用两个以上词头,但有几个例外情况:

①质量的 SI 单位“kg”可允许使用在分母中,此时把“kg”作为质量单位的整体来看待,不作为分母中的单位加词头。

②当组合单位中分母是长度、面积或体积单位时,分母中按习惯与方便也可选用词头以构成相应组合单位的十进倍数和分数单位。

例如:密度单位“kg/m^3”,也可表示为“Mg/m^3”、“kg/dm^3”或“g/cm^3”。

③分子为 1 的组合单位加词头时,词头只能加在分母的单位上,且是在其中的第一个单位上。

3. 单位的名称或符号要整体使用

一个单位，不论是基本单位、组合单位，还是它们的十进倍数单位和分数单位，使用时均应作为一个整体来对待。应注意在书写或读音时，不能把一个单位的名称随意拆开，更不能在其中插入数值。十进倍数和分数单位的指数，是对包括词头在内的整个单位起作用的。

例如："80 km/h"应写成并读成"80 千米每小时"，而不得写成并读成"每小时 80 千米"。摄氏温度单位"摄氏度"表示的量值如 20 ℃，应写成并读成"20 摄氏度"，不得写成或读成"摄氏 20 度"。

4. 不能单独使用词头

(1)不能把词头当作单位使用。

例如：电容单位"1 000 μF"，不得写成"1 000 μ"。

(2)不能把词头单纯当作因数使用。

例如：将数"10^{-3}"随便地代之以相应的词头"m"，词头"m"则应先跟其相应的单位"s"结合，负指数再对新构成的"ms"起作用，即：$1\ ms^{-1}=1(ms)^{-1}=(10^{-3}s)^{-1}=10^3\ s^{-1}$，显然 $10^{-3}s^{-1}\neq 1\ ms^{-1}$。

5. 词头不能重叠使用

例如：不得用"微微法拉"(μμF)，而应代之以"皮可法拉"或"皮法"(pF)；不应该用"毫微米"(mμm)，而应代之以"纳诺米"或"纳米"(nm)。但有时由于部分词头的中文名称就是数词，用这些数词表示数值再与有词头的单位连用，就不属于词头重叠使用。例如："三千千瓦"可以用，因系"3 000 kW"的口语叙述，其中只有第二个"千"是词头。

6. 限制使用 SI 词头的单位

(1)SI 词头不能加在非十进制的单位上。

法定计量单位中的"摄氏度"以及非十进制的单位，如平面角单位"度"、"[角]分"、"[角]秒"与时间单位"分"、"时"、"日"等，不得用 SI 词头构成倍数单位或分数单位。

(2)有些非法定计量单位，可以按习惯用 SI 词头构成倍数单位或分数单位。

例如："mCi"、"mGal"、"mR"等。在 16 个国家选定的非国际单位制单位中，只有"吨"、"升"、"电子伏"、"特[克斯]"这几个单位，有时可加 SI 词头。

(3)词头"h"、"da"、"d"、"c"(百、十、分、厘)，一般只用于某些长度、面积、体积和早已习惯的场合，例如："cm"、"dB"等。

7. 避免单位的名称与符号以及单位的国际符号与中文符号混用

1)单位的中文名称与中文符号不应混用

"力矩单位是牛顿·米"、"瓦特的表示式是焦耳/秒"，这两个说法中的"牛顿·米"和"焦耳/秒"就是中文名称和中文符号的混用。因为若是表示单位名称，则不应有表示相乘和相除的符号"·"和"/"，应写为"牛顿米"和"焦耳每秒"；若是表示单位的中文符号，那么不应用单位的全称，而应用单位的简称，则应写为"牛·米"和"焦/秒"。又如，"电荷面密度的 SI 单位是库仑每米^2"，也是中文名称和中文符号混用的一种形式。若是表示单位的中文符号，则应写为"库/米^2"；若是表示单位的名称，则应写为"库仑每平方米"或"库每平方米"。

（1）单位名称不应出现任何数学符号，如居中圆点“·”、除线“/”、指数等。其中所用的单位全要用名称（全称和简称均可）。

例如：速度的单位符号是“m/s”或“米/秒”，单位名称是“米每秒”，单位名称不能写成“米/秒”。

（2）凡是单位的中文符号，则其中所用到的单位要全用简称，当没有简称时才能用全称。

例如：力矩单位的中文符号是“牛·米”，不应是“牛顿·米”；瓦特单位的中文符号是“焦/秒”，不应是“焦耳/秒”。

2）单位的国际符号与中文符号不应混用

例如：速度的单位符号是“m/s”或写成“米/秒”，不应写成“m/秒”；电能的单位符号是“kW·h”或“千瓦·时”，不能写成“kW·时”。这里“m/秒”与“kW·时”就是单位的国际符号和中文符号的混用。

这里有一个例外，“℃”是“摄氏度”的国际符号，但它又可作为中文符号，与其他中文符号构成组合形式的单位。为此“摄氏度”的国际符号“℃”具有双重性，在使用中要能鉴别。例如：比热容单位的国际符号是“J/（kg·℃）”，中文符号可以写作“焦/（千克·摄氏度）”，也可写作“焦/（千克·℃）”。

8. 量值应正确表述

一个量值均由数值和单位组成，在表述时应注意以下几点：

（1）单位的名称或符号要置于整个数值之后。

例如：1.5 m，不得写成“1 m 50”；

（642 +6）mm，不得写成“642 +6 mm”；

28.4 ℃ ±0.2 ℃ =（28.4 ±0.2）℃，不得写成“28.4 ±0.2 ℃”。

（2）十进制的单位一般在一个量值中只应使用一个。对于非十进制的单位，允许在一个量值中使用几个单位。

例如：“1.75 m”不应写成（或读成）“1 m 75 cm”；

“[平面]角 1.5°”可写成“1°30′”（读成 1 度 30 分）；

时间：3 h 45 min 15 s。

（3）选用倍数或分数单位时，一般应使数值处于 0.1 ~1 000 范围内。

例如：“1.2×10^4 N”可以写成“12 kN”；

“0.003 18 m”可以写成“3.18 mm”；

“11 401 Pa”可以写成“11.401 kPa”；

“3.1×10^{-8} s”可写成“31 ns”。

在同一量的数值表中或叙述同一量的文字，为对照方便而使用相同的单位时，数值不受限制。例如，机械制图中使用的单位“毫米”，国土面积单位“平方千米”，导线截面面积使用的单位“平方毫米”等。在同一个量的数值表中以及叙述文章中，为了对照方便，也可使用相同单位而不考虑数值是否处于 0.1 ~1 000 范围内。

（4）当数值位数较多时，由小数点向左或向右，每三位数留一间距，一般为一个字符，以方便读数，但不能使用逗号等其他标记。

例如：$2.997\ 924\ 58 \times 10^{10}\ \mathrm{cm \cdot s^{-1}}$；

9.80665 N 应写成 9.806 65 N；

2.764532 m/s 应写成 2.764 532 m/s；

1.0336 $\mathrm{N/m^2}$ 应写成 1.033 6 $\mathrm{N/m^2}$。

（5）万（10^4）和亿（10^8）可放在单位符号之前作为数值使用，但不是词头。十、百、千、十万、百万、千万、十亿、百亿、千亿等中文词，不得放在单位符号前作数值用。

例如："3 千秒$^{-1}$"应读作"三每千秒"，而不是"三千每秒"；对"三千每秒"，只能表示为"3 000 秒$^{-1}$"。"一百瓦"应写作"100 瓦"或"100 W"。

（6）乘方形式的倍数或分数单位的指数，属于包括词头在内的倍数或分数单位。

例如：$1\ \mathrm{cm^2} = 1 \times (10^{-2}\mathrm{m})^2 = 1 \times 10^{-4}\mathrm{m^2}$，而 $1\ \mathrm{cm^2} \neq 10^{-2}\mathrm{m^2}$。

（7）计算时，为了方便，建议所有量都用 SI 单位表示，词头用 10 的幂代替。这样，所得结果的单位仍为 SI 单位。"kg"本身是 SI 单位，故不用换成"10^3g"。

在物理方程中，如其中所有的量都用 SI 单位来表示，则在计算时方程式的形式不会产生与物理方程形式上的不同。这样可以避免差错，也避免不必要的系数进入计算方程。

例如：均匀运动物体的速度 v、时间 t 与所经过的距离 s 三者间的关系是：$v = s/t$，设一物体在 1.5 min 时间内，经过的距离为 9 km，求速度。这里，分与千米均为法定计量单位但不是 SI 单位，它们对应的 SI 单位为秒与米。如这三个量均以 SI 单位表示，则计算式将与上述关系完全一致而不带来其他系数：

$$s = 9\ \mathrm{km} = 9 \times 10^3\ \mathrm{m}$$

$$t = 1.5\ \mathrm{min} = 1.5 \times 60\ \mathrm{s} = 90\ \mathrm{s}$$

而 v 的 SI 单位为"m/s"，因此：

$$v = s/t = 9 \times 10^3\ \mathrm{m}/90\ \mathrm{s} = 100\ \mathrm{m/s}$$

（8）量值中的数值一般应采用阿拉伯数字，尽量避免用带分数，而用小数表示。

例如：$1\frac{1}{4}$ kg 应写成"1.25 kg"。带有计量单位时用阿拉伯数字书写。

七、法定计量单位使用中的常见错误

（一）书写、应用错误

法定计量单位在使用中常常出现单位符号书写错误或应用错误的情况。表 4-6 列举了工作中常见的容易出现书写错误或应用错误的部分单位符号，以及已废除的部分计量单位与法定计量单位之间的换算关系。

（二）表述错误

在日常生活中，常出现一些计量单位在表述方面的错误。有时把单位的名称作为物理量的名称使用、把词头当成单位使用，有时仍按照旧时的习惯使用非法定的计量单位。表 4-7 所列即为日常生活中常见的计量单位在表述方式上的使用错误。

表 4-6　常用计量单位使用中的常见错误及部分已废除单位与法定计量单位的换算

量的名称	单位名称	单位符号	错误符号	已废除的计量单位与法定计量单位的换算关系
长度	千米(公里)	km	Km,KM,KMS	1 市寸 =0.033 米 1 市丈 =3.33 米 1 市尺 =0.33 米 1 市里 =500 米 1 英里 =1 609 米 1 码 =3 英尺 =0.914 4 米 1 英尺 =12 英寸 =0.304 8 米 1 英寸 =25.4 毫米 1 丝米 =0.1 毫米 1 忽米 =0.01 毫米
	米	m	公尺,M	
	厘米	cm	公分,CM	
	毫米	mm	m/m,MM	
	微米	μm	μ,μM,mμ	
	海里	n mile	浬	
质量(重量)	吨	t	T	1 市担 =50 千克 1 公担 =100 千克 1 市斤 =500 克 1 公两 =100 克 1 市两 =50 克 1 公钱 =10 克 1 市钱 =5 克 1 盎司 =28.35 克(常衡) 1 磅 =453.6 克 1 米制克拉 =200 毫克
	千克(公斤)	kg	KG,KGS	
	克	g	公分,gr,gm,G	
	毫克	mg	公丝	
	微克	μg	γ,ug	
体积(容积)	立方米	m^3	立方,立米,M^3,cum	1 加仑(英) =4.546 09 升
	立方厘米	cm^3	cc,c.c,c,ccm	
	升	L(l)	公升,立升	
	毫升	mL,ml	cc,c.c,ML	
能量	焦[耳]	J	kgf · mcal	1 千克力米(1 kgf · m) =9.806 65 焦 1 卡(cal) =4.186 8 焦
	千瓦[特][小]时	kW · h	KW · h,度	1 度 =1 千瓦时
力	牛[顿]	N	nt,dyn kgf tf	1 达因(dyn) =10^{-5}牛 1 千克力(kgf) =9.806 65 牛 1 吨力(tf) =9.806 65 × 10^3 牛
压力	帕[斯卡]	Pa	pa P a PA	1 巴(bar) =0.1 兆帕 =10^5 帕 1 标准大气压(atm) =101 325 帕 1 毫米汞柱(mmHg) =133.322 帕 1 千克力每平方厘米(kgf/cm^2) =9.806 65 × 10^4 帕 1 工程大气压(at) =9.806 65 × 10^4 帕 1 托(Toor) =133.322 帕
功率	瓦[特]	W	Hp	1 马力(Hp) =735.499 瓦
摄氏温度	摄氏度	℃	× × ℃,百分度	—

注:考虑我国的国情和国外血压计量单位的使用情况,1998 年国家质量技术监督局和卫生部共同发布了质技监局量函[1992]126 号文,通知在临床病历、体检报告、诊断证明、医疗记录等非出版物及国际交流、国外学术期刊等,可任意选用 kPa 或 mmHg;在出版物及血压计(表)使用说明书中可使用 kPa 或 mmHg,如果使用 mmHg,应明确 mmHg 和 kPa 的换算关系。但在血压计(表)等计量器具铭牌上,按 JJG 270《血压计和血压表》检定规程中有关规定采用“双标尺”,即 kPa 与 mmHg 可以同时使用。

表 4-7　日常生活中常见的计量单位在表述方式上的使用错误

错误的表述	正确的表述	原因分析
发动机的马力多大?	发动机的功率多大?	(1)马力是非法定功率单位; (2)单位不可代替物理量,正如“棉布尺有多少?”一样令人费解
马力为135匹	功率为99.29 kW	(1)匹是马的计数单位,不是功率单位; (2)“马力”是单位名称,不是功率量
氧的摩尔数为2	氧分子的物质的量为2摩尔	(1)氧应指明是氧分子还是氧原子; (2)摩尔是单位名称,是表示物质的量的单位,不能用摩尔数来代替物质的量,“数”常指没有计量单位的纯数; (3)“2”没有给出单位,是摩尔,还是毫摩尔等不清楚
车子能跑几码?	车速最快是多少km/h(千米每小时)?	(1)码是英制单位,已取消; (2)码是长度单位,不是速度单位
电容器是几微的?	电容器是几微法的?	微是词头的名称,词头不可单独使用
175立升的电冰箱,每月用几度电?	175升的电冰箱,每月用电多少千瓦时?	(1)立升是法定计量单位升的误称; (2)度是习惯用语,应改用千瓦时(kW·h)
我身高1公尺八十,体重一百五十斤,穿27公分的鞋子	我身高1.80米,体重75千克,穿27厘米的鞋子	(1)公尺、公分属于早已废除的单位名称,应用米、厘米代替; (2)斤是市制单位,不是法定计量单位; (3)单位不能插在数值中间
这个包装箱的体积为61×43×45厘米	这个包装箱的体积为61厘米×43厘米×45厘米	体积单位应为立方厘米,厘米是长度单位,三个厘米相乘即为体积单位,同时也体现了外形尺寸
今天这么闷热,不知有几度?气压是多少毫巴?	今天这么闷热,不知有几摄氏度?气压是多少帕?	(1)度是以往的习惯用语,应改用摄氏度; (2)毫巴为非法定计量单位,应用帕
压力表的压力为几公斤?	压力表的压力为几兆帕(MPa)?	公斤是质量单位,不是压力单位

续表 4-7

错误的表述	正确的表述	原因分析
油泵能打几立升?	油泵的流量是多少升每分(L/min)或立方米每秒(m^3/s)?	立升是升的误称,不是流量单位
你家住房面积有几平方?	你家住房面积有几平方米?	平方是数学用语,不是计量单位
中央人民广播电台是几周的?	中央人民广播电台的频率是几赫兹(Hz)的?	周是法定计量单位赫兹的误称
这盏电灯是几支光的?	这盏电灯的功率是几瓦(W)的?	支光不是计量单位,只是一种习惯用语
百米赛跑的世界纪录是九秒九	百米赛跑的世界纪录是9.9秒	单位不能插在数值中间
医生给你打了几c.c药水?	医生给你打了几毫升(mL)药水?	c.c为非法定计量单位符号
五两米饭等于几卡热量?	250克米饭相当于多少焦耳的热量?	两、卡均为非法定计量单位
你在包装箱上再印上“净重5KGS”	你在包装箱上再印上“净重5 kg”	千克(公斤)的符号应为kg,单位符号后面不能加S
这个拉力器能受力100 kg	这个拉力器能受力980 N	kg是质量单位,不是力的单位
我想买个18英寸的彩电	我想买个47厘米的彩电	英寸是非法定计量单位
这台压力机的压力是1千克力(kgf)	这台压力机的压力是9.8 N	千克力是非法定计量单位
一般情况下,压力的单位为巴(bar)	一般情况下,压力的单位为帕(Pa)	巴为我国没有选用的暂时保留与SI并用的单位,属非法定计量单位。非特殊领域,未经省级以上计量行政主管部门批准,不得使用

八、非法定计量单位的使用

我国在法定计量单位的选择中,考虑到使用计量单位的广泛性,首选在国际上已取得共识的、理论上已经成熟的、实践中使用方便的计量单位为法定计量单位,对国际上仍有争议或只在部分国家采用的单位不列入我国法定计量单位。例如:压力单位 bar(巴),国际法制计量组织中有 11 个国家同意列为 SI 单位,大多数国家不同意使用,我国未将 bar(巴)列入法定计量单位。我国在使用计量单位上以最大的灵活性保证计量单位改革的步伐与国际上基本一致。我国的法定计量单位只给出了单位名称、符号,未给出定义和用法,同时也未列出要废除的单位及其时间,从而避免了因国际上的变化要重新发布更改命令的麻烦。我国的法定计量单位考虑了我国人民长久以来形成的习惯,承认公斤是千克的同义语,公里是千米的俗称。并且,我国法令中也不要求某些特殊领域的单位制改革走在国际的前面,但也不能落后于国际形势,我国在实施法定计量单位方案中,留了一定的余地。原则上,自 1991 年 1 月 1 日起,在我国不允许再使用非法定计量单位。但是,在个别特殊领域需要使用非法定计量单位的,仍可以使用,但是要与有关国际组织规定的名称、符号相一致。在对外贸易中,一般不允许进出口非法定计量单位的仪器设备,如有特殊需要,必须经省、市、自治区以上计量行政主管部门批准后方可使用(使用时,应列出非法定计量单位与法定计量单位对照表)。对于出口商品所用计量单位,可根据合同规定使用,合同中未作规定的,一律使用法定计量单位。图书出版行业中,古籍和文学书籍的出版、再版中使用什么计量单位不作强制要求。

第五章　量值传递与量值溯源

第一节　基本概念

一、溯源性、量值传递和量值溯源

（一）溯源性

计量的目的是实现单位统一、量值准确可靠。也就是说，计量是要保证同一被测量在不同的地方、用不同的测量方法、测得的多个测量结果具有可比性和一致性，才能谈到测量结果的准确、可靠。任何测量活动都存在测量误差。为了保证测量工作的可信度，测量数据、测量结果的量值在要求的特性范围内应统一、准确，满足这个要求的前提是被测量的量值具有能与国家计量基准直至国际计量基准相联系的特性，即被测量的量值必须具有溯源性。

溯源性是指通过一条具有规定的不确定度的连续比较链，使测量结果能够与规定的计量标准以及国家计量基准联系起来的特性。它反映了测量结果的值与计量基准相联系的能力。正是通过这一连续的比较链，把全国的计量量值统一起来，这一比较链的表述，就是我国的计量检定系统表或溯源等级图。比较链的连接有两种途径，分别是量值传递和量值溯源。

（二）量值传递

被测量的量值具有溯源性体现在测量使用的测量设备或计量器具接受计量检定上。量值传递是指“通过对测量仪器的校准或检定，将国家测量标准所实现的单位量值通过各等级的测量标准传递到工作测量仪器的活动，以保证测量所得的量值准确一致”。

量值传递一般由政府计量部门组织进行，量值传递在管理方面具有监督的强制性；在技术方面具有严密的科学性，要有坚实的技术支撑，建设较完整的国家计量基准体系、计量标准体系；在组织上需要一套相应的计量行政机构和计量技术机构；还要有一大批熟悉计量业务工作的专门人才，这样才能形成国家量值传递体系。通过对计量器具的检定或校准，将国家计量基准所复现的计量单位量值通过各级计量标准传递到工作计量器具直至被测对象的测量参数，以保证被测量值的准确和一致，保证全国在不同地区、不同场合、使用不同计量器具测量同一量值能得到相对一致的可信结果。

（三）量值溯源

量值溯源强调的是要保证测量结果在误差允许的范围内，通过一条具有规定不确定度的不间断的比较链，从被测量的测量结果到工作计量器具，再到各级计量标准，直至国家计量基准，可以逐级或越级地向上追溯，以使被测量的测量结果与国家计量基准联系起来。

量值溯源是测量结果使用者的自主行为。测量结果要具有“溯源性”，要求被测对象的量值必须能够与国家计量基准或国际计量基准联系起来。也就是要求所用的工作计量器具必须经过相应的计量标准的检定，而该计量标准又能接受到上一等级的计量标准的检定，逐级向上追溯求源，追溯到国家计量基准或国际计量基准为止。

二、量值传递与量值溯源的比较

量值溯源与量值传递在概念上互为逆过程，从技术上说是一件事情，两种说法。过去我们常说计量技术机构的计量标准要“建立起来，传递下去”，这是计量部门必须要做的事情。现在国际上要求各个领域各个行业的测量量值都要有溯源性，这就要求广大企事业机构主动将自己的测量结果与相关的国家计量基准或国际计量基准联系起来，实现测量结果在误差范围内的统一，而且是统一到国家计量基准或国际计量基准上。

量值传递是一个自上而下的过程，从计量基准→计量标准→工作计量器具→被测量的测量结果，逐级传递下去，以确保被测量测量结果单位量值的统一准确。量值溯源是一个自下而上的过程，从被测量的测量结果→工作计量器具→计量标准→计量基准，可以逐级或越级向上追溯，以使被测量的测量结果与计量基准联系起来（见图 5-1）。

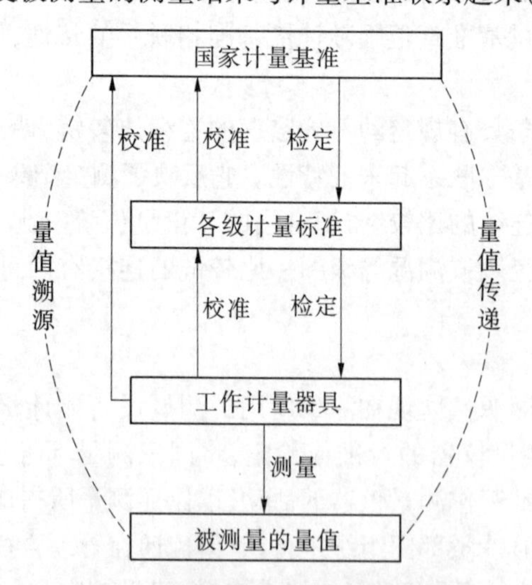

图 5-1　量值传递与量值溯源示意

任何一个测量结果，无论是通过量值传递或者量值溯源，只要能够通过连续的比较链与国家计量基准或国际计量基准联系起来，从而使计量的“准确”与“一致”得到保证，就达到了量值传递或者量值溯源的最终目的。我国由法定计量检定机构或授权技术机构承担的强制检定和非强制检定，是量值传递或者量值溯源的保证形式，对社会公用计量标准、部门和企事业单位的最高计量标准进行的考核，是保证各类量值获得传递或者溯源的有效措施。

三、量值传递与量值溯源的区别

量值传递与量值溯源存在以下区别：

(1)方向不同。量值传递强调从国家建立的计量基准或计量标准向下传递。政府建立了从上到下的传递网络，并颁布了“国家计量检定系统表”等法规监督管理量值传递工作，因此量值传递往往体现为政府行为，有强制性含义。量值溯源强调从下至上寻求测量源头，追溯求源直至国家或国际计量基准，往往是企事业单位自主行为，有非强制的特点。

(2)层次不等。量值传递有严格的等级，层次较多，中间环节多，容易造成准确度损失；量值溯源不必拘泥于严格的等级，根据用户自身的需要，可以逐级溯源，也可以越级溯源，不受等级的限制，中间环节可选。

(3)测量方式不同。在量值传递中强调“通过对计量器具的检定或校准”两种方式；而在量值溯源中仅指出采用不间断的“比较链”建立测量关系，而没有特别指出采用哪种方式，实际上除检定之外可以采取多种方式进行溯源。

(4)管理对象不同。量值溯源强调把“测量结果与有关标准”联系起来，量值传递强调传递到工作计量器具。量值溯源强调测量数据的溯源，量值传递强调量值的传递；一个体现了对测量数据的监督要求，一个体现了对测量器具的管理要求。

第二节　量值传递与量值溯源的方式

量值传递和溯源的主要方式有：采用实物标准逐级传递，发放标准物质，发播标准信号，组织计量比对和实施计量保证方案。采用实物标准逐级进行量值传递是基本的、主要的；发放标准物质目前主要用于化学计量领域，发播标准信号目前主要用于时间频率、无线电计量领域；当其他方法不适合时计量比对作为一种补充；计量保证方案(MAP)是一种新型的量值传递与溯源方式。

一、用实物计量标准进行检定或校准

该方式主要是建立国家计量基准(副计量基准、工作计量基准)和各级计量标准，用

国家工作计量基准和各级计量标准开展检定、校准工作。用实物计量标准进行检定或校准,是传统量值传递或溯源的基本方式,即使用测量仪器仪表的单位将需要检定或校准的测量器具送到建有高等级计量标准的计量技术机构去检定或校准,或者由负责检定或校准的单位,派员将可携带搬运的计量标准带到测量现场进行现场的检定或校准。对于多数易于搬运的计量器具来说,这种按照检定系统表的规定采用计量标准进行检定或校准的方式,由于规定具体,易于操作,简单易行,尽管还存在某些弊端,但仍然是我国目前最主要的应用最广泛的量值传递与溯源方式(见图5-2)。

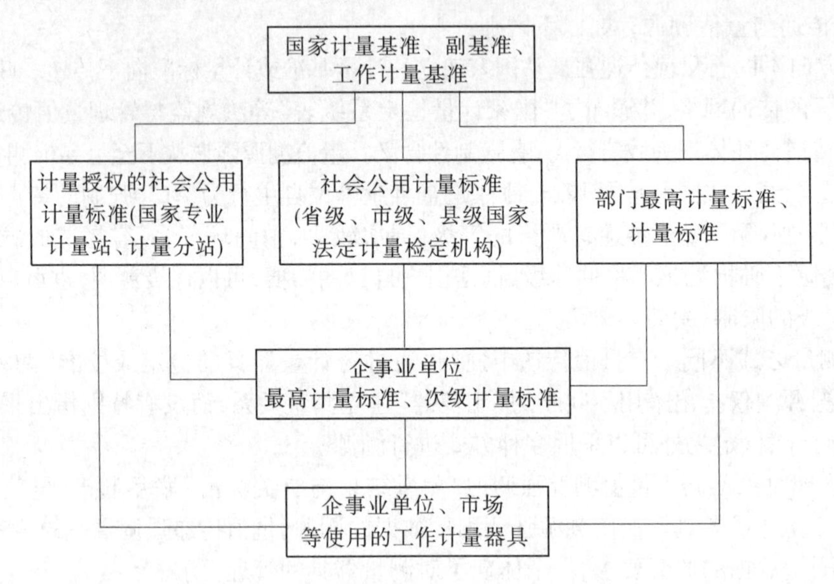

图5-2　我国主要应用的量值传递与溯源方式

二、发放标准物质

(一)用标准物质(CRM)进行传递与溯源的特点

标准物质是“具有足够均匀和稳定的特定特性的物质,其特性被证实适用于测量中或标称特性检查中的预期用途”的物质。标准物质,既包括具有量的物质,如给出了纯度的水,其动力学黏度用于校准黏度计,也包括具有标称特性的物质,如一种或多种指定颜色的色谱图。

标准物质必须由国家计量部门或由它授权的单位进行制造,并附有合格证书才有效。这种有效的标准物质称为“有证标准物质”(CRM),有证标准物质的定义为:“附有由权威机构发布的文件,提供使用有效程序获得的具有不确定度和溯源性的一个或多个特性量值的标准物质。”

使用标准物质(CRM)进行量值传递或量值溯源,具有很多优点,例如可免去搬运仪器,可以实施快速评定,并可在现场使用等。

在测量物质的成分特性时,用标准物质(CRM)进行传递的作用尤为突出。化学计量在国民经济、科学技术和国防建设中的作用大多数情况下是通过标准物质来实现的,所以说标准物质是化学计量的技术支柱。

（二）用标准物质（CRM）传递与溯源的优越性

（1）传递环节少，一般只有一级与二级标准物质。

（2）选择方式灵活，用户均可根据需要购买不同级别的标准物质（CRM），自己校准计量器具及评价计量方法。

三、发播标准信号

通过广播电台发播标准时间频率信号，进行量值传递是最简便、迅速和准确的方式，但目前只限于时间频率计量。随着国家广播电视通信事业的发展，中国计量科学研究院将小型铯束原子频率标准放在中央电视台发播中心，由中央电视台利用彩色电视副载波定时发播标准频率信号，需要使用标准频率信号的用户可接收频率信号直接检定时间频率计量器具。

随着卫星技术的发展，出现了利用卫星发播标准时间频率信号的方式。这种传递方式具有美好的前景，因为时间频率计量的准确度比其他基本量高几个数量级，所以计量科学家在研究使其他基本量与频率量之间建立确定的联系，这样便可以像发播时间频率信号那样来传递其他基本量了。

卫星电视发播标准时间频率信号的原理，见图 5-3。

四、组织计量比对

计量比对，是指"在规定条件下，对相同准确度等级或指定不确定度范围的同种测量仪器复现的量值之间比较的过程"。这是比对概念的狭义理解。从广义上说，比对是指由两个或多个实验室，按照预先规定的条件，对相同或类似的检测物品在实验室之间进行检测的组织、实施和评价的活动。因此，广义的比对实际上已经突破了仅限于相同准确度等级的计量器具之间相互比较的限定。在缺少更高准确度计量基准时，不仅可通过比对来统一量值，使测量结果趋向一致，而且也可以通过比对评定每个实验室测量的量值与比对认可值（参考值、定义值）之间的一致程度。

比对是量值溯源的补充手段，比对主要应用在下列方面：

（1）当研制计量基准或计量标准或新型的计量器具时，仅靠误差分析，确定其测量结果的不确定度，不足以证明其误差分析是否合理和完善。当缺乏更高准确度的计量器具检定手段时，则必须借助于几种工作原理或结构不同的、准确度等级相同或相近的同类计量器具进行相互比对，验证其计量性能，对相应的计量器具进行技术评价。

（2）当某些测量量值尚未建立起国家计量基准，而国内又有若干个单位持有相同准确度等级的计量标准时，可采用组合比对的方法。在一定的条件下，采取几台标准器比对测量的平均值作为约定参考值，并以此值对各计量标准器给出修正值，可起到临时统一量值的作用。

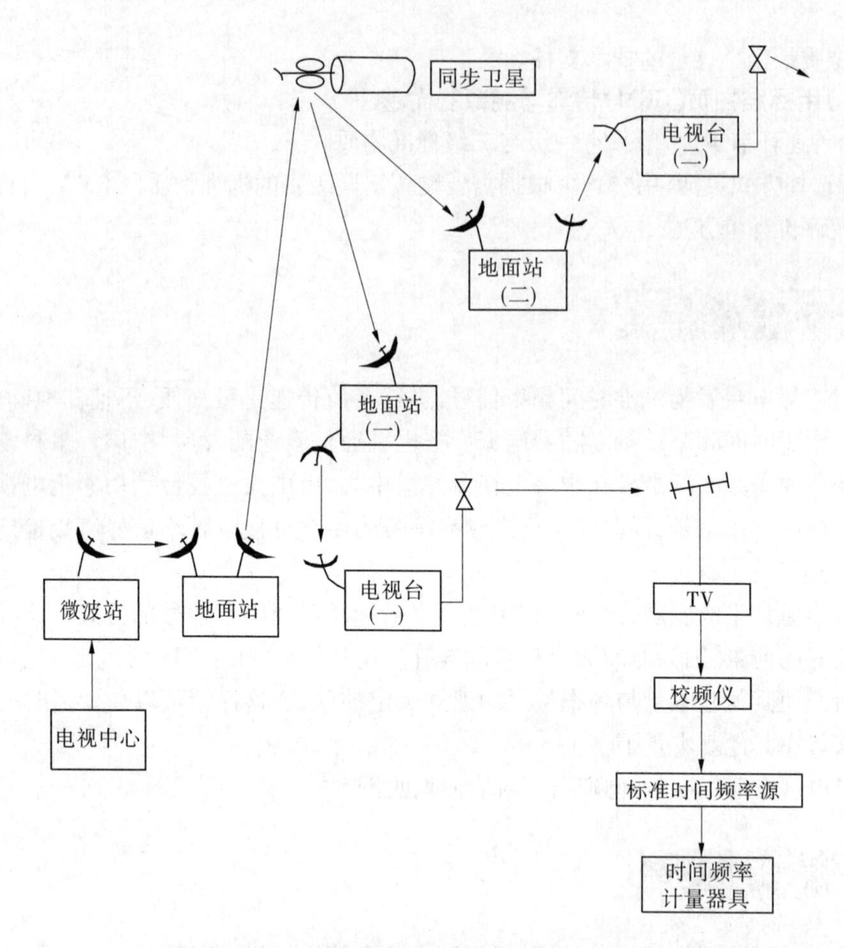

图 5-3　卫星电视发播标准时间频率信号原理

(3)对一些不便或不宜送检的计量器具,可通过传递标准作为媒介,采用比对测量的方式,通过测量保证方案进行量值传递。这种方式的优越性在于能从每个实验室的比对测试结果显示出相互的系统误差分量和随机误差分量。

在计量领域,国际之间的量值比对获得了广泛应用。计量比对为国际量值的统一和实现国际互认协议的签订提供了坚实的科学与技术基础。国际贸易迅速发展,贸易全球化的趋势不断增强,都需要确保不同国家计量标准之间的一致或等效。通过国际间国家计量标准之间的比对,确定并互相承认国家计量标准的等效度,进而承认各国家标准证书的有效性,从而逐步实现全球计量标准等效的理想,以促进世界各国之间的经济合作。另外,对于某些至今尚未建立起相应的国家计量标准或国际计量标准的项目,国际比对是实现有关量值统一的重要途径。比对的方式通常有一字式、环式、连环式、花瓣式和星式五种,如图 5-4 所示。

五、实施计量保证方案(MAP)

计量保证方案(MAP)是一种新型的量值传递方式,其主要特点是通过“传递标准”对

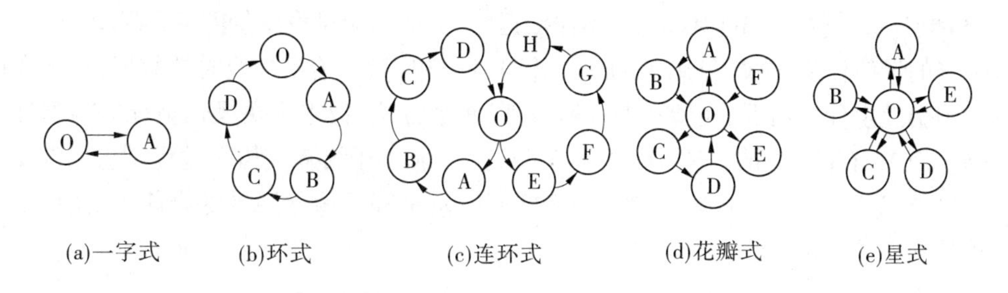

O—主持单位;A,B,C,D,E,F,G,H—参加单位

图5-4 比对的方式

参加实验室的测量系统(包括标准、方法、人员、环境、设备等)进行全面考核,使测量过程始终处于连续的统计控制之中,以保证测量结果的有效性。

20世纪70年代以来,电子学和无线电技术的快速发展,激光、超导等技术的广泛应用,对计量部门提出了新的挑战。譬如,无线电计量方面参数多、频带宽、接口复杂、匹配要求高,有些生产企业的计量要求和国家计量基准的准确度相近;有些大型的计算机控制自动测量装置不便运输,要求现场检定或校准等。因此,传统的量值传递方式已不能完全满足用户的计量需要。美国前国家标准局(NBS)为适应这种新技术形势的发展,开展了一种新的量值传递方式,称为计量保证方案(MAP)。计量保证方案能保证测量过程处于统计控制状况。

这种传递方式的具体做法是:一个或一组稳定的、可运送的标准——传递标准,在经过主持实验室检定后,运送到一个或者多个参加计量保证活动的参加实验室。参加实验室将传递标准作为未知样品,按规定的程序进行测量。之后,传递标准又送回主持实验室进行再次测量,然后将两个或者若干个实验室的测量数据进行比较分析,由主持实验室给出报告,评价参加实验室报出的测量结果和主持实验室及与众实验室测量结果的偏离程度。

参加实验室为了保证测量过程的受控,经常用自己准备的稳定性已知的核查标准进行多次重复测量,验证核查标准测量误差是否处在规定范围内,从而保证测量过程处于连续的控制状态。

计量保证方案主要是对参加实验室的测量水平、测量保证能力(包括实验室的人员、环境、仪器和方法)进行全面考核,而不仅限于对实验室仪器的检定。参加计量保证方案活动,鉴定了整个实验室的测量保证能力,并充分体现出其量值保障的综合能力。

计量保证方案(MAP)是一种新型的量值传递方式。它实质上是通过统计控制方法对测量过程质量进行评价。其特点如下:

(1)通过"传递标准"对参加实验室的测量系统(包括标准、方法、人员、环境、设备等)进行全面考核。

(2)采用实验室内部使用的核查标准,在可掌握的时间间隔内,多次测量核查标准,建立测量过程参数,用统计方法检验测量结果是否符合过程参数控制要求。使测量过程处于连续的统计控制之中,从而保证测量的有效性。

(3)能解决一些大型的、精密的、不便搬运的、复杂的测量设备量值传递问题。

传统的量值传递方式(见图5-5)是一个开环过程,只能给出检定时的数据,至于在运输过程中会发生什么情况,实验室的环境条件、测量方法、技术人员操作情况等因素都无法控制。而MAP模式的量值传递(见图5-6),是一个闭环的量值传递过程。它可以反馈各类信息,克服这些缺点,反映实验室的实际测量水平和量值保障的综合能力,使计量量值真正传递到应用现场。

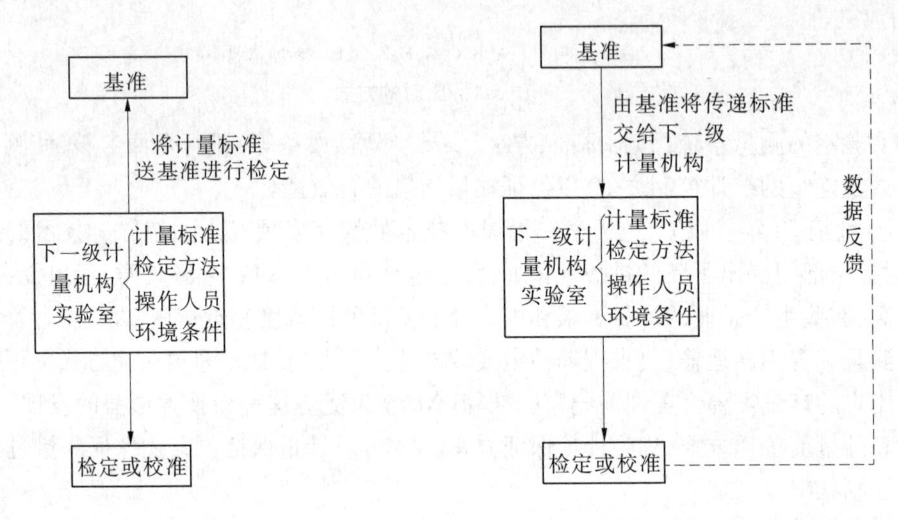

图5-5　传统的量值传递方式示意图

图5-6　MAP量值传递方式示意图

我国从20世纪80年代开始,结合国情,进行了MAP方案研究、试点工作。现已批准启用的计量保证方案有直流电阻、同轴功率、射频衰减、磁性材料磁参数、直流电动势、维氏硬度计、放射性核素活度、长度(量块)等项目。

第三节　计量检定系统表

国家计量检定系统表在我国有明确的法律地位,《计量法》第十条明确规定:"计量检定必须按照国家计量检定系统表进行。国家计量检定系统表由国家计量行政部门制定。"国家计量检定系统表简称国家计量检定系统,是指从计量基准到各等级的计量标准直至工作计量器具的检定程序所作的技术规定,它由文字和图构成。

计量检定系统表由国家计量行政部门组织制定、修订、批准、颁布。基本上一项国家计量基准对应一个计量检定系统表。国家计量检定系统表属于计量技术规范,是为量值传递或量值溯源而制定的一种法定技术文件。其作用是把实际用于测量的工作计量器具的量值和国家计量基准所复现的量值联系起来，构成一个完整的、科学的，从计量基准到计量标准直至工作计量器具的测量链条。

计量检定系统表在计量工作中具有十分重要的地位。它是建立计量基准和各等级计量标准，制定计量检定规程，组织量值传递的重要技术依据。只有应用计量检定系统，才能把全国不同等级、不同量限的计量器具，纵横交错的计量网络，科学而又合理地组织起来。有了计量检定系统，才能使计量检定结果在允差范围内溯源到计量基准，从而达到以计量基准为最高依据，实现全国量值统一的目的。

计量检定系统表的内容见表5-1。

表5-1　计量检定系统表的内容

引言	主要说明该检定系统表的适用范围
计量基准器具	主要说明计量基准器具的用途，组成基准的全套主要计量器具名称、测量范围及其不确定度
计量标准器具	主要说明各等级计量标准器具的名称、测量范围、不确定度或允许误差
工作计量器具	主要说明各种工作计量器具的名称、测量范围，以及有关规定所要求的最大允许误差等
检定系统框图	分三大部分，即计量基准器具、计量标准器具、工作计量器具，其间是检定方法，用点画线分开

计量检定系统表的示例见图5-7。

图表中的检定方法（测量方法）是指进行测量时所用的按类别叙述的一组操作逻辑次序，如替代法、微差法、零位法、直接测量法、间接测量法、组合测量法。一般按相应的计量检定规程中规定的方法来填写。

建立计量标准，开展检定、校准工作，按照 JJF 1033《计量标准考核规范》的要求，都要画出所建立计量标准的量值溯源或传递框图。

量值溯源或传递框图是表示计量标准溯源到上一级计量器具（指国家计量基准和社会公用计量标准）和传递到下一级计量器具的量值溯源或传递关系的描述，它可以是国家计量检定系统表的一部分，也可以是其合理的细化与补充。所以，它与国家计量检定系统表不一样，只要求画出三级。

量值溯源或传递框图包括三级三要素。三级是指上一级计量器具、本级计量器具和下一级计量器具；每级计量器具都有三要素：上一级计量器具三要素为计量基（标）准名称、不确定度或准确度等级或最大允许误差和计量基（标）准拥有单位（即保存机构），本级计量器具三要素为计量标准名称、测量范围和不确定度或准确度等级或最大允许误差，下一级计量器具三要素为计量器具名称、测量范围、不确定度或准确度等级或最大允许误差。三级之间应当注明溯源或传递即检定或校准方法。量值溯源或传递框图示例见图5-8。

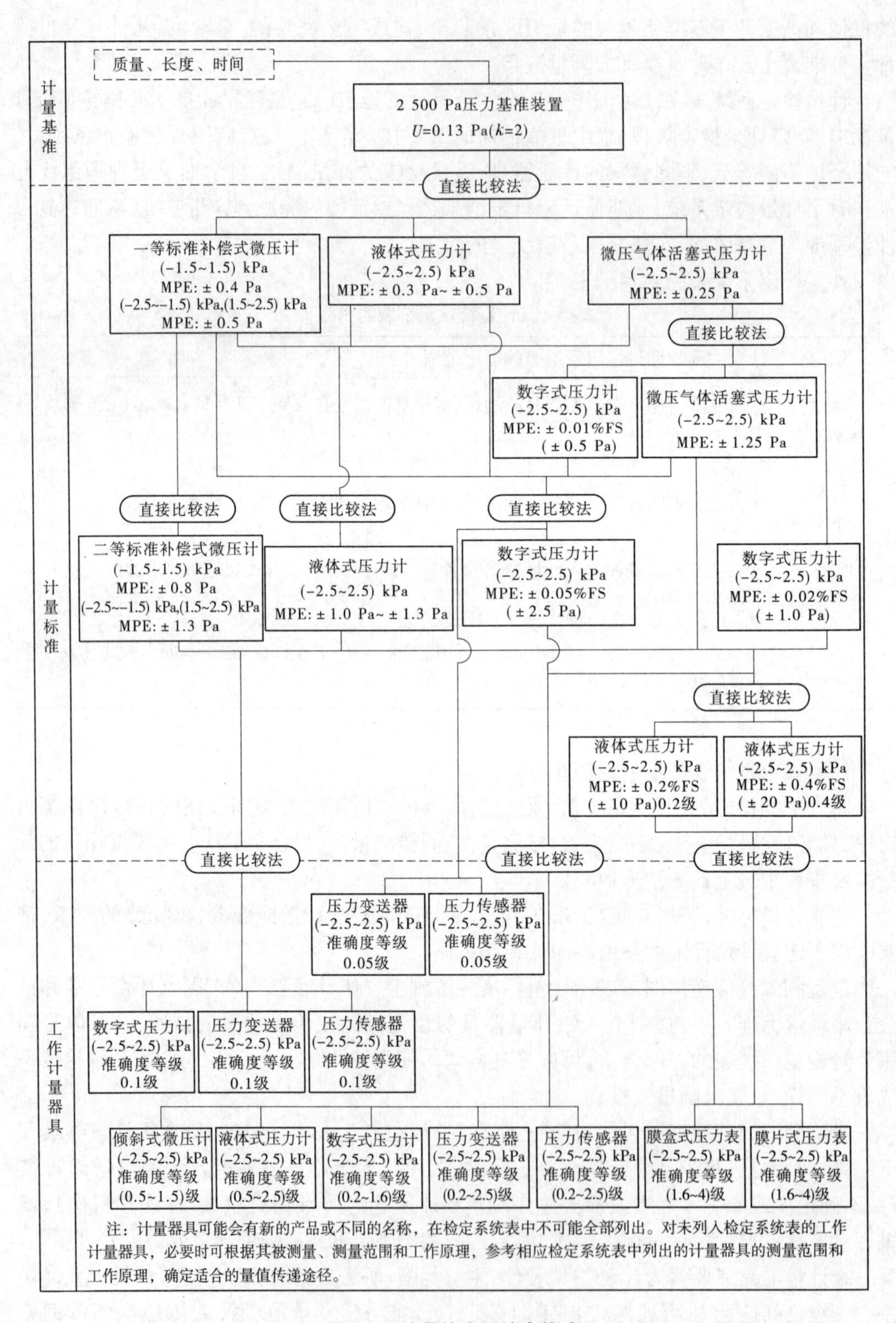

图 5-7　计量检定系统表格式

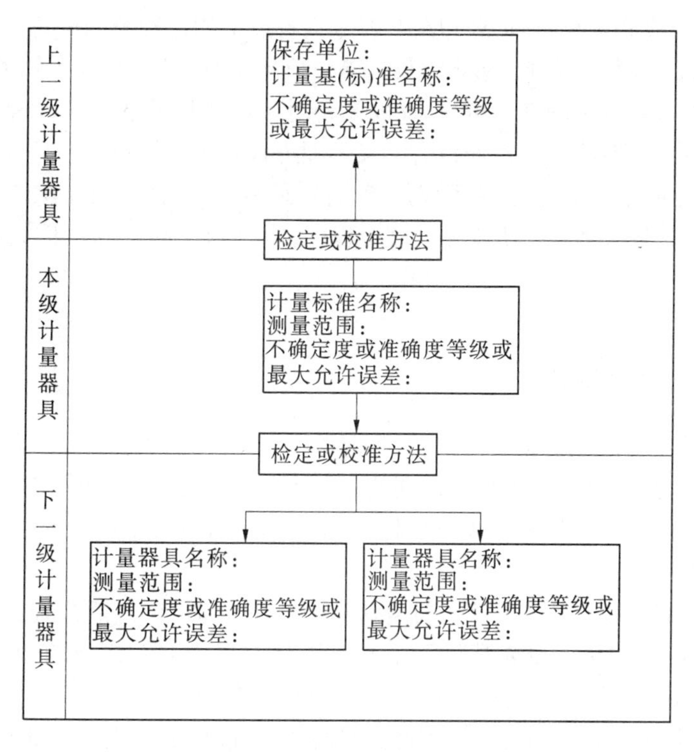

图 5-8　量值溯源或传递框图示例

第四节　测量设备的量值溯源

一、测量对象由计量器具到测量设备的发展

“测量设备”一词是近年来普遍使用的术语，是指“为实现测量过程所必需的测量仪器、软件、测量标准、标准物质、辅助设备或其组合”。而我国多年来所使用的“计量器具（测量仪器）”一词是指“单独或与一个或多个辅助设备组合，用于进行测量的装置”。从总体上看，测量设备与计量器具的定义基本概念是一致的，都是针对测量手段而言的。两者最大的不同点在于：测量设备包括与测量过程有关的软件和辅助设备或者它们的组合，如测量软件、仪器说明书、操作手册等，而计量器具更突出体现测量硬件。

测量设备的定义有以下几个特点：

（1）概念的广义性。测量设备不仅包含一般的测量仪器，而且包含了各等级的测量标准、各类标准物质和实物量具，还包含与测量设备连接的各种辅助设备。

(2)内容的扩展性。测量设备不仅仅指测量仪器本身，已经扩大到辅助设备，因为有关的辅助设备也影响测量的准确可靠，辅助设备对保证测量的统一和准确十分重要。辅助设备主要指本身不能给出量值而没有它又不能进行测量的设备。

(3)定义的创新性。测量设备不仅是指硬件，还有软件，测量设备除测量单元外还包括为实现测量功能所配置的测量软件、处理程序，所以测量硬件和软件共同组成了测量设备。

二、量值溯源的方法

测量设备是进行测量的基本工具，也是能够将被测量的量值直观复现的工具。所以，要保证测量结果的溯源性，必须首先保证测量设备的溯源性。计量检定或校准是实施测量设备量值溯源的重要方法和手段，比对是无法以检定或校准实施溯源时的一种补充。

(一)计量检定

检定是指“查明和确认测量仪器符合法定要求的活动，它包括检查、加封标记和/或出具检定证书等”。它是计量人员利用计量标准、计量基准对新制造的、使用中的和修理后的计量器具进行一系列的实验技术操作，以判断其准确度、稳定度、灵敏度等计量特性是否符合规定，是否满足使用要求。因此，计量检定是进行量值传递或量值溯源的重要形式，是保证量值准确一致的重要措施。

检定具有法制性，其对象是法制管理范围内的计量器具。检定的依据是按法定程序审批公布的计量检定规程。检定是一个总的概念，可以按管理环节和管理性质两种方式分类。

1. 按管理环节分类

按照管理环节的不同，可分为首次检定、后续检定、周期检定、仲裁检定等。

1)首次检定

首次检定是“对未被检定过的测量仪器进行的检定”。目的是确定新生产的计量器具，计量性能是否符合型式批准时的规定要求。对计量特性的规定和要求一般由计量行政部门明确，首次检定由计量器具的制造者、进口者、销售者或使用者提出申请，首次检定应在计量器具使用之前进行。首次检定可以在使用现场或者计量技术机构的实验室内进行。

2)后续检定

后续检定是计量器具“首次检定后的一种检定，包括强制周期检定和修理后检定”。后续检定的间隔一般在计量检定规程中规定。当使用者对计量器具的性能发生怀疑或觉察到功能失常时或当顾客对计量性能不满意时可随时提出后续检定要求，特别是修理后及封印失效后必须重新检定。

3)周期检定

周期检定是按规定时间间隔和程序，对计量器具定期进行的一种后续检定。它是后续检定的一种重要形式，是对使用中计量器具进行有效期管理的常用方式。

4)仲裁检定

仲裁检定是“用计量基准或社会公用计量标准进行的以裁决为目的的检定活动”。

2.按管理性质分类

按照管理性质的不同,检定还可分为强制检定和非强制检定(自愿检定)。

1)强制检定

强制检定是指对社会公用计量标准器具,部门和企事业单位使用的最高计量标准器具,以及用于贸易结算、安全防护、医疗卫生、环境监测等4个方面并列入强制检定目录的工作计量器具,由县级以上人民政府计量行政部门指定的法定计量检定机构或者授权的计量技术机构,实行定点定期的检定。1987年5月28日国家计量局发布的《中华人民共和国强制检定的工作计量器具明细目录》共计55项111种,1999年1月19日增加5种,2001年10月26日又增加2种,2002年12月27日取消1种,至今为60项117种。

2)非强制检定

非强制检定是自愿检定行为,是由使用单位自己对除强制检定外的其他计量标准和工作计量器具依法进行的定期检定。非强制检定是法制检定的一种形式,其技术行为仍具有法制性,也要受法律约束,同样要执行计量检定规程。按目前国际通行的做法,我国正逐步将非强制检定(自愿检定)改为计量校准。

(二)计量校准

校准是指“在规定条件下的一组操作,其第一步是确定由测量标准提供的量值与相应示值之间的关系,第二步则是用此信息确定由示值获得测量结果的关系,这里测量标准提供的量值与相应示值都具有测量不确定度”。校准活动的第一步属于纯技术性的,第二步是含有管理性质的数据确认。

计量检定和校准的区别在于:计量检定包含了计量要求、技术要求和行政管理要求三个方面,计量检定具有法制性,必须严格按照检定系统表进行;而计量校准仅包含计量要求中与量值有关的计量特性的技术要求。计量校准具有一定的灵活性,不一定严格遵守逐级传递的原则。对于计量校准,可以根据测量的需要,确定溯源所用计量标准的准确度等级,甚至可以将一般测量设备直接向国家计量基准寻求溯源。因而,除强制检定的计量器具外,对测量设备采用计量校准方式保持其所需的计量要求,已成为现今一种重要的溯源方式。

(三)计量比对

计量比对,是指在规定条件下,对相同准确度等级或者规定不确定度范围内的同种计量基准、计量标准之间所复现的量值进行传递、比较、分析的过程。作为实施测量设备量值溯源性方法的一种补充,计量比对活动可以保证测量设备量值的准确可靠并实现溯源要求,计量比对工作的组织、实施、评价可以参照JJF 1117—2010《计量比对》进行。

三、测量设备的计量确认

计量确认是指“为确保测量设备处于满足预期使用要求的状态所需要的一组操作”。它由计量检定或校准、计量验证、决定和措施等三部分构成。

测量设备的检定或校准是计量确认的第一步,而计量验证是整个计量确认过程中最重要的一环，计量验证就是充分利用测量设备的计量特性与测量设备预期使用的计量要求进行比较，以确定测量设备能否达到正常的使用要求。不同的测量过程，其预期使用的测量设备的计量要求是不同的。计量要求是顾客根据相应的生产过程规定的测量要求，它可以用最大允许误差或操作限制等方式来体现。测量设备的计量特性主要包括测量范围、分辨率、准确度等级、扩展不确定度等。测量设备计量确认最后要决定测量设备的检定或校准结果是否满足预期使用要求，计量确认的结论用测量设备计量确认状态标识来表示。确认标识是计量确认的结果，是检定或校准结果是否满足要求简单而明了的体现，是反映测量设备现场受控状态的一种比较科学直观的方法。确认标识使用必须简便、易行、直观。

确认标识的内容包括：

——确认（检定、校准）的结果，包括确认结论，使用是否有限制等。

——确认（检定、校准）情况，包括本次确认时间、下次确认时间、确认负责人等。

测量设备标识一般分为准用、限用和停用三类：

（1）准用标识。表明对测量设备已按规定进行确认后处于合格的状态。该标识采用绿色，并有清楚的"合格"字样。该绿色标识适用于经计量确认合格的测量设备。

（2）限用标识。表明此测量设备是限制使用的测量设备。该标识采用黄色。该黄色限用标识适用于降级使用的测量设备和部分功能或量程满足使用要求的测量设备。

（3）停用标识。表明测量设备处于不合格状态或封存状态，停止使用。该标识采用红色，提醒使用人员不得使用该测量设备。

四、测量设备的溯源原则及实施

（一）一般原则

一般来说，所有在用的测量设备都要进行溯源。

在用是指已经投入使用的测量设备，处于使用中的测量设备应当保证计量特性符合使用要求。

测量设备应包括：测量仪器，计量器具，测量标准，标准物质，进行测量所必需的辅助设备，参与测试数据处理用的软件，检验中用的工卡器具、工艺装备定位器、标准样板、模具、胎具，监控记录设备，高低温试验、寿命试验、电磁干扰试验、可靠性试验等设备，测试、试验或检验用的理化分析仪器。

（二）例外原则

所有测量设备都必须进行计量确认。对于溯源过的测量设备要验证其是否满足预期使用要求，形成确认决定，确认标识的形式各个机构可以选择。但对作为无须出具量值的测量设备，或只需做首次检定的测量设备，或一次性使用的测量设备，或列入 C 类管理范围的测量设备，不一定强调必须进行定期溯源。

（三）溯源有效性的评价

大部分测量设备往往不会直接溯源到国家或国际计量基准，在企事业机构的溯源链中并没有该测量结果是否能溯源到国家计量基准或国际计量基准的反映。但对于企事业机构来说，可以采取以下方法提高测量设备溯源到国家计量基准的可信度：

（1）溯源到资质齐全、检测能力强的计量技术机构。往往法定计量检定机构可信度高,高层次的法定计量检定机构比低层次的可信度要高。

(2)获取高质量的计量检定/校准证书。高质量的证书数据齐全、信息量大,有明确溯源到国家计量基准的说明。

(3)绘制量值溯源图。企事业机构的溯源图与上一级技术机构溯源图联系起来,可以逐级反映出溯源到什么地方,溯源链是否连接到国家计量基准。

(四)测量设备特殊溯源的控制

(1)与相关领域的其他测量标准建立测量联系;

(2)使用有证标准物质;

(3)组织测量设备比对;

(4)自行制定校准规范;

(5)采用统计技术进行数据控制;

(6)单参数溯源或分部件溯源后再进行综合评价。

(五)溯源的实施

建立了溯源链后,要严格按传递要求落实,不要随意改变;如果需要改变溯源单位,就要重新设计测量过程,进行溯源调整的评价和审核,符合企事业机构计量要求的,才能确认溯源参数、调整溯源方向、改变溯源单位。

五、测量设备的法制管理要求

(一)计量标准考核

社会公用计量标准,部门、企事业单位的最高计量标准,属于强制管理范围,必须由政府计量行政部门组织考核。计量标准考核是对计量标准测量能力的评定和开展量值传递资格的确认。具体考核要求、考核办法见 JJF 1033《计量标准考核规范》。

(二)强制检定管理

使用属于国家强制检定管理计量器具的单位,要按照政府计量行政部门的规定登记、注册、备案本单位强制检定计量器具种类、数量,到政府计量行政部门指定的计量技术机构申请强制检定,接受定期、定点的强制检定。强制检定关系应当固定,使用单位不得随意变更检定单位。

(三)依法自主管理

依法自主管理是对企业能源消耗、经营销售、工艺过程和产品质量控制中所使用的自愿检定的测量设备,由企业按自己的测量要求对其进行检定、校准、比对,或者选择有资格的计量技术机构进行检定或校准。

六、测量设备的强制检定

(一)强制检定的范围

《计量法》第九条规定:县级以上人民政府计量行政部门对社会公用计量标准器具,部门和企事业单位使用的最高计量标准器具,以及用于贸易结算、安全防护、医疗卫生、环境监测方面的列入强制检定目录的工作计量器具，实行强制检定。

属强制检定管理范围的计量器具共有六类，也可以称为“两标四强”。其中社会公用计量标准器具和企事业单位的最高计量标准器具的强制检定管理又可以分为计量标准考核和周期检定合格两部分内容。对于工作计量器具，是否属于强制检定管理，要同时具备两个条件，二者缺一不可：

（1）必须是列入强制检定计量器具目录的器具，目前国家公布的强制检定目录包括60项117种计量器具；

（2）必须是用于贸易结算、安全防护、医疗卫生和环境监测四个方面的。

（二）强制检定的实施

强制检定，是国家以法律形式强制执行的检定活动，任何单位或个人都必须服从。为了实施强制检定，国务院颁布了《中华人民共和国强制检定的工作计量器具管理办法》。

1. 强制检定的主要特点

（1）管理具有强制性。强制检定由政府计量行政部门统一实施强制管理，指定法定的或授权的计量技术机构去具体执行。

（2）检定关系要指定。属于强制检定的计量器具，由当地县（市）级人民政府计量行政部门指定法定的或授权的计量技术机构进行检定。当地检定不了的，由上一级人民政府计量行政部门安排检定。

（3）检定周期相对固定。检定周期由执行强制检定的技术机构按照计量检定规程规定，结合实际使用频度、计量器具技术状况确定。

在强制检定的实施中，使用单位必须按规定申请检定，对法律规定的这种权利和义务，不允许任何人以任何方式加以变更和违反，没有什么选择的余地。只有这样，才能有效地保护国家和公民免受不准确或不诚实的测量所带来的危害。

2. 实施强制检定管理应当注意的事项

（1）各使用强制检定管理计量器具的单位，应当将本单位使用的强制检定计量器具登记造册，到当地县（市）级人民政府计量行政部门注册、备案，并向其指定的计量检定机构申请周期检定。当地不能检定的，由上一级人民政府计量行政部门指定的计量检定机构执行强制检定。

（2）强制检定的周期，由执行强制检定的计量检定机构根据计量检定规程和计量器具的计量特性确定。

（3）属于强制检定的工作计量器具，未申请检定或检定不合格者，任何单位或者个人不得使用。

（4）强制检定的实施也可申请由企事业单位进行。所用计量标准必须经计量标准考核合格并接受社会公用计量标准的检定；承担内部强制检定必须取得政府计量行政部门计量授权；执行强制检定的人员，必须经授权单位考核合格；检定必须按有关检定规程的规定进行；必须接受授权单位对其承担强制检定工作的监督。

（5）各类承担强制检定任务的计量技术机构必须按照计量行政部门管理要求，定期汇报强制检定工作进展情况及执行中出现的问题。

七、测量设备的依法自主管理

对于强制检定管理范围之外的其他测量设备，企事业单位也必须依照《计量法》的规定进行自主管理，由企事业单位按自己的测量要求对其进行自行检定、校准、比对，或者选择有资格的计量技术机构进行检定或校准。

非强制检定与强制检定的不同之处是：

(1)管理主体不同。强制检定由政府计量行政部门直接管理，非强制检定允许使用单位自行依法管理。

(2)检定方式不同。强制检定的检定关系一般是固定的，非强制检定则具有灵活性，使用单位可以自由送检，自由溯源。

(3)检定周期确定原则不同。强制检定的计量器具检定周期由执行强制检定的技术机构严格按照计量检定规程确定，非强制检定的计量器具使用单位可在计量检定规程允许的范围内自行调整。

(4)强制程度不同。强制检定与非强制检定就其规范管理的属性来说，两者均具有强制性，只是强制的程度有所不同。对于列入强制检定管理范围的计量器具，必须实施强制检定；对于未纳入强制检定管理范围的计量器具，不是不需要检定，而是管理的强制程度低一些而已。

八、溯源计划的制订

为了保证测量设备溯源活动的实施，企事业单位必须制订溯源计划。一般来说，溯源与计量检定/校准可以合用一个计划，其名称二者均可。

(一)制订原则

溯源计划制订的原则是：

(1)保证生产的需要。对流程型生产企业，应考虑利用设备维修时间和生产间歇时间。

(2)尽可能使溯源工作在全年各个月份均衡地进行，以便充分利用资源，提高效率。

(3)需要由外部进行的溯源工作，要统筹安排，保证及时满足本单位的需要。

溯源计划最好用表格的方式，一目了然，如表5-2所示。企事业单位可以根据自己的实际情况和管理方法，对表中的栏目进行增减。对测量设备的溯源要实施动态控制管理，能随时知道现在有多少测量设备正处在溯源过程中，在何处溯源，何时完成，下个月又将有多少测量设备需要溯源。

(二)溯源间隔的选择与调整

相邻两次量值溯源之间的时间间隔称为溯源间隔。根据预期用途的特点，溯源间隔可以是时间间隔，也可以是使用次数的间隔。随着测量设备使用时间的增加，其测量准确度会逐渐发生变化。累计到一定时间，其准确度可能不满足预期使用要求。因此，测量设备经过一段时间，就需要重新检定或校准，进行计量确认，以保证使用中的测量设备合格。

大家所熟悉的检定周期就是溯源间隔。

表 5-2　测量设备溯源(确认)计划表

序号	设备名称	制造厂	出厂编号	使用地点	准确度	计划溯源日期	溯源间隔(月)	溯源单位	溯源实施情况	
									溯源日期	有效期至

1. 溯源间隔的确定原则

用于确定或改变计量确认间隔的方法应用程序文件表述。计量确认间隔应经评审，必要时可以进行调整，以确保符合规定的计量要求。

要以满足计量要求为目的确定溯源(确认)间隔。一般检定规程中都规定了检定周期。大多计量器具的检定周期是固定的，一般规定为一年。其实，不同测量仪器，使用条件不同，使用频次不一，准确度变化也不一样，规定同样的周期是不合理的。溯源(确认)间隔过长，会使测量设备准确度超出允许范围，从而可能造成误判的风险，带来经济损失。但是，溯源(确认)间隔也不能太短，太短了测量设备要经常检定或校准，也要影响生产，或者需要配备更多的周转仪器设备；同时还要支付更多的检定或校准服务费用，从而影响经济效益。

2. 影响溯源间隔的因素

不同的测量设备，可靠性不一样，其溯源(确认)间隔不一样。同样的测量设备，使用情况不一样，溯源(确认)间隔也会不一样，影响测量设备溯源(确认)间隔的因素很多，主要有：

(1)测量仪器的耐用性；

(2)测量设备的准确度要求；

(3)使用的环境条件(温度、湿度、震动、清洁度、电磁干扰等)；

(4)使用的频度；

(5)维护保养情况；

(6)制造厂的生产质量；

(7)核查校准的频次和方法；

(8)测量结果的可靠性要求；

(9)溯源历史记录所反映的变化趋势；

(10)溯源(确认)费用等。

3. 溯源间隔的选择方法

(1)按每台测量设备确定；

(2)按同一类测量设备确定；

(3)按同一类测量设备中同一准确度等级的测量设备确定；

(4)按测量设备某一参数测量不确定度变化确定；

(5)按测量风险度确定;

(6)按法制要求确定。

对于一种新的测量设备,一般可以由有经验的人员根据有关的检定规程、所要求的测量可靠性、使用的环境条件、使用的频度等综合信息,人为地选定一个初始的检定/校准溯源(确认)间隔。初始的溯源(确认)间隔经过一段时间试用,对于能够满足计量要求、溯源(确认)成本合理的,可以保持不变。如发现不能够满足计量要求,或溯源(确认)成本较高时,可以根据试用情况进行适当调整。但调整必须在保证测量设备满足计量要求的前提下进行。测量设备检定/校准溯源(确认)间隔的调整方法主要有阶梯式调整法、控制图法、日历时间法、在用时间法、现场试验法和"黑匣子试验法"、最大可能估计法。

九、几个测量术语概念的比较

检定、校准、比对、计量确认几个概念的比较见表5-3。

表5-3 检定、校准、比对、计量确认几个概念的比较

项目	检定	校准	比对	计量确认
定义	查明和确认测量仪器符合法定要求的活动,它包括检查、加封标记和/或出具检定证书等	在规定条件下的一组操作,其第一步是确定由测量标准提供的量值与相应示值之间的关系,第二步则是用此信息确定由示值获得测量结果的关系,这里测量标准提供的量值与相应示值都具有测量不确定度	在规定条件下,对相同准确度等级或者指定不确定度范围内的同种测量仪器复现的量值之间比较的过程	为确保测量设备处于满足预期使用要求的状态所需要的一组操作
目的	确定是否符合法定要求	对被测对象赋值	测量仪器量值的比较	通过溯源和验证等活动,确定测量设备是否符合特定测量过程的计量要求
性质	具有法制性、强制性	不具有强制性、法制性	弥补无法溯源时的一种措施,不具有强制性、法制性	不具有强制性、法制性
适用范围	强制检定计量器具或企业要求检定的非强制检定计量器具	非强制检定计量器具和测量设备	非强制检定计量器具和测量设备	需要确定测量设备是否符合特定测量过程的计量要求的测量设备

续表 5-3

项目	检定	校准	比对	计量确认
法制管理要求	必须建立计量标准,并经考核合格、在规定的范围内检定	必须建立计量标准,并经考核合格、在规定的范围内校准	无	无
依据	国家检定系统表、检定规程	计量校准规范	自行选择比对方法	计量确认文件
结果处理	判定合格与否	确定量值或测量不确定度	确定比较对象之间量值的差异程度	确定测量设备是否符合特定测量过程的计量要求
证书形式	检定证书或检定结果通知书	校准证书或校准报告	比对总结	计量确认标识
证书效力	具有法律效力	由国家授权机构进行时,具有法律效力。企业自行进行时,仅作为证明	仅作为溯源性或质量考核证明	对该测量设备能否在某测量点使用的提示

第六章　测量误差与测量不确定度

第一节　测量误差

一、与误差相关的术语

（一）测量和被测量

1. 测量

测量是指“通过实验获得并可合理赋予某量一个或多个量值的过程”。

2. 被测量

被测量是指“拟测量的量”，也就是我们预期测量的量。

（二）量的真值和约定量值

1. 量的真值

量的真值简称真值，是指“与量的定义一致的量值”。

量的真值只有通过完善的测量才有可能获得。真值是一个理想的概念，是在某一时间、某一位置或某一状态下，给定的特定量体现出的客观值。

2. 约定量值

约定量值是指“对于给定目的，由协议赋予某量的量值”。

有时约定量值是真值的一个估计值，约定量值是有不确定度的，但通常认为其具有的不确定度适当小，甚至可能为零。

有时将约定量值称为“约定真值”，JJF 1001—2011《通用计量术语及定义》中不提倡这种用法。

（三）测量结果和测得的量值

1. 测量结果

测量结果是“与其他有用的相关信息一起赋予被测量的一组量值”。

由于各种影响量的存在，由测量得不到被测量的真值，只能得到被测量的估计值。用被测量的估计值作为被测量的测量结果时，人们就要求知道这种估计的可信程度。其可信程度用测量不确定度表示。

2. 测得的量值

测得的量值又称量的测得值，简称测得值，是指“代表测量结果的量值”。

二、测量误差

(一)测量误差的概念

由于被测量定义、测量手段的不完善，测得的量值只可能不断地逼近被测量的真值。即测得的量值和被测量的真值并不一致，而这种矛盾在数值上的表现就是测量误差。

测量误差简称误差，是指“测得的量值减去参考量值”。有时也称为测量的绝对误差。

参考量值简称参考值，是指“用作与同类量的值进行比较的基础的量值”。参考量值可以是被测量的真值，这种情况下它是未知的；由于真值未知，测量误差是未知的，测量误差是一个概念性术语。参考量值也可以是约定量值，这种情况下它是已知的。例如，某测量结果与用测量不确定度可忽略不计的计量标准复现的量值比较时，可以用测量标准的量值作为参考量值，此外也可以用给定的约定量值作为参考量值，这种情况下可以得到测量误差。但由于无论测量标准的标准值还是其他约定值，实际上都是存在不确定度的，获得的只是测量误差的估计值。

一切测得的量值都具有误差，误差自始至终存在于一切测量过程中。这就是误差公理。

获得测量误差估计值的目的通常是得到量的测得值的修正值。

(二)误差的分类

从误差的形式上来说，可分为绝对误差和相对误差；从误差的性质上来说，可分为系统误差和随机误差；从误差的主体上来说，可分为测量仪器的误差和测量结果的误差。

测量误差不应与测量中产生的错误和过失相混淆。测量中的过错以前常称为“粗大误差”或“过失误差”，它不属于测量误差理论研究的范畴。

三、绝对误差和相对误差

(一)绝对误差

根据误差的定义，测量误差简称误差，有时也称为测量的绝对误差，在实际使用绝对误差概念时应注意不要将绝对误差与误差的绝对值相混淆，后者为误差的模。误差等于测得的量值减去参考量值，即

$$误差 = 测得的量值 - 参考量值 \tag{6-1}$$

误差表示一个量值，而不是一个数值，它的单位与测得的量值的单位一样；误差表示一个差值，而不是一个区间，其具有确定的数学符号，既可以是正号，也可以是负号，当测量值大于参考量值时为正号，反之为负号，但不可以是“±”号。

(二)相对误差

用钢卷尺测量 100 m 的距离,得测量值为 101 m,误差为 1 m;用测距仪测量 1 000 m 的距离,得值 1 001 m,则误差亦为 1 m。从误差的绝对值来说,它们都一样,但是由于所测距离不同,所用测量方法不同,两种测量过程的准确程度是不一样的,前者测量 100 m 差了 1 m,后者是测量 1 000 m 差了 1 m。为了描述测量的准确程度而引出相对误差(或误差率)的概念。

相对误差是"测量误差除以被测量的量值"

$$相对误差 = 误差 \div 被测量值 \times 100\% \tag{6-2}$$

被测量值用约定量值时

$$相对误差 = 误差 \div 约定量值 \times 100\%$$

当误差较小,被测量值用测得量值时

$$相对误差 \approx 误差 \div 测得量值 \times 100\%$$

相对误差表示的是绝对误差占被测量值的百分比,是量纲为 1 的量或无量纲量。

当被测量的大小相近时,可用绝对误差对多个测量过程进行测量水平的比较;当被测量值相差较大时,用相对误差才能对多个测量过程进行有效的比较。

相对误差的应用:

(1)前述距离测量例子,其相对误差分别为 1 m/100 m = 1% 和 1 m/1 000 m = 0.1%。

(2)相对误差在有些场合下应用是很方便的。例如,已知阀门控制的水流量每分钟为 x,相对误差为 $\Delta x/x$,那么,经 k 分钟流出的水流量为 kx,而相对误差不变,为 $k\Delta x/(kx) = \Delta x/x$。

(3)相对误差的表达方式有多种,例如 $a\%$, $b‰$, $c \times 10^{-k}$, $1/(d \times 10^{n})$ 等。

(4)应注意相对误差、绝对误差两种误差表达概念不应混淆。虽然误差 0.012 与 1.2% 在数量上相等,但后者常理解为相对误差,而前者应再加单位后理解为绝对误差。

(5)引用误差、分贝误差等都是相对误差的特殊表达形式。

四、系统测量误差和随机测量误差

根据误差的不同特性,可划分为系统测量误差、随机测量误差。

(一)系统测量误差

系统测量误差简称系统误差,是指"在重复测量中保持不变或按可预见方式变化的测量误差的分量"。

系统测量误差等于测量误差减随机测量误差。系统误差是测量误差的一个分量,当系统误差的参考量值是真值时,系统误差是未知的。当系统误差的参考量值是测量不确定度可忽略不计的测量标准的测得值,或是约定量值时,可得到系统误差的估计值,此时系统误差是已知的。

系统误差及其来源可以是已知或未知的。对于已知的来源,如果可能,系统误差可以从测量方法上采取措施予以减小或消除。例如用等臂天平称重时,可用交换法或替代法消除天平两臂不等引入的系统误差。

对已知估计值的系统误差,可以采用修正的方法进行补偿。由系统误差的估计值可以求得修正值或修正因子，从而得到已修正的测量结果。由于参考量值是有不确定度的，因此由系统误差的估计值得到的修正值也是有不确定度的，这种修正只能起到补偿的作用，不能完全消除系统误差。

（二）随机测量误差

随机测量误差简称随机误差，是指“在重复测量中按不可预见方式变化的测量误差的分量”。

随机误差也是测量误差的一个分量，随机误差的参考量值是对同一被测量由无穷多次重复测量得到的平均值，即期望。由于不可能进行无穷多次测量，因此定义的随机误差是得不到的，随机误差是一个概念性的术语，不要用随机误差来定量描述测量结果。

随机误差是由影响量的随机变化所引起的，它导致重复测量中数据的分散性。一组重复测量的随机误差形成一种分布，该分布可用期望和方差描述，其期望通常可假设为零。测量值的重复性就是由于所有影响测量结果的影响量不能完全保持恒定而引起的。

测量误差包括系统误差和随机误差，从理论的概念上来说，随机误差等于测量误差减系统误差。实际上不可能做这种运算。

（三）测量误差与系统误差、随机误差的关系

测量误差与系统误差、随机误差的关系如图 6-1 所示。

误差 = 测量结果 − 真值 =（测量结果 − 总体均值）+（总体均值 − 真值）

= 随机误差 + 系统误差（代数和）

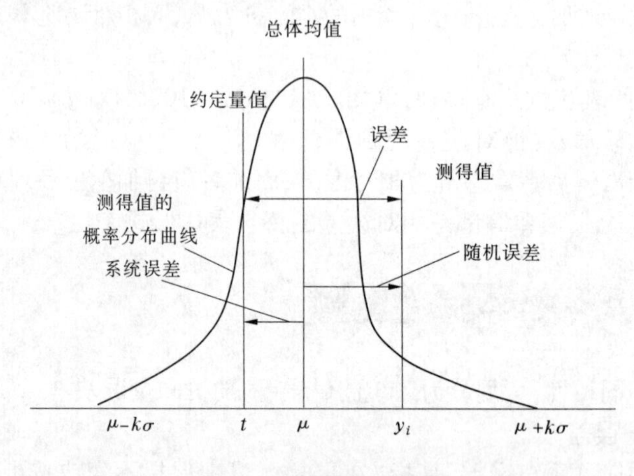

图 6-1　测量误差示意图

五、测量仪器的示值误差、测量仪器的引用误差和最大允许测量误差

（一）测量仪器的示值误差

测量仪器的示值误差是指“测量仪器示值与对应输入量的参考量值之差”。也可简称为测量仪器的误差。

什么是示值？示值就是由测量仪器所指示的被测量值。示值概念具有广义性，如：测量仪器指示装置标尺上指示器所指示的量值，即直接示值或乘以测量仪器常数所得到的

示值;对于实物量具,量具上标注的标称值就是示值;对模拟式测量仪器而言,示值概念也适用于相邻标尺标记间的内插估计值;对于数字式测量仪器,其显示的数字就是示值;示值也适用于记录仪器,记录装置上的记录元件位置所对应的被测量值就是示值。测量仪器的示值误差就是指测量仪器的示值与被测量的真值之差。这是测量仪器最主要的计量特性之一,其实质就是反映了测量仪器准确度的大小,是测量仪器准确度表述的一种常用形式。示值误差大,则其准确度低;示值误差小,则其准确度高。

示值误差是对应输入量的参考量值而言的。在实际工作中,常用约定量值或标准值作为参考量值。为确定测量仪器的示值误差,当其接受高等级的测量标准器检定或校准时,则标准器复现的量值即为约定量值,通常称为标准值或实际值,即满足规定准确度的标准值用来作为参考量值,即

(指示式测量仪器的)示值误差 = 示值 - 标准值

(实物量具的)示值误差 = 标称值 - 标准值

例 6-1:被检电流表的示值 I 为 40 A,用标准电流表检定,其电流标准值为 $I_0=41$ A,则

$$\text{示值 40 A 的电流表的示值误差} = I - I_0 = 40\ \text{A} - 41\ \text{A} = -1\ \text{A}$$

即该电流表的示值比其约定真值小 1 A。

例 6-2:一工作玻璃量器的容量的标称值 V 为 1 000 mL,经标准玻璃量器检定,其容量标准值(实际值)V_0 为 1 005 mL,则

$$\text{量器的示值误差} = V - V_0 = 1\,000\ \text{mL} - 1\,005\ \text{mL} = -5\ \text{mL}$$

即该工作量器的标称值比其约定真值小 5 mL。

通常测量仪器的示值误差可以用绝对误差表示,也可以用相对误差表示。确定测量仪器示值误差的大小,是为了判定测量仪器是否合格,或为了获得其示值的修正值。

修正值是指"用代数方法与未修正测量结果相加,以补偿其系统误差的值"。修正值等于负的误差:

$$\text{修正值} = -\text{误差} \tag{6-3}$$

例 6-1 中,被检电流表的示值为 40 A 时,修正值 = -误差 = 1 A,而

$$\text{相对误差} \approx \text{误差} \div \text{测得量值} \times 100\% = 1\ \text{A} \div 40\ \text{A} \times 100\% = 2.5\%\text{。}$$

(二)测量仪器的引用误差

测量仪器的引用误差是指"测量仪器的误差除以仪器的特定值"。特定值一般称为引用值,它可以是测量仪器的量程也可以是标称范围或测量范围的上限等。测量仪器的引用误差就是测量仪器的绝对误差与其引用值之比,简称为引用误差。

例 6-3:一台标称范围(0~150)V 的电压表,当在示值为 100.0 V 处时,用标准电压表检定所得到的实际值(标准值)为 99.4 V,则该处的引用误差为

$$\left(\frac{100.00-99.4}{150}\right)\times 100\% = 0.4\%$$

上式中(100.0 - 99.4)V = +0.6 V 为 100.0 V 处的示值误差,而 150 V 为该测量仪器的标称范围的上限(引用值),所以引用误差是对满刻度值而言的。上述例子所说的引用误差必须与相对误差的概念相区别,100.0 V 处的相对误差为

$$\left(\frac{100.00-99.4}{99.4}\right)\times 100\% = 0.6\%$$

相对误差是相对于被检定点的示值而言的,相对误差是随示值而变化的。

当用测量范围的上限值作为引用值时,通常可在误差数字后附以满刻度值的英文缩写 FS(Fullscale)。例如,某测力传感器的满量程最大允许误差为 ±0.05% FS。

采用引用误差可以十分方便地表述测量仪器的准确度等级。例如,指示式电工仪表分为0.1,0.2,0.5,1.0,1.5,2.5,5.0 七个准确度等级,它们的仪表示值最大允许误差都是以量程的百分数(%)来表示的,即1级电工仪表的最大允许误差表示为 ±1% FS,实际上就是该仪器用引用误差表示的仪器最大允许误差。

(三)最大允许测量误差

最大允许测量误差简称最大允许误差(用 MPE 表示),是指"对给定的测量、测量仪器或测量系统,由规范或规程所允许的,相对于已知参考量值的测量误差的极限值"。

这是指在规定的参考条件下,测量仪器在技术标准、计量检定规程等技术规范中所规定的允许误差的极限值。这里规定的是误差极限值,所以实际上就是各计量性能所要求的最大允许误差值。测量仪器的最大允许误差可简称为最大允许误差,也可称为测量仪器的误差限。当它是对称双侧误差限,即有上限和下限时,可表达为:最大允许误差 MPE = ±MPEV。其中 MPEV 为最大允许误差的绝对值的英文缩写。最大允许误差可以用绝对误差形式表示,如 $\delta = \pm\alpha$;或用相对误差形式表示,即 $\delta = \pm\left|\delta/x_s\right| \times 100\%$,$x_s$ 为被测量的约定真值;也可以用引用误差形式表示,即 $\delta = \pm\left|\Delta/x_N\right| \times 100\%$,$x_N$ 为引用值,通常是量程或满刻度值。

例如,测量上限大于(1 000 ~2 000)mm 的游标卡尺,按其不同的分度值和测量尺寸范围,所规定的最大允许误差见表 6-1(以绝对误差形式表示)。

表 6-1　游标卡尺最大允许误差　(单位:mm)

测量尺寸范围(mm)	分度值	
	0.05	0.1
	最大允许误差	
500 ~1 000	±0.10	±0.15
1 000 ~1 500	±0.15	±0.20
1 500 ~2 000	±0.20	±0.25

1 级材料试验机的最大允许误差"±1.0%",是以相对误差形式表示的。0.25 级弹簧管式精密压力表的最大允许误差"0.25% ×满刻度值",是以引用误差形式表示的,在仪器任何刻度上允许误差限不变。

要区别和理解测量仪器的示值误差与测量仪器的最大允许误差之间的关系。两者的区别是:最大允许误差是指技术规范(如标准、检定规程)所规定的允许的误差极限值,是判定是否合格的一个规定要求;而测量仪器的示值误差是测量仪器示值与对应输入量的参考量值之差,即示值误差的实际大小,是通过检定或校准得到的,可以评价是否满足最大允许误差的要求,从而判断该测量仪器是否合格,或根据实际需要提供修正值,以提高测量结果的准确度。可见测量仪器的最大允许误差和示值误差具有不同概念。测量仪器的示值误差是某一点示值对约定量值之差,测量仪器的示值误差的值是确定的,其符号也是确定的，可能是正误差或负误差；示值误差是实验得到的数据，可以用示值误差获得修正值以便对测量仪器进行修正，而最大允许误差只是一个允许误差的规定范围，是人为规定的一个具有"±"号的区间范围。在文字表述上，最大允许误差是一个专用术语，最好不要分割，要规范化，可以把所指最大允许误差的对象作为定语放在前面，如"示值最大允许误差"，而不采用"最大允许示值误差"、"示值误差的最大允许值"等。而测量仪器的示值误差前面不应加"±"号，测量仪器的示值误差只对某一点示值而言，并不是一个区间。过去有的把带有"±"号的最大允许误差作为"示值误差"要求，只是一种习惯使用方法，实际上是指示值最大时的允许误差的要求。测量仪器的示值误差和最大允许误差的具体关系，通常用测量仪器各点示值误差的最大值和最大允许误差比较，是否符合最大允许误差要求，即是否在最大允许误差范围之内，如在范围内则该测量仪器的示值误差为合格。

六、测量准确度和测量仪器的准确度等级

（一）测量准确度

测量准确度简称准确度，是指"被测量的测得值与其真值间的一致程度"。它是一个定性的概念，不是一个量，不能给出有数字的量值。当测量提供较小的测量误差时就说该测量是较准确的，或测量准确度较高。定量表示测量仪器的准确度时，可用测量仪器的最大允许误差或测量仪器的准确度等级。

（二）准确度等级

准确度等级是指"在规定工作条件下，符合规定的计量要求，使测量误差或仪器不确定度保持在规定极限内的测量仪器或测量系统的等别或级别"。

也就是说，准确度等级是在规定的参考条件下，按照测量仪器的计量性能所能达到的规定允许误差所划分的仪器的等别或级别，它反映了测量仪器的准确程度，所以准确度等级是对测量仪器特性的具有概括性的描述，也是测量仪器分类的主要特征之一。测量仪器按计量特性的允许误差极限大小划分准确度等级，有利于量值传递或溯源，有利于制造生产和销售，以及有利于用户合理地选用测量仪器。

准确度等级划分的主要依据是测量仪器示值的最大允许误差，当然有时还要考虑其他计量特性指标的要求。等和级的区别通常是这样约定的：测量仪器加修正值使用时分为等，使用时不加修正值时分为级；有时测量标准器分为等，工作计量器具分为级。通常准确度等级用约定数字或符号表示，如0.2级电压表、0级量块、一等标准电阻、Ⅲ级秤等。通常测量仪器准确度等级在相应的技术标准、计量检定规程或有关规范等文件中作出规定，具体规定出划分准确度等级各项有关计量性能的要求及其允许误差范围。

实际上，准确度等级只是一种表达形式，这些等级的划分仍是以最大允许误差、引用误差等一系列有内涵的量来定量表述的。例如：电工测量指示仪表按仪表准确度等级分为0.1，0.2，0.5，1.0，1.5，2.5，5.0七级，具体地说，就是该测量仪器以满刻度值为引用值的引用误差，如1.0级指示仪表则其引用误差为±1.0%FS。百分表准确度等级分为0，1，2级，则主要是以示值最大允许误差来确定的。准确度代号为B级的称重传感器，当载荷 m 处于 $0\leqslant m\leqslant 5\,000$ V（V为传感器的检定分度值）时，则其最大允许误差为0.35 V。

一等、二等标准水银温度计就是以其示值的最大允许误差来划分的。所以,准确度等级实质上是以测量仪器的误差来定量地表述测量仪器准确度大小。

有的测量仪器没有准确度等级指标,测量仪器的性能就是用测量仪器示值的最大允许误差来表述的。这里要注意,测量仪器准确度、准确度等级、测量仪器示值误差、最大允许误差、引用误差等概念含义是不同的。测量仪器准确度是定性的概念,它可以用准确度等级、测量仪器示值误差等来定量表述。要说明一点,测量仪器准确度是测量仪器最主要的计量性能,人们关心的就是测量仪器是否准确可靠,如何来确定这一计量性能呢?通常可用其他的术语来定量表述。

要注意区分测量仪器的准确度和准确度等级的区别。准确度等级只是确定了测量仪器本身的计量要求,它并不等于用该测量仪器进行测量时所得测量结果的准确度高低,因为准确度等级是指仪器本身而言的,是在参考条件下,测量仪器误差的允许极限。

例6-4:设某一被测电流约为70 mA,现有两块表,一块是0.1级,标称范围为(0~300)mA,另一块是0.2级,标称范围为(0~100)mA,问采用哪块表测量准确度高?

对第一块表

$$\Delta_{r1} = (r_{max} \times x_N)/x = (0.1\% \times 300)/70 = 0.43\%$$

对第二块表

$$\Delta_{r2} = (r_{max} \times x_N)/x = (0.2\% \times 100)/70 = 0.28\%$$

可见,测量70 mA电流,只要量程选择得当,用0.2级表反而比用0.1级表测量相对误差小,更准确。

第二节　数据处理与修约

一、坏值的判别与剔除

(一)坏值产生的原因

坏值产生的原因既有测量人员的主观因素,如读错、记错、写错、算错;也有环境干扰的客观因素,如测量过程中突发的机械振动、电磁干扰、电压跌宕、温度波动等使测量仪器示值突变,产生坏值。此外,使用有缺陷的计量器具,或者计量器具使用不正确,也是产生坏值的原因。

(二)消除坏值的方法

在重复条件下的多次测得值中,有时会发现个别值明显偏离该数据列的算术平均值,对它的可靠程度产生怀疑,这种可疑值不可随意取舍,因为它可能是坏值,也可能是误差较大的正常值,反映了正常的分散性。正确的处理办法是:对可以判断是由于写错、记错、误操作等外界条件的突变而产生的坏值,直接予以剔除;不能确定是坏值时,可根据统计规律进行判断是否可以剔除;应用统计计算也不能判断时,应予保留,不得随便剔除。

(三)判别坏值的准则

判别坏值的方法很多,在 GB/T 4882—2001《数据的统计处理和解释——正态性检验》中规定的判别坏值的方法有莱依达准则、肖维勒准则、狄克逊准则以及格拉布斯准则等。

莱依达准则也称 3s 准则,该准则认为:如果测量列某一测得值的残差(测得值与测量列平均值之差)大于这一测量列测得数据的实验标准偏差的 3 倍,则对应的这一测得值为"坏值",可以剔除该值。

莱依达准则应反复使用于测量列,直到不再含有坏值为止。测量次数较小(10 次以下)时,莱依达准则很难发现坏值。

二、有效数字

(一)正确数和近似数

正确数是不具有近似性或不确定性的数,是数学意义上的数。换一句话说,不带测量误差的数为正确数。如操场上有 200 人的"200",15 个苹果的"15",$C=2\pi R$ 的"2"等就是正确数。

接近但不等于某一数的数,称为该数的近似数。近似数是接近正确数,与正确数的真实值相差很小的数,是物理意义上的数。所有的测量数据都是近似数。

$\pi=3.141\ 592\ 653\ 58$……的近似数为 3.14。

(二)准确数字和可疑数字

任何一个测量结果都由准确数字和可疑数字两部分组成。测量结果中除末位数字为可疑的或具有不确定性外,其余数字均应为准确的、已知的。

测量数值与测量不确定度密切相关,34.5、34.50、34.500 在数学上可视为同一数值,但作为测量数据,其有效位数不同,表明具有的测量不确定度不同。

(三)有效数字

若测量结果经修约后的数值,其修约误差绝对值≤0.5(末),则该数值称为有效数字,即从左起第一个非零的数字到最末一位数字止的所有数字都是有效数字。

三、数值修约规则

除非有特殊的规定,对数值的修约应按 GB 8170《数值修约规则》的规定进行。

(1)将拟修约数值在欲保留数位截断后,若以保留数字的末位为单位,它后面的数大于 0.5 者,末位进一;小于 0.5 者,末位不变;恰为 0.5 者,则视末位的奇偶修约为偶数。经过修约后的数值其舍入误差的绝对值≤0.5(末)。

例:将下列值舍入到小数点后 3 位:

0.046 8→0.047;1.327 465→1.327;6.032 50→6.032;6.033 50→6.034;7.385 5→

7.386

(2)修约必须一次完成,不得连续修约。下述修约是错误的:

1.327 465→1.327 46→1.327 5→1.328

(3)当计量数据需要报出时,先将测量获得数值按指定的数位多一位(或几位)报出,而后由其他部门判定使用并且作出最后修约的情况下,若数字修约恰巧发生在合格与否的边界时(如拟保留末位数字为5),为避免连续修约,则要用符号(+)或(-)分别补充说明数据修约时的取或舍,说明数值的大小。标注(+)号时,表示实际值比报出值大,标注(-)号时,表示实际值比报出值小,不标注时表示未进入或者舍去。

例:1.649→1.65(-),1.652→1.65(+),1.65→1.65。

(4)修约间隔。修约间隔是确定修约保留位数的一种方式,也称为修约区间。修约间隔一经确定,修约数只能是修约间隔的整数倍。修约间隔一般以 $k\times10^n$ 形式表示,称为以"k"为间隔修约,并由 n 确定修约到哪一位。在大多数情况下,k 为1,即以"1"为间隔修约,在某些情况下,也采用"2"或"5"间隔修约。

对于"2"或"5"间隔修约,可先将拟修约数分别除以2或5,然后按"1"间隔进行修约,最后再将修约数乘以2或5,最后的数据应为2或5的整数倍。

例如:拟修约数15.225,修约间隔0.05,则修约过程如下:

拟修约数除以5,得:3.045

按1间隔修约为:3.04

乘以5得到修约结果:15.20

(5)数据修约场合不同,修约要求不同。例如:

①对误差或不确定度的修约可采用"就大不就小"的原则,只进不舍;

②对有效自由度的计算,则采用"就小不就大"的原则,只舍不进等。

四、有效数值的近似计算

近似运算又称数字运算,如对测量结果作加、减、乘、除、开方、乘方、三角函数运算等。数字运算时应注意有效数字。以下介绍近似运算的加、减、乘、除运算规则。

(一)近似数的加减运算

规则:近似数的加减,以小数点后位数最少的为准,其余各数均修约成比该数多保留一位,计算结果的小数位数与小数位数最少的那个近似数相同。如

$$28.1+14.54+3.0007\approx28.1+14.54+3.00=45.64\approx45.6$$

注:中间过程可不必列出,但最终结果为小数点后保留一位。

再如(列出计算过程及结果并叙述原因):

$10+1.744-2.007+1.1$

$\approx10+1.7-2.0+1.1$　　(以整数10为准,其余各数多保留一位)

$=10.8$　　(计算结果)

≈11　　(修约成与"10"位数相同)

（二）近似数的乘除运算

规则：近似数的乘除，以有效数字位数最少的为准，其余各数均修约成比该数多一个有效数字；计算结果有效数字位数，与有效数字位数最少的那个数相同，而与小数点后位数无关。如：

$$
\begin{aligned}
&2.384\,7 \times 0.76 \div 41\,678 \\
&\approx 2.38 \times 0.76 \div (4.17 \times 10^{4}) \\
&= 4.337\,649\,88 \times 10^{-5} \\
&\approx 4.3 \times 10^{-5}
\end{aligned}
$$

如：已知圆半径 $R = 3.145$ mm，求周长 C。

$$
\begin{aligned}
C &= 2\pi R = 2 \times 3.141\,6 \times 3.145 \text{ mm} \\
&= 19.760\,664 \text{ mm} \\
&\approx 19.76 \text{ mm}
\end{aligned}
$$

说明：

（1）式中“2”为正确数（系数），而不是近似数，不含误差，所以计算结果修约时不能以 2 为准（其有效位数可根据计算需要而定，在此 2 可表示为 2.000）。

（2）半径 R 有 4 位有效数字，所以，π 应多取一位有效数字，$\pi = 3.141\,6$，而不能只取到小数点后第三位（$\pi = 3.142$）。

五、极限数值及其判定

（一）极限数值

（1）极限数值是标准中规定的，以量值形式给出的指标或参数等。它表示符合标准要求的数值范围界限。

（2）标准中极限数值的表示形式及书写位数应与保证产品或其他标准化对象的应有性能和质量的准确程度相适应。

（二）极限数值的判定

测量仪器的技术指标（包括性能指标和使用指标）经常会涉及极限数值。对极限数值的判定应依据 GB 1250《极限数值的表示方法和判定方法》的规定。

一般情况下，标准和规程技术指标的有效位数应给足够，为了判定测量结果是否符合要求，对于全数值比较法，是将测量结果（不经数据修约）直接与规定的技术指标（极限数值）比较；对于修约值比较法，往往取测量数据比技术指标多一位数字，再将其修约到标准和规程技术指标的有效位数进行比较。

两种判定方法判断出的结论有时是不同的。具体采用哪种判断方法，要根据规程或标准的规定。

（三）需要注意的问题

（1）凡用来判别计量仪器性能指标合格与否的检定结果，用修约到两位的数字表达即可。有时技术指标给的简单，如 $>1\%$，$\leqslant 2$ mm，这时仍理解为两位有效数字。

例如，某计量器具的某项指标“$\leqslant 2$ mm”为合格，而检定结果为 2.43 mm，修约为 2.4

mm,故该计量器具的这项指标不合格。若修约到 2 mm 判为合格,则是不恰当的。

(2)如果该检定结果不仅用来判别计量器具性能指标是否合格,还要表达出使用指标,则检定结果需要用足够的位数来表达。

例如,准确度为万分之二的传感器的灵敏度指标为(1.9 ~2.1)mV/V,若仅使用两位数字的灵敏度值就不能保证传感器万分之二的准确度要求,故当检定实际灵敏度为 1.998 7 mV/V 时,不能仅用两位数字 2.0 mV/V 表达,因为虽然 2.0 是在 1.9 ~2.1 之间,但却满足不了以后使用时表示万分之二准确度的要求,故需要使用实际的 1.998 7 mV/V 这一数值,在数字的表达中应表达成 5 位数字。

第三节　测量不确定度的评定

一、测量不确定度的概念

(一)测量不确定度的定义

测量不确定度简称不确定度,是指“根据所用到的信息,表征赋予被测量量值分散性的非负参数”。

赋予被测量的量值就是我们通过测量给出的被测量的估计值。测量不确定度是说明测量结果的不可确定程度或可信程度的参数,它可以通过评定得到。例如,当得到的测量结果为 $m=500$ g,$U=1$ g($k=2$)时,就可以知道被测件的质量以约 95% 的概率在(500 ± 1)g 区间内,这样的测量结果比 500 g 给出了更多的可信度信息。

由于测量的不完善和人们认识的不足,对被测量测得的量值是具有分散性的。这种分散性有两种情况:

(1)由于各种随机性因素的影响,每次测量的测得值不是同一个值,而是以一定概率分布分散在某个区间内的许多值。

(2)虽然有时存在一个系统性因素的影响,引起的系统误差实际上恒定不变,但由于我们不能完全知道其值,也只能根据现有认识,认为这种带有系统误差的测得值是以一定概率可能存在于某个区间内的某个位置,也就是以某种概率分布存在于某个区间内,这种概率分布也具有分散性。

测量不确定度是说明被测量测得的量值分散性的参数,它不说明测得值是否接近真值。

为了表征测得值的分散性,测量不确定度用标准偏差表示。因为在概率论中标准偏差是表征随机变量或概率分布分散性的特征参数。当然,为了定量描述,实际上是用标准偏差的估计值表示测量不确定度。估计的标准偏差是一个正值,因此不确定度是一个非负的参数。

测量不确定度意味着对测量结果的正确性或准确性的可疑程度(不确定程度),是用于表达测量结果质量优劣的一个指标,不确定度越小,则可靠性越大,测量质量越高。

(二)测量不确定度与测量误差的比较

测量不确定度是对产生误差影响量的分散性估计,是对被测量真值所处范围的评定。它与测量误差紧密相连,但却有区别,表6-2给出了一些基本的比较。

表6-2　测量不确定度与测量误差的比较

内容	测量不确定度	测量误差
定义	表明被测量之值的分散性,是一个区间。用标准偏差、标准偏差的倍数或说明了包含概率的区间的半宽度来表示	表明测量结果偏离真值,是一个确定的值
分类	按是否用统计方法求得,分为A类评定和B类评定,它们都以标准不确定度表示。 在评定测量不确定度时,一般不必区分其性质。若需要区分时,应表述为“由随机效应引入的测量不确定度分量”和“由系统效应引入的不确定度分量”	按出现于测量结果中的规律,分为随机测量误差和系统测量误差,它们都是无限多次测量的理想概念
可操作性	测量不确定度可以由人们根据实验、资料、经验等信息进行评定,从而可以定量确定测量不确定度的值	由于真值未知,往往不能得到测量误差的值。当用约定量值代替真值时,可以得到测量误差的估计值
数值符号	是一个无符号的参数,恒取正值。当由方差求得时,取其正平方根	非正即负(或零),不能用正负号(±)表示
合成方法	当各分量彼此独立时用方和根法合成,否则应考虑相关项	各误差分量的代数和
结果修正	不能用测量不确定度对测量结果进行修正。对已修正测量结果进行不确定度评定时,应考虑修正不完善引入的不确定度分量	已知系统测量误差的估计值时,可以对测量结果进行修正,得到已修正的测量结果
结果说明	测量不确定度与人们对被测量、影响量以及测量过程的认识有关。合理赋予被测量的任一个值,均具有相同的测量不确定度	误差是客观存在的,不以人的认识程度而转移。误差属于给定的测量结果,相同的测量结果具有相同的误差,而与得到该测量结果的测量仪器和测量方法无关
实验标准差	来源于合理赋予的被测量之值,表示同一观测列中,任一个估计值的标准不确定度	来源于给定的测量结果,它不表示被测量估计值的随机测量误差
自由度	可作为不确定度评定可靠程度的指标	不存在
包含概率	当了解分布时,可按包含概率给出包含区间	不存在

（三）不确定度的分类

测量不确定度分为标准测量不确定度、合成标准测量不确定度和扩展测量不确定度。标准测量不确定度的评定又分为测量不确定度的A类评定、测量不确定度的B类评定。具体分类如下：

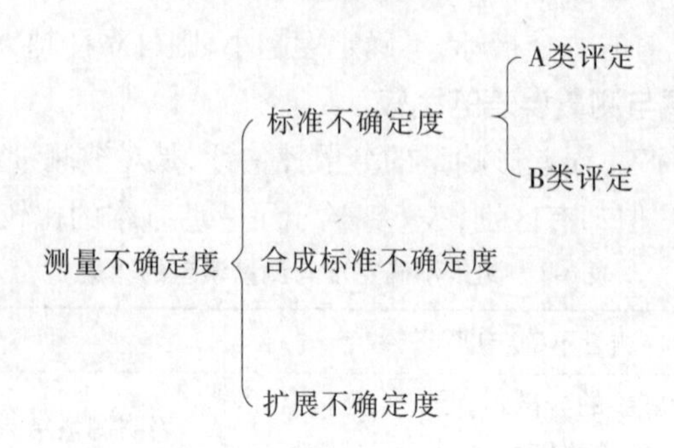

（1）标准测量不确定度简称标准不确定度，是指"以标准偏差表示的测量不确定度"。

（2）测量不确定度的A类评定简称A类评定，是指"对在规定测量条件下测得的量值用统计分析的方法进行的测量不确定度分量的评定"。

（3）测量不确定度的B类评定简称B类评定，是指"用不同于测量不确定度A类评定的方法对测量不确定度分量进行的评定"。

（4）合成标准测量不确定度简称合成标准不确定度，是指"由在一个测量模型中各输入量的标准测量不确定度获得的输出量的标准测量不确定度"。

（5）扩展测量不确定度简称扩展不确定度，是指"合成标准不确定度与一个大于1的数字因子的乘积"。

（四）与测量不确定度相关的几个概念

（1）包含区间是指"基于可获得的信息确定的包含被测量一组值的区间，被测量值以一定概率落在该区间内"。包含区间可由扩展测量不确定度导出。

（2）包含概率是指"在规定的包含区间内包含被测量的一组值的概率"。

（3）包含因子是指"为获得扩展不确定度，对合成标准不确定度所乘的大于1的数"。包含因子通常用符号k表示。

扩展不确定度、合成标准不确定度和包含因子三者的关系如下：

扩展不确定度＝包含因子×合成标准不确定度

合成标准不确定度＝扩展不确定度÷包含因子

包含因子＝扩展不确定度÷合成标准不确定度

（五）表示不确定度的符号

常用的符号如下：

（1）标准不确定度的符号：u；

（2）标准不确定度分量的符号：u_i；

（3）A类标准不确定度的符号：u_A；

（4）B类标准不确定度的符号：u_B；

(5)合成标准不确定度的符号:u_c;

(6)扩展不确定度的符号:U;

(7)明确规定包含概率时的扩展不确定度的符号:U_p;

(8)包含因子的符号:k;

(9)明确规定包含概率时的包含因子的符号:k_p;

(10)包含概率(置信水平)的符号:p;

(11)自由度的符号:ν;

(12)合成标准不确定度的有效自由度的符号:ν_{eff}。

二、测量不确定度的评定方法

1999年我国颁布了国家计量技术规范JJF 1059—1999《测量不确定度评定与表示》。它以计量技术法规的形式规定了我国采用国际指南推荐方法的具体要求。规范颁布10多年来,对全国范围内使用和评定测量不确定度,尤其在计量标准的建立、计量技术规范的制定、证书/报告的发布和量值的国际比对等方面起到了重要的指导和规范作用。

2012年,国家质量监督检验检疫总局总结了10多年来使用和评定测量不确定度的经验,为了进一步规范和推广测量不确定度评定的方法,对JJF 1059—1999进行了修订。目前,修订后的JJF 1059分为两个部分,即JJF 1059.1—2012《测量不确定度评定与表示》和JJF 1059.2—2012《用蒙特卡洛法评定测量不确定度》。JJF 1059.1—2012《测量不确定度评定与表示》简称GUM法。

(一)用GUM法评定测量不确定度的适合条件

用GUM法评定测量不确定度适合以下三种情况:

(1)可以假设输入量的概率分布呈对称分布。

(2)可以假设输出量的概率分布近似为正态分布或t分布。

(3)测量模型为线性模型、可转化为线性的模型或可用线性模型近似的模型。

(二)用GUM法评定测量不确定度的流程

用GUM法评定测量不确定度的流程见图6-2。

(三)用GUM法评定测量不确定度的步骤

用GUM法评定测量不确定度的步骤如下:

(1)分析不确定度来源;

(2)建立测量数学模型;

(3)评定标准不确定度分量u_i;

(4)计算合成标准不确定度u_c;

(5)确定扩展不确定度U或U_p。

(6)报告测量结果。

1.分析测量不确定度来源

不确定度来源的分析取决于对测量方法、测量设备、测量条件及被测量的详细了解和认识,必须具体问题具体分析。所以,测量人员必须熟悉业务,钻研专业技术,深入研究有

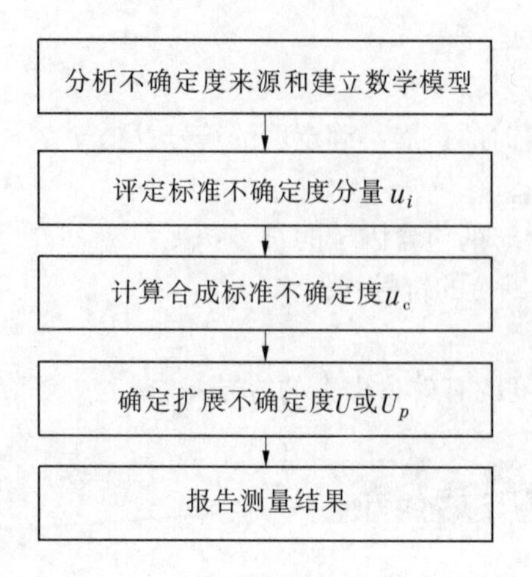

图 6-2　用 GUM 法评定测量不确定度的流程

哪些可能的因素会影响测量结果,根据实际测量情况分析对测量结果有明显影响的不确定度来源。

分析不确定度来源时要注意,由测量所得到的测得值只是被测量的估计值,测量过程中的随机效应和系统效应均会导致测量不确定度。对已知估计值的系统误差可以采用修正来补偿。由系统误差的估计值可以求得修正值或修正因子,从而得到已修正的测量结果。但由于参考量值是有不确定度的,因此由系统误差的估计值得到的修正值也是有不确定度的,这种修正只能起到补偿的作用,不能完全消除系统误差。在评定已修正的被测量的估计值时,还要考虑修正值引入的不确定度。

不确定度的来源可从以下几方面考虑:

(1)被测量的定义不完整;

(2)复现被测量的测量方法不理想;

(3)取样的代表性不够,即被测样品不能代表所定义的被测量;

(4)对测量过程受环境影响的认识不恰当,或对环境条件的测量与控制不完善;

(5)对模拟仪表读数存在人为偏移;

(6)测量仪器计量性能的局限性;

(7)测量标准或标准物质的不确定度;

(8)引用的数据或其他参量的不确定度;

(9)测量方法和测量程序的近似与假设;

(10)在相同条件下被测量在重复观测中的变化。

2. 建立测量数学模型

测量的数学模型是指测量结果与其直接测量的量、引用的量以及影响量等有关量之间的数学函数关系。

当被测量 Y 与 N 个其他量 $X_1, X_2, \cdots, X_n$ 的函数关系确定时,被测量的数学模型为

$$Y = f(X_1, X_2, \cdots, X_n) \tag{6-4}$$

被测量的测量结果称输出量,输出量 Y 的估计值 y 是由各输入量 X_i 的估计值 x_i 按数学模型确定的函数关系 f 计算得到的

$$y = f(x_1, x_2, \cdots, x_n) \tag{6-5}$$

例如：用测量电压 V 和电流 I 得到电路中的电阻 R，则被测量 R 的数学模型可根据欧姆定律写出

$$R = V/I$$

其中，R 为输出量，V 和 I 是输入量。

数学模型中输入量可以是：

（1）当前直接测量的量；

（2）由以前测量获得的量；

（3）由手册或其他资料得来的量；

（4）对被测量有明显影响的量。

例如：数学模型 $R = R_0[1 + \alpha(t - t_0)]$ 中，温度 t 是当前直接测量的影响量，t_0 是规定的常量（如规定 $t_0 = 20$ ℃），R_0 是在 t_0 时的电阻值，它可以是以前测得的，也可以是由测量标准校准给出的校准值（校准证书上给出）；温度系数 α 是从手册查到的。

当被测量 Y 由直接测量得到，且写不出各影响量与测量结果的函数关系时，被测量的数学模型为

$$Y = X \tag{6-6}$$

例如：用温度计测量一杯水的温度，测量结果 y 就是温度计（测量器具）的示值 x。又如用一卡尺测量工件的尺寸时，则工件的尺寸就等于卡尺的示值。通常用多次独立重复测量的算术平均值作为被测量的测量结果。

如果数据表明测量函数没能将测量过程模型化至测量所要求的准确度，则要在测量模型中增加附加输入量来反映对影响量的认识不足。

3. 评定标准不确定度分量

测量不确定度一般由若干分量组成，每个分量用其概率分布的标准偏差估计值表征，称标准不确定度。用标准不确定度表示的各分量用符号 u_i 表示。评定标准不确定度有两种方法，即 A 类评定和 B 类评定。

1）标准不确定度的 A 类评定

对在规定测量条件下测得的量值用统计分析的方法进行的测量不确定度分量的评定为 A 类评定。对被测量 X，在同一条件下进行 n 次独立重复观测，通过一系列测得值 x_i $(i = 1, 2, \cdots, n)$ 得到算术平均值 $\bar{x}$ 及实验标准偏差 $s(x)$。当用算术平均值 $\bar{x}$ 作为测量结果（被测量的最佳估计值）时，则算术平均值的实验标准偏差就是测量结果的 A 类标准不确定度 u_A

$$u_A = u(\bar{x}) = s(\bar{x}) = \frac{s(x)}{\sqrt{n}} \tag{6-7}$$

注意：公式中的 n 为获得平均值时的测量次数。

标准不确定度 A 类评定的流程见图 6-3。

A. 贝塞尔公式法

在重复性条件或复现性条件下对同一被测量独立重复测量 n 次，得到 n 个测得值 x_i $(i = 1, 2, \cdots, n)$，则：

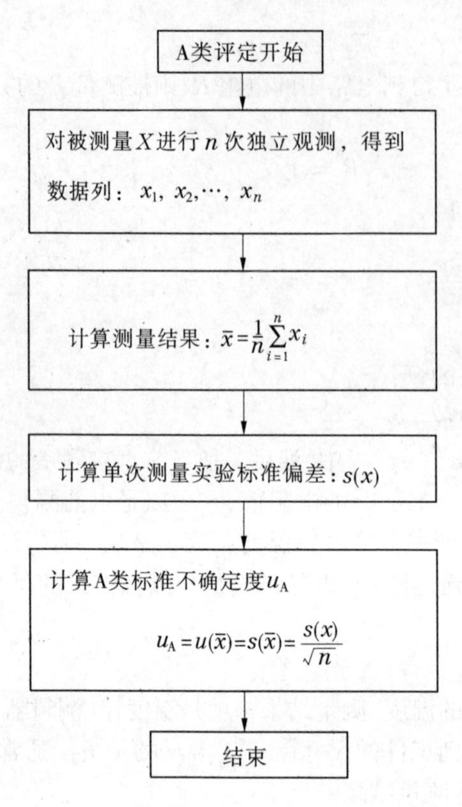

图 6-3　标准不确定度 A 类评定流程

测量结果的平均值

$$\bar{x} = \frac{1}{n}\sum_{i=1}^{n} x_i \tag{6-8}$$

残差

$$\nu_i = x_i - \bar{x} \tag{6-9}$$

单次测量的实验标准偏差

$$s(x) = \sqrt{\frac{\sum_{i=1}^{n}(x_i - \bar{x})^2}{n-1}} \tag{6-10}$$

算术平均值的实验标准偏差就是测量结果的 A 类标准不确定度

$$u_A(\bar{x}) = s(\bar{x}) = \frac{s(x)}{\sqrt{n}} \tag{6-11}$$

贝塞尔公式法是最常用的方法，但使用该法时测量次数不能太少，n 不得小于 5。

例如：对一等活塞压力计的活塞有效面积检定中，在各种压力下，测得 10 次活塞有效面积与标准活塞面积之比 l_i 如下：0. 250 670，0. 250 673，0. 250 670，0. 250 671，0. 250 675，0. 250 671，0. 250 675，0. 250 670，0. 250 673，0. 250 670（由 L 的测量结果乘标准活塞面积就得到被检活塞的有效面积），则 $n=10$，那么

$$\bar{l} = (\sum_{i=1}^{n} l_i)/n = 0.250\,672$$

由贝塞尔公式求单次测量值的实验标准偏差

$$s(l) = \sqrt{\frac{\sum_{i=1}^{n}(l_i - \bar{l})^2}{n-1}} = 2.05 \times 10^{-6}$$

如果用10次测量的平均值$\bar{l}$作为测量结果，则平均值$\bar{l}$的A类标准不确定度为

$$u_A(\bar{l}) = \frac{s(l)}{\sqrt{n}} = \frac{2.05 \times 10^{-6}}{\sqrt{10}} = \frac{2.05 \times 10^{-6}}{3.16} = 0.648\,7 \times 10^{-6} = 0.65 \times 10^{-6}$$

B. 极差法

一般在测量次数较少时，可以采用极差法。在重复性条件或复现性条件下对同一被测量独立重复测量n次，得到n个测得值$x_i(i=1,2,\cdots,n)$，测得值中的最大值与最小值之差称为极差，用符号R表示。在x_i可以估计接近正态分布的前提下，单次测得值x_i的实验标准偏差为

$$s(x_i) = \frac{R}{C} \tag{6-12}$$

式中　R——极差，$R = x_{\max} - x_{\min}$；

C——极差系数，与测量次数n有关，见表6-3。

表6-3　极差系数C与测量次数n的关系

n	2	3	4	5	6	7	8	9	10	15	20
C	1.13	1.69	2.06	2.33	2.53	2.70	2.85	2.97	3.08	3.47	3.73

C. 测量过程的A类标准不确定度评定

对一个测量过程，如果采用核查标准核查的方法使测量过程处于统计控制状态，则该测量过程的实验标准偏差为合并标准偏差s_p。

若每次核查时测量次数n相同（自由度相同），每次核查时的样本标准偏差为s_j，共核查k次，则合并标准偏差s_p按式（6-13）计算

$$s_p = \sqrt{\frac{\sum_{j=1}^{k} s_j^2}{k}} \tag{6-13}$$

式中　s_p——合并标准偏差，是测量过程长期组内标准偏差的统计平均值；

s_j——第j次核查时的实验标准偏差；

k——核查次数。

在过程参数s_p已知的情况下，由该测量过程对被测量X在同一条件下进行n次独立重复观测，以算术平均值$\bar{x}$作为测量结果，则测量结果的A类标准不确定度按式（6-14）计算

$$u_A(x) = u(\bar{x}) = \frac{s_p}{\sqrt{n}} \tag{6-14}$$

式中　n——获得测量结果时的测量次数。

在以后的测量过程中，只要测量过程受控，则由式(6-14)可以确定任意次时被测量估计值的A类标准不确定度。若只测一次，即 $n=1$，则 $u_A(x)=\frac{s_p}{\sqrt{n}}=s_p$。

例如：第一次核查时，测4次，$n=4$，得到测量值：0.250 mm，0.236 mm，0.213 mm，0.220 mm。

用极差法求得实验标准偏差，查表得 $C=2.06$，则

$$s_1=(0.250-0.213)\text{mm}/2.06=0.018\text{ mm}$$

第二次核查时，也测4次，求得 $s_2=0.015$ mm。

共核查2次，即 $k=2$，则合并标准偏差为

$$s_p=\sqrt{\frac{s_1^2+s_2^2}{k}}=\sqrt{\frac{0.018^2+0.015^2}{2}}\text{mm}=0.017\text{ mm}$$

在该测量过程中如实测某一被测件，测量6次，则测量结果 y 的A类标准不确定度为

$$u_A(y)=\frac{s_p}{\sqrt{n}}=0.017\text{ mm}/\sqrt{6}=0.007\text{ mm}$$

D. 规范化常规测量时A类标准不确定度评定

规范化常规测量是指已经明确规定了测量程序和测量条件下的测量，如日常按检定规程，用同一个计量标准或测量仪器，在相同的测量条件下检定示值基本相同的一组同类被测件的被测量时，可以用该组被测件的测得值作测量不确定度的A类评定。

在规范化的常规测量中，若对每个被测件的被测量 X_i 在相同条件下进行 n 次独立测量，测得值为 $x_{i1},x_{i2},\cdots,x_{in}$，平均值为 $\bar{x}_i$；若有 m 个被测件，则得到 m 组数据，每组测量 n 次，第 i 组的平均值为 $\bar{x}_i$，则单个测得值的合并样本标准偏差 s_p 为

$$s_p=\sqrt{\frac{\sum_{i=1}^{m}\sum_{j=1}^{n}(x_{ij}-\bar{x}_i)^2}{m(n-1)}} \tag{6-15}$$

式中　i——组数，$i=1,2,\cdots,m$；

　　　j——每组测量的次数，$j=1,2,\cdots,n$。

若对每个被测件已分别按 n 次重复测量算出了其实验标准偏差 s_i，则 m 组测得值的合并样本标准偏差可按式(6-16)计算

$$s_p=\sqrt{\frac{1}{m}\sum_{i=1}^{m}s_i^2} \tag{6-16}$$

由上述方法对某个被测件进行 n 次测量时，所得测量结果最佳估计值的A类标准不确定度为

$$u_A(\bar{x})=s(\bar{x})=\frac{s_p}{\sqrt{n}} \tag{6-17}$$

2)标准不确定度的B类评定

用不同于测量不确定度A类评定的方法对测量不确定度分量进行的评定为B类评

定。标准不确定度的 B 类评定是借助于一切可利用的有关信息进行科学判断,得到估计的标准偏差。

A. 标准不确定度 B 类评定流程

标准不确定度 B 类评定流程见图 6-4。

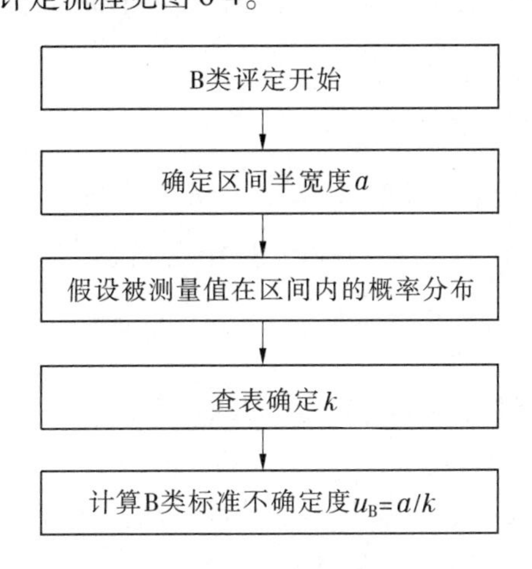

图 6-4　标准不确定度 B 类评定流程

B. 标准不确定度 B 类评定步骤

(1)根据有关信息或经验,判断被测量的可能值区间$(-a,a)$,得到被测量可能值区间的半宽度 a。

(2)假设被测量值的概率分布,根据概率分布和要求的置信水平 p,估计包含因子 k。

(3)计算标准不确定度 u_B

$$u_B = \frac{a}{k} \tag{6-18}$$

C. 确定被测量可能值区间的半宽度 a

区间半宽度 a 值,是根据有关的信息确定的。一般情况下,可利用的信息包括:

(1)以前的观测数据;

(2)对有关技术资料和测量仪器特性的了解与经验;

(3)生产部门提供的技术说明文件(制造厂的技术说明书);

(4)校准证书、检定证书、测试报告或其他文件提供的数据、准确度等级等;

(5)手册或某些资料给出的参考数据及其不确定度;

(6)规定测量方法的校准规范、检定规程或测试标准中给出的数据;

(7)其他有用信息。

例如:

(1)制造厂的说明书给出测量仪器的最大允许误差为 $\pm\Delta$,并经计量部门检定合格,则评定仪器的不确定度时,可能区间的半宽度为

$$a = \Delta$$

(2)校准证书提供的校准值,给出了其扩展不确定度为 U,则区间的半宽度为

$$a = U$$

（3）由手册查出所用的参考数据，其误差不超过 $\pm\Delta$，则区间的半宽度为

$$a = \Delta$$

（4）由有关资料查得某参数 X 的最小可能值为 a_- 和最大可能值为 a_+，区间半宽度可以用下式确定

$$a = \frac{1}{2}(a_+ - a_-)$$

（5）若数字显示装置的分辨力为 δ_x，则取 $a = \delta_x/2$。假设可能值在区间内为均匀分布，查表得 $k = \sqrt{3}$，因此由分辨力导致的标准不确定度 $u_B(x)$ 为

$$u_B(x) = \frac{a}{k} = \frac{\delta_x}{2\sqrt{3}} = 0.29\delta_x$$

（6）当测量仪器或实物量具给出准确度等级时，可以按检定规程或有关规范所规定的该等级的最大允许误差进行评定。

（7）根据过去的经验判断某值不会超出的范围，以此来估计区间半宽度 a 值。

（8）必要时，用实验方法来估计可能的区间。

D. 假设被测量值的概率分布

被测量值的概率分布可根据以下几种情况设定：

（1）如果检定证书或报告给出的扩展不确定度是 U_{95} 或 U_{99}，除非另有说明，可以按正态分布来评定 B 类标准不确定度。

（2）一些情况下，只能估计被测量的可能值区间的上限和下限，测量值落在区间外的概率几乎为零。若测量值落在该区间内的任意值的可能性相同，则可假设为均匀分布；若落在该区间中心的可能性最大，则假设为三角分布；若落在该区间中心的可能性最小，而落在该区间上限和下限处的可能性最大，则假设为反正弦分布。

（3）当对被测量的可能值落在区间内的情况缺乏了解时，一般假设为均匀分布。

各种分布情况示例：

（1）数据修约导致的不确定度，数字式测量仪器的量化误差导致的不确定度，测量仪器的滞后、摩擦效应导致的不确定度，按级使用的数字式仪表、测量仪器最大允许误差导致的不确定度，平衡指示器调零不准导致的不确定度，通常假设为矩形分布。

（2）相同修约间隔给出的两独立量之和或差，由修约导致的不确定度；因分辨力引起的两次测量结果之和或差的不确定度；用替代法检定标准电子元件或测量衰减时，调零不准导致的不确定度；两相同均匀分布的合成，通常假设为三角分布。

（3）度盘偏心引起的测角不确定度、正弦振动引起的位移不确定度、无线电测量中失配引起的不确定度、随时间正弦或余弦变化的温度不确定度，通常假设为反正弦分布。

E. k 的确定方法

（1）已知扩展不确定度是合成标准不确定度的若干倍时，该倍数就是包含因子 k。

（2）假设为正态分布时，根据要求的概率查表 6-4 得到 k。

（3）假设为非正态分布时，根据概率分布查表 6-5 得到 k。

表 6-4　正态分布情况下概率 p 与包含因子 k 之间的关系

p(%)	50	68.27	90	95	95.45	99	99.73
k	0.675	1	1.645	1.960	2	2.576	3

表 6-5　常用非正态分布包含因子 k 及 $u(x_i)$

分布类别	p(%)	k	$u(x_i)$
两点分布	100	1	a
反正弦分布	100	$\sqrt{2}$	$\frac{a}{\sqrt{2}}$
矩形分布	100	$\sqrt{3}$	$\frac{a}{\sqrt{3}}$
梯形分布($\beta=0.71$)	100	2	$\frac{a}{2}$
梯形分布	100	$\sqrt{6/(1+\beta^2)}$	$a/\sqrt{6/(1+\beta^2)}$
三角分布	100	$\sqrt{6}$	$\frac{a}{\sqrt{6}}$

注:表 6-5 中 β 为梯形的上底与下底之比。当 $\beta=1$ 时,梯形分布变为矩形分布;当 $\beta=0$ 时,变为三角分布。

F. 计算 B 类标准不确定度

$$u_B = \frac{a}{k}$$

G. 标准不确定度的 B 类评定示例

例 6-5:某数字电压表的分辨力 δ_x 为 1 V(最低位的一个数字代表的量值),求由分辨力引起的标准不确定度分量 $u_B(\delta_x)$。

解
$$u_B(\delta_x)=0.29\times 1\ \text{V}=0.29\ \text{V}$$

例 6-6:校准证书上给出标称值为 1 000 g 的不锈钢标准砝码质量 m_s 的校准值为 1 000.000 325 g,且校准不确定度为 24 μg(按 3 倍标准偏差计),求砝码的标准不确定度。

解　已知:$a=U=24\ \mu\text{g}$,$k=3$,则砝码的 B 类标准不确定度为

$$u_B(m_s) = 24\ \mu\text{g}/3 = 8\ \mu\text{g}$$

例 6-7:校准证书上说明标称值为 10 Ω 的标准电阻,在 23 ℃时的校准值为 10.000 074 Ω,扩展不确定度为 90 μΩ,置信水平为 99%,求电阻校准值的 B 类标准不确定度。

解　由校准证书的信息知道:$a=U_{99}=90\ \mu\Omega$,$p=0.99$,假设为正态分布,查表得到 $k=2.58$,则电阻校准值的 B 类标准不确定度为:

$$u_B(R_s) = 90\ \mu\Omega/2.58 = 35\ \mu\Omega$$

例 6-8:手册给出了纯铜在 20 ℃时的线热膨胀系数 α_{20}(Cu)为 16.52×10^{-6}℃$^{-1}$,并说明此值的误差不超过 $\pm0.40\times10^{-6}$℃$^{-1}$,求 α_{20}(Cu)线热膨胀系数的 B 类标准不确

定度。

解 根据手册提供的信息，$a=0.40\times10^{-6}℃^{-1}$，依据经验假设为等概率地落在区间内，即均匀分布，查表得 $k=\sqrt{3}$。

铜的线热膨胀系数 $\alpha_{20}(\mathrm{Cu})$ 的 B 类标准不确定度为

$$u_B(\alpha_{20}) = 0.40\times10^{-6}℃^{-1}/\sqrt{3} = 0.23\times10^{-6}℃^{-1}$$

例 6-9：由数字电压表的仪器说明书得知，该电压表的最大允许误差为 $\pm(14\times10^{-6}\times$读数$+2\times10^{-6}\times$量程)，在 10 V 量程上测 1 V 电压，测量 10 次，取其平均值作为测量结果，$\bar{V}=0.928\ 571$ V，求电压表该电压测量结果的 B 类标准不确定度。

解 电压表最大允许误差的模为区间的半宽度

$$a = 14\times10^{-6}\times0.928\ 571\ \mathrm{V} + 2\times10^{-6}\times10\ \mathrm{V} = 33\times10^{-6}\ \mathrm{V} = 33\ \mu\mathrm{V}$$

设在区间内为均匀分布，查表得到 $k=\sqrt{3}$，则电压表该电压测量结果的 B 类标准不确定度为

$$u_B(V) = 33\ \mu\mathrm{V}/\sqrt{3} = 19\ \mu\mathrm{V}$$

4. 合成标准不确定度的计算

各标准不确定度分量无论是用 A 类评定方法还是用 B 类评定方法，得到的都是标准不确定度。合成标准不确定度是由各标准不确定度分量合成得到的，合成标准不确定度用符号 $u_c(y)$ 表示。

1）测量不确定度的传播律

当被测量的测量结果 y 为：$y=f(x_1,x_2,\cdots,x_N)$ 时，测量结果 y 的合成标准不确定度 $u_c(y)$ 按式(6-19)计算

$$u_c(y) = \sqrt{\sum_{i=1}^{N}\left(\frac{\partial f}{\partial x_i}\right)^2 u^2(x_i) + 2\sum_{i=1}^{N-1}\sum_{j=i+1}^{N}\frac{\partial f}{\partial x_i}\frac{\partial f}{\partial x_j}r(x_i,x_j)u(x_i)u(x_j)} \tag{6-19}$$

此式称为“不确定度传播律”。

式中 y——输出量的估计值，即被测量的测量结果；

x_i,x_j——输入量的估计值；

N——输入量的数量；

$\frac{\partial f}{\partial x_i},\frac{\partial f}{\partial x_j}$——偏导数，又称灵敏系数，可表示为 c_i,c_j；

$u(x_i)$、$u(x_j)$——输入量 x_i 和 x_j 的标准不确定度；

$r(x_i,x_j)$——输入量 x_i 与 x_j 的相关系数，$r(x_i,x_j)u(x_i)u(x_j)=u(x_i,x_j)$；

$u(x_i,x_j)$——输入量 x_i 与 x_j 的协方差。

式(6-19)是计算合成标准不确定度的通用公式。当输入量间相关时，需要考虑它们的协方差。

当各输入量间均不相关时，相关系数为 0。被测量 y 的合成标准不确定度 $u_c(y)$ 按式(6-20)计算

$$u_c(y) = \sqrt{\sum_{i=1}^{N}\left(\frac{\partial f}{\partial x_i}\right)^2 u^2(x_i)} \tag{6-20}$$

2)输入量间不相关时,合成标准不确定度的评定

对于每一个输入量的标准不确定度 $u(x_i)$,设 $u_i(y) = \frac{\partial f}{\partial x_i}u(x_i)$,$u_i(y)$ 为相应于输出量 y 的标准不确定度分量。当输入量间不相关,即 $r(x_i, x_j) = 0$ 时,式(6-20)可变换为式(6-21)

$$u_c(y) = \sqrt{\sum_{i=1}^{N} u_i^2(y)} \tag{6-21}$$

(1)对于简单直接测量,数学模型为 $y = x$ 时,应当分析和评定测量时导致测量不确定度的各分量 u_i,若相互间不相关,则合成标准不确定度可按式(6-22)简单地写成

$$u_c(y) = \sqrt{\sum_{i=1}^{N} u_i^2} \tag{6-22}$$

(2)当被测量的函数形式为:$Y = A_1X_1 + A_2X_2 + \cdots + A_NX_N$,且各输入量间不相关时,合成标准不确定度 $u_c(y)$ 由式(6-23)确定

$$u_c(y) = \sqrt{\sum_{i=1}^{N} A_i^2 u^2(x_i)} \tag{6-23}$$

3)输入量间相关时,合成标准不确定度的评定

当各输入量间正强相关,相关系数均为 1 时,合成标准不确定度的评定应按式(6-24)计算

$$u_c(y) = \left|\sum_{i=1}^{N} \frac{\partial f}{\partial x_i}u(x_i)\right| \tag{6-24}$$

当所有输入量都相关,且相关系数为 +1,灵敏系数为 1 时,式(6-24)可变换为式(6-25)

$$u_c(y) = \sum_{i=1}^{N} u(x_i) \tag{6-25}$$

由此可见,当输入量都正强相关时,合成标准不确定度是各输入量标准不确定度分量的代数和。也就是说,强相关时不再用方和根法合成。

4)关于相关性

相关性是指两个变量之间的相互依赖性。当一个变量发生改变时,统计地说能引起另一个变量的变化,则称这两个变量之间存在某种相关性。相关系数则是对这种依赖性的度量,用 $r(x,y)$ 表示,它的取值范围为:$-1 \sim +1$。当 $r(x,y) = -1$ 时,x、y 两个量负强相关,x 增大,y 则减小;当 $r(x,y) = 0$ 时,x、y 两个量不相关;当 $r(x,y) = +1$ 时,x、y 两个量正强相关,x 增大,y 也增大。

在测量工作中经常会遇到相关性问题,例如:

(1)用同一台仪器、同样的实物标准或参考数据所得到的两个输入量的估计值;

(2)多次测量的平均值和单次观测值之间(测量次数越少,相关性越强);

(3)位置接近的两个物体的温度之间;

(4)由物理定律相联系的两个物理量之间等。

5)相关系数的处理

相关系数可用统计的方法求得,也可用实验的方法判别。由于其计算麻烦,在实际工作中往往不去具体计算,而是采取一些技术处理措施,例如:

(1)把两个弱相关的输入分量按相互独立无关处理;

(2)虽无法确认两输入分量的相关系数,但明确其对合成结果的贡献较小,可按不相关处理;

(3)把强相关的分量按完全(正/负)相关处理;

(4)把强相关的分量合成一个分量,不相关的分量合成一个分量,然后再按彼此独立合成;

(5)若两输入分量的相关性对结果有影响,且确认其相关系数小于0,此时又无合适方法处理相关性问题,可作不相关处理,但后果是所得合成标准不确定度比实际情况大(往往并不产生严重后果);

(6)在某些情况下通过选择合适的输入量改变其相关性;

(7)选择合适的测量程序,有时也可避免处理相关性问题;

(8)从实验测量其相关性等。

6)计算合成标准不确定度示例

例6-10:一台数字电压表的技术说明书中说明:“在校准后的两年内,示值的最大允许误差为$\pm(14\times10^{-6}\times$读数$+2\times10^{-6}\times$量程)”。在校准后的20个月时,在1 V量程上测量电压V,一组独立重复观测值的算术平均值为0.928 571 V,其A类标准不确定度为12 μV,附加修正值$\Delta\overline{V}=0$,修正值的不确定度$u(\Delta\overline{V})=2.0$ μV。求该电压测量结果的合成标准不确定度。

解　测量数学模型为$y=\overline{V}+\Delta\overline{V}$。

(1)A类标准不确定度:$u_A(\overline{V})=12$ μV。

(2)B类标准不确定度:

读数:0.928 571 V,量程:1 V。

区间半宽度:$a=14\times10^{-6}\times0.928\ 571\ \text{V}+2\times10^{-6}\times1\ \text{V}=15\ \mu\text{V}$。

假设可能值在区间内为均匀分布,$k=\sqrt{3}$,则

$$u_B(\overline{V})=\frac{a}{k}=\frac{15\ \mu\text{V}}{\sqrt{3}}=8.7\ \mu\text{V}$$

(3)修正值的不确定度:$u(\Delta\overline{V})=2.0$ μV。

(4)合成标准不确定度计算:

可以判定上述三个分量不相关,可按下式计算

$$u_c(\overline{V})=\sqrt{u_A^2+u_B^2+u^2(\Delta\overline{V})}=15\ \mu\text{V}$$

所以,电压测量结果为:最佳估计值0.928 571 V,其合成标准不确定度为15 μV。

例6-11:在测长机上测量某轴的长度,测量结果为40.001 0 mm,经不确定度分析与评定,各项不确定度分量如下:

(1)读数的重复性引入的标准不确定度分量 u_1:

从指示仪上 7 次读数的数据计算得到测量结果的实验标准偏差为 0. 17 μm,则 u_1 = 0. 17 μm。

(2)测长机主轴不稳定引入的标准不确定度分量 u_2:

由实验数据求得测量结果的实验标准偏差为 0. 10 μm,则 u_2 =0. 10 μm。

(3)测长机标尺不准引入的标准不确定度分量 u_3:

根据检定证书的信息知道该测长机为合格,符合 0. 1 μm 的技术指标,假设为均匀分布,$k=\sqrt{3}$,则

$$u_3 = 0.1\ \mu\text{m}/\sqrt{3} = 0.06\ \mu\text{m}$$

(4)温度影响引入的标准不确定度分量 u_4:

根据轴材料温度系数的有关信息评定得到其标准不确定度为 0. 05 μm,则

$$u_4 = 0.05\ \mu\text{m}$$

求轴长测量结果的合成标准不确定度。

解 各分量间不相关,则

$$u_c = \sqrt{\sum_{i=1}^{4} u_i^2} = \sqrt{0.17^2 + 0.10^2 + 0.06^2 + 0.05^2}\ \mu\text{m} = 0.21\ \mu\text{m}$$

具体数据参见表 6-6。

表 6-6 例 6-11 不确定度分量综合表

序号	不确定度分量来源	类别	符号	u_i 的值	u_c
1	读数重复性	A	u_1	0. 17 μm	
2	测长机主轴不稳定	A	u_2	0. 10 μm	
3	测长机标尺不准	B	u_3	0. 06 μm	
4	温度影响	B	u_4	0. 05 μm	
					0. 21 μm

例 6-12:有 10 个电阻器,每个电阻器的标称值均为 R_i = 1 000 Ω,用 1 kΩ 的标准电阻 R_s 校准,比较仪的不确定度可忽略,标准电阻的不确定度由校准证书给出,为 $u(R_s)$ = 10 mΩ。将这些电阻器用导线串联起来,导线电阻可忽略不计,串联后得到标称值为 10 kΩ 的参考电阻 R_{ref},求 R_{ref} 的合成标准不确定度。

解 (1)数学模型

$$R_{ref} = f(R) = \sum_{i=1}^{10} R_i$$

(2)灵敏系数

$$\frac{\partial R_{ref}}{\partial R_i} = 1$$

(3)R_{ref} 的合成标准不确定度计算:

由于每个电阻都是用同一个标准校准的，所以 R_i 与 R_j 的相关系数：$r(R_i, R_j) = +1$，则串联电阻 R_{ref} 的合成标准不确定度为

$$u_c(R_{ref}) = \sqrt{\sum_{i=1}^{10}\left[\frac{\partial R_{ref}}{\partial R_i}u(R_i)\right]^2 + 2\sum_{i=1}^{10}\frac{\partial R_{ref}}{\partial R_i}\frac{\partial R_{ref}}{\partial R_j}r(R_i, R_j)u(R_i)u(R_j)}$$
$$= \sum_{i=1}^{10} u(R_i)$$

因为 $u(R_i) \approx u(R_s)$，则

$$u_c(R_{ref}) = \sum_{i=1}^{10} u(R_s) = 10 \times 10\ \text{m}\Omega = 0.10\ \Omega$$

在此例中，由于不确定度各分量间正强相关，合成标准不确定度是各不确定度分量的代数和。如果不考虑 10 个电阻器的校准值的相关性，而还用方和根法合成：$u_c(R_{ref}) = \sqrt{\sum_{i=1}^{10} u^2(R_i)}$，得到结果为 0.032 Ω，这是不正确的，明显使评定的不确定度偏小。

5. 扩展不确定度的确定

1）确定扩展不确定度的流程

确定扩展不确定度的流程见图 6-5。

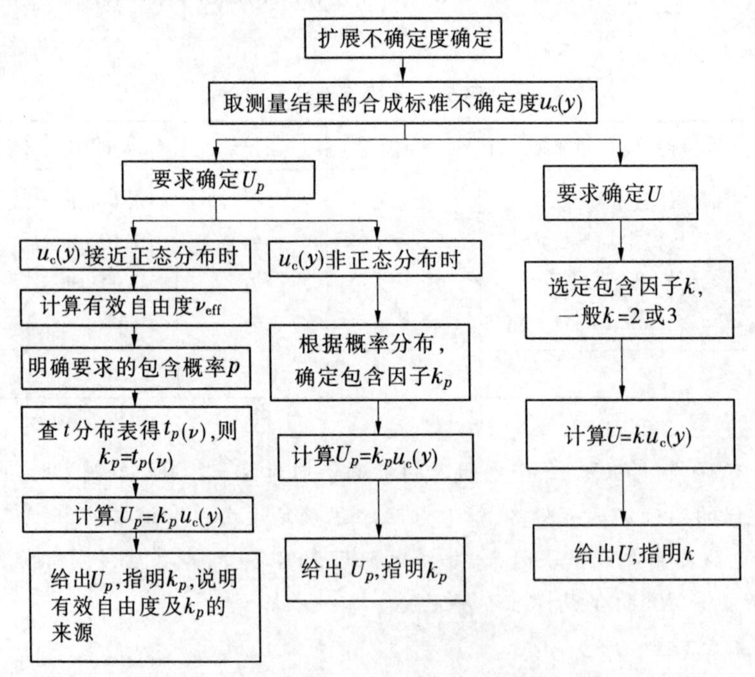

图 6-5 确定扩展不确定度的流程

2）用 U 表示扩展不确定度

扩展不确定度 U 由合成标准不确定度 u_c 乘包含因子 k 得到，按式(6-26)计算

$$U = ku_c \tag{6-26}$$

测量结果可按式(6-27)表示

$$Y = y \pm U \tag{6-27}$$

式中,y 是被测量 Y 的最佳估计值,被测量 Y 的可能值以较高的包含概率落在 $[y - U, y + U]$ 区间内,即 $y - U \leqslant Y \leqslant y + U$,扩展不确定度 U 是该统计包含区间的半宽度。

被测量 Y 的可能值落在包含区间的概率取决于包含因子 k 的值,k 值根据 $U = ku_c$ 所确定的区间 $y \pm U$ 需具有的置信水平来选取。k 值一般取 2 或 3。当取其他值时,应说明其来源。

为了使所有给出的测量结果之间能够方便地相互比较,在大多数情况下取 $k = 2$。当接近正态分布时,测量值落在由 U 所给出的统计包含区间内的概率为:

若 $k = 2$,则由 $U = 2u_c$ 所确定的区间具有的包含概率约为 95%。

若 $k = 3$,则由 $U = 3u_c$ 所确定的区间具有的包含概率约为 99% 以上。

当给出扩展不确定度 U 时,应注明所取的 k 值。

3)包含概率时扩展不确定度 U_p 的评定方法

当要求扩展不确定度所确定的区间具有接近于规定的包含概率 p 时,扩展不确定度用符号 U_p 表示

$$U_p = k_p u_c \tag{6-28}$$

式中 k_p——包含概率为 p 时的包含因子。

A. 接近正态分布时 k_p 的确定

根据中心极限定理,当不确定度分量很多,且每个分量对不确定度的影响都不大时,其合成分布接近正态分布,此时若以算术平均值作为测量结果 y,通常可假设概率分布为 t 分布,可以取 k_p 值为 t 值,即 $k_p = t_p(\nu_{\text{eff}})$。根据合成标准不确定度 $u_c(y)$ 的有效自由度 ν_{eff} 和需要的置信水平 p,查表得到的 t 值即置信水平为 p 的包含因子 k_p。

扩展不确定度 $U_p = k_p u_c$ 提供了一个包含概率(置信水平)为 p 的区间 $y \pm U_p$。

a. 自由度的基本概念

一个测量结果要用测量不确定度来加以评定,测量不确定度越小,则测量结果的可靠性越高,其使用价值也越大。经过评定的测量不确定度本身也存在质量问题,评定得到的测量不确定度越接近于实际情况,即所得到的测量不确定度越正确,则我们对测量结果所作的评价越可靠。而自由度正是与所给测量不确定度的可靠程度有关的重要参数。不确定度的自由度越大,评定的不确定度越可靠。标准不确定度的自由度用符号 ν_i 表示,合成标准不确定度的自由度称为有效自由度,用符号 ν_{eff} 表示。

b. 自由度的确定

(1)贝塞尔公式法:$\nu = n - 1$。

(2)测量过程的 A 类标准不确定度评定和规范化常规测量时 A 类标准不确定度评定:若对被测量进行 m 组测量,每组测量中又包含了 n 组独立观测,则 $\nu = \sum_{i=1}^{m} \nu_i = m(n - 1)$,即合并样本标准差的自由度为各组自由度之和。

(3)极差法:按表 6-7 选取。

表 6-7　极差法的自由度

n	2	3	4	5	6	7	8	9	10	15	20
自由度	0.9	1.8	2.7	3.6	4.5	5.3	6.0	6.8	7.5	10.5	13.1

(4) B 类评定不确定度的自由度可按式(6-29)近似计算

$$\nu_i \approx \frac{1}{2}\frac{u_i^2(x_i)}{\sigma^2[u(x_i)]} \approx \frac{1}{2}\left\{\frac{\Delta[u(x_i)]}{u(x_i)}\right\}^{-2} \tag{6-29}$$

式中　$\dfrac{\Delta[u(x_i)]}{u(x_i)}$——不确定度的相对不确定度。

不确定度的相对不确定度与不确定度的自由度关系见表 6-8。

表 6-8　$\dfrac{\Delta[u(x_i)]}{u(x_i)}$与 ν_i 的关系

$\dfrac{\Delta[u(x_i)]}{u(x_i)}$	ν_i
0.10	50
0.20	12.5
0.25	8
0.30	5.5
0.40	3.1
0.50	2

除用户要求或为获得 U_p 而必须求得 u_c 的有效自由度外，一般情况下，B 类评定的标准不确定度可以不给出自由度。

(5) 合成标准不确定度 $u_c(y)$ 的自由度称为有效自由度，以 ν_{eff} 表示。当 $u_c^2(y)$ 由两个或两个以上方差分量合成，即满足 $u_c^2(y) = \sum_{i=1}^{N} c_i^2 u^2(x_i)$ 时，若被测量 Y 接近于正态分布，合成标准不确定度的自由度可由下式计算

$$\nu_{eff} = \frac{u_c^4(y)}{\sum_{i=1}^{N}\frac{u_i^4(y)}{\nu_i}} \text{（韦尔奇 - 萨特思韦特公式）} \tag{6-30}$$

B. 当合成分布为非正态分布时 k_p 的选取

如果不确定度分量很少，且其中有一个分量起主要作用，合成分布就主要取决于此分量的分布，可能为非正态分布。

(1) 当要求确定 U_p，而合成的概率分布为非正态分布时，应根据概率分布确定 k_p 值。

例如：若合成分布接近均匀分布，则 $p = 0.95$ 时 k_p 为 1.65，$p = 0.99$ 时 k_p 为 1.71；

若合成分布接近两点分布，$p = 0.99$，取 $k_p = 1$；

若合成分布接近三角分布，$p=0.99$，取 $k_p=\sqrt{6}$；

若合成分布接近反正弦分布，$p=0.99$，取 $k_p=\sqrt{2}$。

(2)实际上，当合成分布接近均匀分布时，为了便于测量结果间进行比较，往往仍约定取 k_p 为2。这种情况下给出扩展不确定度时，包含概率远大于0.95，所以此时应注明 k_p 的值，但不必注明 p 的值。

三、测量结果的报告

要给出完整的测量结果，一般应报告其测量不确定度。要给出被测量 Y 的估计值 y 及其扩展不确定度 $U(y)$ 或 $U_p(y)$：对于 U 要给出包含因子 k 值；对于 U_p 要在下标中给出置信水平 p 值。例如：$p=0.95$ 时的扩展不确定度可以表示为 U_{95}。必要时还要说明有效自由度 ν_{eff}，即给出获得扩展不确定度的合成标准不确定度的有效自由度，以便由 p 和 ν_{eff} 查表得到 t 值，即 k_p 值；另一些情况下可以直接说明 k_p 值。需要时可给出相对扩展不确定度 $U_{rel}(y)$。

标准不确定度或扩展不确定度的数值都不应给出过多的位数。通常最多为2位有效数字（虽然在连续计算中为了避免修约误差可保留多余的位数）。

扩展不确定度的报告有 U 或 U_p 两种。

(一) $U=ku_c(y)$

例如，标准砝码的质量为 m_s，测量结果为100.021 47 g，合成标准不确定度 $u_c(m_s)$ 为0.35 mg，取包含因子 $k=2$，$U=ku_c(m_s)=2\times0.35\ \text{mg}=0.70\ \text{mg}$。

一般，U 可用以下两种形式之一报告：

(1) $m_s=100.021\ 47\ \text{g}$；$U=0.70\ \text{mg}$，$k=2$。

(2) $m_s=(100.021\ 47\pm0.000\ 70)\ \text{g}$；$k=2$。

(二) $U_p=k_pu_c(y)$的报告

例如，标准砝码的质量为 m_s，测量结果为100.021 47 g，合成标准不确定度 $u_c(m_s)$ 为0.35 mg，$\nu_{eff}=9$，按 $p=95\%$，查 t 分布值表得 $k_p=t_{95}(9)=2.26$，$U_{95}=2.26\times0.35\ \text{mg}=0.79\ \text{mg}$。则 U_p 可用以下四种形式之一报告：

(1) $m_s=100.021\ 47\ \text{g}$；$U_{95}=0.79\ \text{mg}$，$\nu_{eff}=9$。

(2) $m_s=(100.021\ 47\pm0.000\ 79)\ \text{g}$，$\nu_{eff}=9$，括号内第二项为 U_{95} 的值。

(3) $m_s=100.021\ 47(79)\ \text{g}$，$\nu_{eff}=9$，括号内为 U_{95} 的值，其末位与前面结果末位数对齐。

(4) $m_s=100.021\ 47(0.000\ 79)\ \text{g}$，$\nu_{eff}=9$，括号内为 U_{95} 的值，与前面结果有相同的计量单位。

(三)相对扩展不确定度的表示

相对扩展不确定度的表示示例如下：

(1) $m_s=100.021\ 47\ \text{g}$；$U_{rel}=0.79\times10^{-6}\ \text{g}$，$k=2$。

(2) $m_s=100.021\ 47\ \text{g}$；$U=0.79\times10^{-6}\ \text{g}$，$k=2$。

（在不致混淆的情况时，U 允许不加下标）

（3）$m_s = 100.021\ 47$ g；$U_{95rel} = 0.79 \times 10^{-6}$ g。

（4）$m_s = 100.021\ 47(1 \pm 0.79 \times 10^{-6})$ g，$p = 95\%$，$\nu_{eff} = 9$，括号内第二项为相对扩展不确定度 U_{95rel}。

第七章　计量标准的管理

计量标准是为了定义、实现、保存和复现量的单位的一个或多个量值，用作参考的实物量具、测量仪器、参考标准物质或测量系统。计量标准在国家保证计量单位制统一和量值准确可靠的活动中，起着承上启下的作用，它将计量基准复现的单位量值，通过检定或校准行为传递到研发、生产、经营、使用的测量设备，从而使各类测量结果与国家计量基准复现的量值联系起来，达到量值统一的目的。

第一节　计量标准的分类

一、按在检定系统表中所处的地位分

（一）计量基准

计量基准是指用以实现、保存计量单位量值，具有现代科学技术所能达到的最高准确度，经国家鉴定通过，并经国务院计量行政部门批准，作为统一全国量值的最高依据的计量器具。全国的各级计量标准和工作计量器具的量值，都必须直接或间接地溯源到计量基准。JJF 1001—2011《通用计量术语及定义》中对计量基准的定义是"经国家权威机构承认，在一个国家或经济体内作为同类量的其他测量标准定值依据的测量标准"。国家计量基准由国务院计量行政部门根据社会、经济发展和科学技术进步的需要，统一规划，组织建立。基础性、通用性的计量基准，建立在国家质检总局设置或授权的计量技术机构；专业性强、仅为个别行业所需要，或工作条件要求特殊的计量基准，可以建立在有关部门或者单位所属的计量技术机构。对使用频繁的计量基准可以建立副基准和工作基准。计量基准可以进行仲裁检定，所出具的数据能够作为处理计量纠纷的依据并具有法律效力。

(二)计量标准

计量标准是指准确度低于计量基准,用于检定其他计量标准或工作计量器具的测量设备。也可以理解为按国家规定的准确度等级,作为检定依据用的计量器具或标准物质。在计量检定系统中它处于中间环节,起着承上启下的作用,它的任务是将计量基准所复现的计量单位的量值,通过检定或校准的方式传递到工作计量器具,从而确保工作计量器具的准确可靠,确保全国测量活动达到统一。计量标准的准确度一般应比被检计量器具的准确度高3~10倍。

二、根据计量标准的用途分

JJF 1001—2011《通用计量术语及定义》将计量标准分为参考测量标准(简称参考标准)和工作测量标准(简称工作标准)两类。

(一)参考标准

在JJF 1001—2011《通用计量术语及定义》中,"参考标准"的定义是"在给定组织或给定地区内指定用于校准或检定同类量其他测量标准的测量标准"。根据定义不难看出,参考标准是针对检定或校准计量标准器具所使用的计量标准。在给定地区内统一本地区量值依据的测量标准,称社会公用计量标准;在给定组织内统一本部门或者本企业量值依据的测量标准,称为部门或者企业计量标准。

例7-1:某单位长度专业的二等量块标准器组用于检定三等量块,三等量块标准器组用于检定四等量块,四等量块标准器组用于检定五等量块,五等量块标准器组用于检定游标卡尺、千分尺,则该单位的二等量块标准器组、三等量块标准器组、四等量块标准器组应属于参考标准,而五等量块标准器组检定的是工作器具,故不应属于参考标准。

(二)工作标准

在JJF 1001—2011《通用计量术语及定义》中,"工作标准"的定义是"用于日常校准或检定测量仪器或测量系统的测量标准"。根据定义不难看出,工作标准是针对检定、校准工作器具所使用的计量标准而言的。

上例中的五等量块标准器组应属于工作标准。

例7-2:某单位压力方面仅建立了0.4级精密压力表标准装置,用于检定生产现场使用的一般压力表,则该0.4级精密压力表标准装置应属于工作标准。

例7-3:某单位生产设备上安装的压力表准确度级别均为0.4级,为此该单位在压力方面建立了二等活塞压力计标准装置,用于检定0.4级精密压力表。按照定义,尽管0.4级精密压力表也可以作为一般压力表的计量标准,但在该例中,所用0.4级精密压力表安装在生产设备上仅作为压力测量仪表,不是作为计量标准使用,所以该例中的二等活塞压力计标准装置应属于工作标准。

由此可见,判定计量标准属于参考标准还是属于工作标准的原则,不是看计量标准准确度的高低,而是看计量标准的工作场合和实际用途。在日常应用中,不是特殊需要,就没有必要去刻意分辨哪些属于参考标准，哪些属于工作标准。

三、按测量准确度的高低分类

（一）最高计量标准

最高计量标准的概念出自《计量法》第七条和第八条，在 JJF 1001—2011《通用计量术语及定义》中对最高计量标准并没有直接的、鲜明的术语及定义。在《计量法》中规定，地区、部门、企事业单位根据需要，可以建立本地区、本部门、本单位使用的计量标准，明确了各类计量标准的法律地位、考核规定及管理要求。其中最高计量标准必须经有关人民政府计量行政部门主持考核，合格后方可使用。社会公用计量标准，部门、企事业单位最高计量标准属于强制管理对象，必须接受政府计量行政部门的监督与管理。对于这类计量标准，按测量准确度的高低分类，我们称为“最高计量标准”，如“最高社会公用计量标准”、“部门最高计量标准”、“企业最高计量标准”。

（二）次级计量标准

一个完整、有效、经济、合理的量值传递或溯源体系，仅有最高等级的计量标准是远远不够的，往往还需要建立其他等级的计量标准。与最高计量标准相比，这些计量标准的测量准确度相对低一些，称为次级计量标准。次级计量标准位于在给定组织或给定地区内最高计量标准与用于校准或检定的工作计量器具之间，处于量值传递的中间环节，用于检定或校准组织内最高计量标准之外的其他计量标准或者工作计量器具。次级计量标准，按其不同的测量准确度，都应当直接或间接溯源到组织内的最高计量标准，其量值要能够溯源于国家计量基准。

四、按法律地位分

（一）社会公用计量标准

社会公用计量标准是指经过政府计量行政部门考核、批准，作为统一本地区量值的依据，在社会上实施计量监督、具有公证作用的计量标准。在处理计量纠纷时，只有经计量基准或社会公用计量标准仲裁检定后的数据才能作为仲裁依据，具有法律效力。

社会公用计量标准由各级政府计量行政部门根据本地区需要组织建立，在投入使用前要履行法定的考核程序。具体来说，下一级政府计量行政部门建立的最高等级的社会公用计量标准，须向上一级政府计量行政部门申请考核，其他等级的社会公用计量标准，属于哪一级的，就由哪一级地方计量行政部门主持考核。经考核合格符合要求并取得《计量标准考核证书》后，由建立该项社会公用计量标准的政府计量行政部门审批并颁发《社会公用计量标准证书》。政府计量行政部门在所属法定计量技术机构建立的计量标准都是社会公用计量标准，其他单位建立的计量标准，要想取得社会公用计量标准的法律地位，必须经有关政府计量行政部门授权。

（二）部门计量标准

按照《计量法》规定，省级以上政府有关主管部门可以根据本部门的特殊需要建立计量标准，在本部门内使用，作为统一本部门量值的依据。所谓“本部门特殊需要”是指社会公用计量标准不能覆盖或满足不了的某部门专业特点的特殊需要。此规定的目的是限制有些部门对各类计量专业都按部门、行业各自形成一套量值传递系统的做法。只要社会公用计量标准能满足需要，各部门就没有必要重复再建，使计量检定经济合理的原则真正得到贯彻执行。

省级及以上政府有关主管部门建立计量标准，由本部门审查决定。部门最高计量标准，须经同级人民政府计量行政部门主持考核合格，发给《计量标准考核证书》，再由有关主管部门批准使用后，才能在本部门内开展非强制检定。这是部门建立计量标准应履行的法定程序。

（三）企事业计量标准

按照《计量法》规定，企事业单位有权根据生产、科研和经营管理的需要建立计量标准，在本单位内部使用，作为统一本单位量值的依据。国家鼓励企事业单位加强计量检测设施的建设，以适应现代化生产的要求，尽快改变企事业单位计量基础薄弱的状况。因此，只要企事业单位有实际需要，就可以自主决定建立与生产、科研和经营管理相适应的计量标准。为了保证量值的准确可靠，建立本单位使用的各项最高计量标准，如果是有主管部门的企业，须经与企事业单位的主管部门同级的政府计量行政部门主持考核合格，发给《计量标准考核证书》，并向其主管部门备案后才能在本单位内开展非强制检定；如果无主管部门，须经与企事业单位工商注册部门同级的政府计量行政部门主持考核合格，发放《计量标准考核证书》后，在本单位内开展非强制检定。这是企事业单位建立计量标准应履行的法定程序。

五、标准物质

标准物质是具有一种或多种足够均匀和很好地确定了的特性，用以校准测量装置、评价测量方法或给材料赋值的一种材料或物质。按照《计量法实施细则》的规定，用于统一量值的标准物质属于计量标准的范畴。用于量值传递的标准物质，一般是指有证标准物质，即具有一种或多种特性值，用建立了溯源性的程序确定，使之可溯源到准确复现的表示该特性值的测量单位，每一种出证的标准物质特性值都附有给定置信水平的不确定度。

标准物质的品种和数量很多，世界上现在大约有 15 000 种标准物质。我国发布的标准物质目录，按专业领域的分类方法，分为钢铁、有色金属、建筑材料、核材料与放射性、高分子材料、化工产品、地质环境、临床化学与医药、食品、能源、工程技术、物理学与物理化学等 13 大类。

标准物质是量值传递的一种重要手段，是统一全国量值的法定依据。它可以作为计量标准检定或校准仪器，作为比对标准考核仪器，检定测量方法和操作是否正确，测定物质或材料的组成和性质，考核各实验室之间测量结果的准确度和一致性，鉴定所试制的仪器或评价新测量方法，以及用于仲裁检定等。

第二节　建立计量标准的策划

政府计量行政部门根据本行政区域内统一量值的需要组织建立计量标准，在考虑经济效益的同时，更应着重兼顾社会效益。政府计量行政部门组织建立的计量标准一般建立在所属的法定计量技术机构或者建立在授权计量技术机构。

部门和企事业单位建立计量标准要引入市场经济观念，讲求效益，要运用科学的方法，了解所建立计量标准的客观需求，减少建立计量标准的盲目性，进行建立计量标准的前期策划。根据本单位的人力、资金、条件、管理水平、项目发展趋势，从实际出发作出科学决策。

一、建立计量标准的科学评估

建立计量标准进行科学评估主要应考虑以下要素：

(1)调查统计分析拟建计量标准所开展检定或校准项目的种类、准确度、测量范围、数量等；

(2)建立计量标准应当提供的基础设施与条件，如房屋面积、恒温条件、能源消耗等；

(3)应当购置的计量标准器、主要配套设备和辅助设备及技术指标；

(4)使用、操作计量标准设备的技术人员水平和相应的技能；

(5)计量标准的考核、运行、维护、使用、量值传递等保证条件；

(6)建立计量标准的物质、经济、法律保障等工作基础。

二、建立计量标准的经济效益分析

建立计量标准的经济效益分析包括质和量两个方面，质的分析就是需要满足本地区、本系统、本行业、本企业计量管理需求，量的要求就是计量水平体现，准备建立的计量标准处于本地区、本系统、本行业、本企业同类项目的位次，筹建需要的时间、费用等，从及时、方便、实用、经济的原则进行分析与评估。即

$$\text{经济效益} = \text{检定收益} - \text{检定支出全部费用} \tag{7-1}$$

式中　检定收益——计量标准项目年检定工作量乘以国家规定的现行每台(件)收费标准；

检定支出全部费用——固定资产投入、固定资产折旧费、标准设备购置费、设备折旧费、量值溯源保证费、低值易耗品年消耗费、能源消耗费、人员工资福利基金、管理费用等。

三、建立计量标准的确定

是否建立计量标准应以本地区、本系统、本行业、本企业计量管理需求来确定，同时兼顾及时、方便、实用的原则，进行经济效益分析，确定建立计量标准。

（一）核算送检费用

$$F_1 = N \cdot T \cdot F \tag{7-2}$$

式中 F_1——某种计量器具年送检费用；

N——需送检计量器具台（件）数；

T——某种计量器具年送检频次；

F——送检每件计量器具检定收费标准（含旅差费）。

（二）核算自检费用

$$F_2 = A/x + B/y + C/z + D \tag{7-3}$$

式中 F_2——建立计量标准项目的年投资；

A——建立计量标准的总投资（固定资产投入、标准设备购置费）；

x——该标准使用年限；

B——标准维护保养费、低值易耗品消耗费、能源消耗费；

y——该标准维护年限；

C——标准量值溯源费、计量标准考核（复查）费；

z——该标准考核有效期；

D——人员工资、福利、基金、奖金。

比较 F_1 与 F_2 大小，确定是否建标。如 $F_1 \geqslant F_2$，则送检费用大于自检费用，可以考虑建标；如 $F_1 < F_2$，则送检费用小于自检费用，不必建标，送检为好。如果再进一步细算，核定计量标准的收益，还应考虑资金利用率、物价变动因素。如果企业计量机构可能获得计量行政部门的计量授权而对社会开展检定或校准服务，也应考虑相应的资金收入，综合衡量确定是否需要建立某项计量标准。

第三节 计量标准的建立

一、建立计量标准应当具备的条件

（1）计量标准器及配套设备配置的基本原则是科学合理，完整齐全，不能低配，也不宜高配,做到科学合理,经济实用,适度即可。

(2)具备开展量值传递的计量检定规程或者技术规范和完整的技术资料。

(3)具备符合计量检定规程或者技术规范并确保计量标准正常工作所需要的温度、湿度、防尘、防震、防腐蚀、抗干扰等环境条件和工作场地。

(4)具备与所开展量值传递工作相适应的技术人员,开展计量检定工作,应当配备两名以上获相应项目检定资质的计量检定人员。

(5)具有完善的运行、维护制度,包括实验室岗位管理制度、计量标准使用维护管理制度、量值溯源管理制度、环境条件及设施管理制度、计量检定规程或技术规范管理制度、原始记录及证书管理制度、事故报告管理制度、计量标准文件集管理制度等。

(6)计量标准的测量重复性和稳定性符合技术要求。

二、配置选购计量标准器及配套设备

计量标准器及配套设备(包括计算机及软件)的配置应符合开展检定、校准项目所执行计量检定规程或技术规范的规定。计量标准的测量范围应当覆盖所开展检定或校准对象的量值或量值范围;计量标准的不确定度或准确度等级或最大允许误差与被检定、校准对象的准确度等级或最大允许误差之比应当符合(1/3 ~ 1/10)的微小误差准则;计量标准的其他计量特性,包括灵敏度、鉴别力、分辨力、漂移、滞后、响应特性、动态特性等,应满足检定被测量对象的需求和相应计量检定规程或技术规范的规定。

三、保证计量标准的有效溯源

计量标准的量值应当定期溯源至国家计量基准或社会公用计量标准;当不能采用检定或校准方式溯源时,应当通过比对的方式,确保计量标准量值的统一性;计量标准器及主要配套设备均应有连续、有效的检定或校准证书。计量标准的溯源应当符合如下规定:

(1)计量标准器应当经法定计量检定机构或计量行政部门授权的计量技术机构检定或校准来保证其溯源性,主要配套设备应当经有效的检定或校准来保证其溯源性。

(2)有计量检定规程的计量标准器及主要配套设备,应当按照计量检定规程的要求进行检定。

(3)没有计量检定规程的计量标准器及主要配套设备,应当依据国家计量校准规范进行校准。如无国家计量校准规范,可以依据其他有效的校准方法进行校准。校准的项目和主要技术指标应当满足开展检定或校准工作的需要,并参照 JJF 1139《计量器具检定周期确定原则和方法》的要求,确定合理的校准时间间隔。

(4)计量标准中的标准物质应当是处于有效期内的有证标准物质。

(5)当国家计量基准无法满足计量标准器及主要配套设备量值溯源需要时,报国家计量行政部门同意后,方可溯源至国际计量组织或其他国家具备相应测量能力的计量标准。

四、整理撰写《计量标准技术报告》

计量标准器和配套设备应当试运行至少半年以上的时间，在此期间应完成对计量标准的稳定性考核、测量重复性试验、测量不确定度评定、检定或校准结果验证，围绕计量标准的计量特性确认其测量能力，按照 JJF 1033《计量标准考核规范》的要求，整理撰写出《计量标准技术报告》。《计量标准技术报告》相应栏目中应提供《计量标准重复性试验记录》和《计量标准稳定性考核记录》。

计量标准的测量重复性的定义为：在相同测量条件下，重复测量同一被测量，计量标准提供相近示值（或复现值）的能力。重复性条件包括：相同的测量程序，相同的观测者，在相同的条件下使用相同的仪器，相同的地点，在短时间内重复测量。重复性可以用示值的分散性定量地表示，具体计算方法就是求出一组观测值的实验标准偏差 $s(y_i)$。在计量标准考核中，计量标准的测量重复性是指在重复条件下用该计量标准测量常规的被测对象时，所得到的测量结果的重复性。

计量标准的稳定性的定义为：计量标准保持其计量特性随时间恒定的能力。在计量标准考核中，计量标准的稳定性是指用该计量标准在规定的时间间隔内测量稳定的被测对象时，所得到的测量结果的一致性。新建的计量标准一般应经过半年以上的稳定性考核，证明其所复现的量值稳定可靠后，方能申请建立计量标准。已建计量标准应有历年的稳定性考核记录，以证明其计量特性持续稳定。

申请计量标准考核的单位应按要求填写《计量标准技术报告》。无论申请新建计量标准，或计量标准的复查考核均应提供《计量标准技术报告》。《计量标准技术报告》一般由计量标准负责人填写。计量标准考核合格后，《计量标准技术报告》由申请考核单位存档。每年主计量标准器和主要配套设备送检之后，重新进行计量标准的重复性试验或者稳定性考核，如果计量标准装置的计量特性技术指标发生变化，应当重新修订《计量标准技术报告》。

五、计量检定或校准环境条件和设施的控制

实验室的温度、湿度、震动、噪声、灰尘、电磁干扰等环境条件要达到规定的要求，以保证计量标准复现量值的准确度。在各种计量器具的检定规程中，都分别规定了相应的环境条件要求，应当对影响检定或校准结果的设施和环境条件进行测量并加以控制，就控制措施以及技术要求制定出程序文件，确保良好的内务。对不相容活动的相邻区域进行有效隔离，采取措施以防止交叉污染。

为了达到环境条件要求，必须配备监视和控制环境的设备。监视设备（如温度计、湿度计、气压表等）应经过有效溯源，在有效期内使用。控制设备的精准程度必须具备对环境按要求进行调控的能力。

实验室条件互相冲突的项目，如检定红外测温仪时高温炉升温会使实验室温度升高，

而量块检定需要严格的恒温条件，诸如此类互不相容的项目不能处于同一实验室同时进行检定，必须采取措施使之有效隔离。

对于一些对环境条件要求很高的项目，如检定精密天平，空气的流动、温度的微小变化均直接关系到检定的质量。在进行这类检定时要特别注意控制和保持环境的稳定，避免人员走动或减少开门的频次。

六、计量人员的配备

从事计量检定或校准工作的人员，必须经过必要的培训，具备相关的技术知识、法律知识和实际操作经验，并且取得计量检定（校准）员或注册计量师证书。每项计量标准应当配备至少两名与开展检定或校准项目相一致的，持有本项目《计量检定员证》或者《注册计量师资格证书》和计量行政部门颁发的相应项目注册证的检定或校准人员。

检定人员为合同制职工或者外聘技术人员时，应确保这些人员胜任所从事的计量检定或校准工作且受到监督。计量标准负责人为该检定或校准项目的技术负责人，有些行业称为技术专责或责任工程师，国家实施计量技术人员执业资格制度后应取得注册计量师资格及项目注册证件。

七、原始记录、证书、报告的管理

原始记录、证书、报告作为检定或校准数据的呈现载体，是检定或校准工作的最终产品，应当具有复现性和可追溯性。它是计量管理的依据、行政执法的凭证、检定或校准工作质量的体现，关系顾客的直接利益，地位十分重要。依据《法定计量检定机构考核规范》及计量标准考核的有关规定，其格式、内容设计和填写必须保证以下要求。

（一）格式规范

记录、证书、报告应当根据相应检定规程或校准规范等技术文件以及国家的有关要求设计，包括纸张大小、字号字体、栏目、内容、格式等。

（二）信息完整

栏目设计应便于数据查询与追溯，记录内容应包含足够的信息，以便于识别不确定度的影响因素，并保证该检定、校准或检测在尽可能与原来条件接近的条件下能够复现，应包括使用的计量标准器具和其他仪器设备、被检器具的信息，检定项目，测量数据，环境参数值，数据的计算处理过程，测量结果的不确定度评定及时间，负责抽样的人员，检定、校准或检测的执行人员和结果核验人员等相关信息。如果检定规程、校准规范或检测大纲对记录有明确规定，应按规定的要求执行。

（三）真实客观

观测结果、数据和计算应在产生的当时立即予以记录，不得追记、补记。原始数据应真实客观，不得擅自伪造数据。数据处理要正确。电子记录应具有不被篡改或丢失的保护措施。

(四)填写规范

记录、证书、报告应由经授权的人员填写。书写应清晰,易于辨认。正确使用法定计量单位。计算机自动采集测量数据所形成的记录可为原始记录,但如果由人工将数据录入计算机,应以手写的记录为原始记录。

(五)人员签名

原始记录上应有检定或校准人员和核验人员的亲笔签名。证书、报告应有检定或校准人员、核验人员和主管批准人员的亲笔签名。使用计算机做原始记录、证书、报告的,可以使用电子签名。签名要齐全,不允许代签、预签。证书报告要加盖清晰、完整的印章。

检定(校准)证书实行检定(校准)员、核验员和批准人三级签字,对三级签字人员,《计量标准考核规范》中都给予了明确规定。承担检定(校准)和核验的人员应当是持证的计量检定人员。检定证书的批准是由授权签字人实施的,授权签字人应当经法定计量检定机构考核合格,并取得签字资格,最好能持有签字领域内检定(校准)项目的检定员证,或者是本项目的计量标准负责人。

(六)修改

1. 原始记录

原始记录发生错误时,只能划改,不能涂改、刮改。对记录的所有改动,应有改动人员的亲笔签名或盖章。对电子存储的记录也应采取同等的措施,以免原始数据的丢失或未经授权的改动。电子存储的按规定的期限保存的原始观测数据、导出数据和建立审核路径的具有足够信息的记录是不允许更改的。

2. 证书、报告

依据《法定计量检定机构考核规范》中有关“证书和报告的修改”的规定,若要对已经发布的证书和报告进行修改,只能用以下两种方式进行:

(1)若要对已经发布的证书和报告进行实质性修改,必须以追加文件或信息变更的形式,并包括如下声明:“对序号为……(或其他标识)的检定证书(或校准证书,检验、检测报告)的补充文件”,或其他等效的文字形式。

实质性修改是指对证书和报告中的检定、校准和检测数据,测量不确定度评定结果,检定或检测的结论意见,以及其他影响检定、校准和检测质量的重要信息的修改。

(2)当有必要发布全新的检定证书、校准证书或检验、检测报告时,应注以唯一性标识,并注明所代替的原件。

(七)保存管理

原始记录及证书、报告的副本应妥善保存,科学管理,保证方便检索。根据计量器具的实际情况确定保存年限,超过保存期的原始记录,可按照规定办理相关手续后予以销毁,但必须严禁泄密,维护顾客的合法权益。应注意保存环境,避免意外损坏。

在企业内部有时将检定、校准的证书、报告采用简化的形式出具,与原始记录、确认标志、管理标识等合为一体使用,这时证书、报告分为哪些类别,什么情况下出具什么样的证书、报告,哪些人员有权力签发,怎样保管,怎么备份,如何实施分类管理等,应当在管理制度或者计量管理文件中明确规定。

八、计量标准管理制度的制定

为了保证计量标准的正常运行,建标单位至少要制定以下八个方面的管理制度,如计量技术机构的质量手册或程序文件中有相应的内容规定,不必另行制定。

(一)实验室岗位管理制度

明确实验室管理人员、检定/校准以及核验人员之间的具体分工和职责。

(二)计量标准使用维护管理制度

明确计量标准负责人和计量标准的保存、维护、使用、修理、更换、封存及撤销等工作的具体要求和办理程序,当计量标准出现偏离后应采取的处理措施。

(三)量值溯源管理制度

明确在用计量标准器和配套计量设备量值溯源的要求,制订并且落实周期检定计划的执行。

(四)环境条件及设施管理制度

明确计量标准适用的环境条件技术参数要求,包括温度、湿度、照明、供电等,并对配备的必要设施和监控设备及温度、湿度进行监测和记录。

(五)计量检定规程或技术规范管理制度

明确计量检定规程或技术规范的收集、管理、使用的工作要求,保证计量检定、校准工作使用有效的计量检定规程或技术规范。

(六)原始记录及证书管理制度

明确检定、校准过程中实际操作、原始记录、数据处理、证书填写、数据复核、证书签发、保存备份等对于记录、证书、报告各环节的管理要求。

(七)事故报告制度

明确仪器设备、人员安全和工作责任事故的要求,以及事故发现、报告、处理的程序规定。

(八)计量标准文件集管理制度

明确计量标准文件集的管理内容,指定专人负责,确定收集、保存、借阅等方面的具体要求。

九、计量标准的命名

计量标准通常有两种基本命名类型:一种为计量标准装置,另一种以计量标准器组的形式呈现。计量标准的命名应当按照 JJF 1022《计量标准命名规范》执行。

(一)计量标准装置

计量标准由标准器和有关配套设备组成,以主要标准器或典型测量参数名称命名的标准装置,在主要标准器或典型测量参数名称后面加后缀“标准装置”,通常命名为“×××标准装置”。

(1)该原则适用于同一计量标准装置可开展多种计量器具检定的；

(2)该原则适用于计量标准装置中主要标准器与被测量器具名称一致的。

例如：二等量块标准装置，高频电压标准装置。

(二)计量检定装置

计量标准由多种标准器和有关配套设备构成，被检定计量器具的测量参数较多的，在被检定计量器具的名称后面加后缀“检定装置”，通常命名为“××××检定装置”。

(1)该原则适用于计量标准装置中主标准器与被检定计量器具名称不一致的；

(2)该原则适用于计量标准装置中被检定计量器具的测量参数较多的，需要使用多种标准器，用被检定计量器具名称命名更加直观的。

例如：转速表检定装置，表面粗糙度比较样块检定装置。

(三)计量标准器组

由实物量具构成的计量标准，同一计量标准可检定多种计量器具，以主要标准器名称命名的计量标准器具，在主要标准器名称后面加后缀“标准器组”，一般命名为“××××标准器组”。

例如：眼镜片顶角度标准器组，齿轮渐开线样板标准器组。

(四)计量检定器组

由实物量具构成的计量标准，检定同一计量器具，需要使用多种标准器的，以被检定计量器具名称命名时，计量标准一般命名为“检定××××标准器组”。

例如：检定玻璃浮计标准器组。

第四节　计量标准的考核与复查

计量标准考核是国家质检总局及地方各级计量行政部门对计量标准测量能力的评定和开展量值传递资格的确认，被考核的计量标准不仅要符合技术要求，还必须满足法制管理的有关要求。计量标准考核是《计量法》赋予计量行政部门的一项重要工作，属于国家行政许可范畴，也是开展计量法制监督的一项重要内容。计量标准考核的申请、准备、考核评审及复查考核按照 JJF 1033《计量标准考核规范》进行。

一、计量标准考核的申请

按照《计量标准考核办法》的规定，不同的计量标准应向不同的政府计量行政部门申请考核。

(1)国家计量行政部门组织建立的社会公用计量标准及各省级计量行政部门组织建

立的各项最高等级的社会公用计量标准，由国家计量行政部门主持考核；

（2）市（地）、县级计量行政部门组织建立的各项最高等级的社会公用计量标准，由上一级计量行政部门主持考核；

（3）各级地方计量行政部门组织建立的其他等级的社会公用计量标准，由组织建立计量标准的计量行政部门主持考核；

（4）国务院有关部门和省、自治区、直辖市有关部门建立的各项最高等级的计量标准，由同级的计量行政部门主持考核；

（5）国务院有关部门所属的企事业单位建立的各项最高等级的计量标准，由国家计量行政部门主持考核；

（6）省、自治区、直辖市有关部门所属的企事业单位建立的各项最高等级的计量标准，由当地省级计量行政部门主持考核；

（7）无主管部门的企业单位建立的各项最高等级的计量标准，由该企业工商注册地的计量行政部门主持考核；

（8）申请建立的计量标准，需要取得计量授权，跨行政区域、跨部门、跨行业、跨单位对社会开展强制检定、非强制检定工作或者对内部开展强制检定的，应当向受理计量授权的计量行政部门申请考核。

二、申请计量标准考核应提供的资料

申请新建计量标准考核，申请单位应当向主持考核的计量行政部门递交以下申请资料：

（1）《计量标准考核（复查）申请书》原件和电子版各一份；

（2）《计量标准技术报告》原件一份；

（3）计量标准器及主要配套设备有效的检定或校准证书复印件一套；

（4）开展检定或校准项目的原始记录及相应的模拟检定或校准证书复印件两套；

（5）检定或校准人员资格证明复印件一套；

（6）可以证明计量标准具有相应检测能力的其他技术资料。

三、计量标准的考核评审

（一）计量标准的考评原则和要求

计量标准考核分为书面审查和现场考评两种方式。新建计量标准的考评首先进行书面审查，如果基本符合条件，再进行现场考评。计量标准的复查考评通常采用书面审查，判断计量标准的测量能力，如果申请考核单位所提供的申请资料不能证明计量标准具有相应的测量能力，或者已经连续两次采用书面审查方式进行复查考核的，安排现场考评；对于同一个单位多项计量标准同时进行复查考核的，在书面审查的基础上，可以采用抽查的方式确定进行现场考评的项目。

(二)计量标准考核的内容及要求

(1)计量标准器及配套设备:计量标准器及配套设备配置应当科学合理,完整齐全,并能满足开展检定或校准工作的需要,其计量特性符合相应的计量检定规程或校准规范的要求;计量标准的溯源性符合要求,计量标准器及主要配套设备均有连续、有效的检定或校准证书。

(2)计量标准的主要计量特性:测量范围表述正确,不确定度或准确度等级或最大允许误差表述正确,计量标准重复性符合要求、稳定性合格、其他计量特性符合要求。

(3)环境条件及设施:温度、湿度、照明、供电等环境条件符合要求;配置必要的设施和监控设备,并对温度和湿度进行监测与记录;互不相容的区域进行有效的隔离,防止互相影响。

(4)人员:有能够履行职责的计量标准负责人,每个项目至少有两名持证的检定或校准人员。

(5)文件集:文件集的管理符合要求;有有效的计量检定规程或技术规范;计量标准技术报告中建立计量标准的目的、计量标准的工作原理及组成表述清晰;计量标准器及主要配套设备符合要求;计量标准的主要技术指标及环境条件描述准确;计量标准的量值溯源和传递框图正确;检定或校准结果的不确定度评定合理;检定或校准结果验证方法正确,验证结果符合要求;检定或校准原始记录格式规范、信息量齐全,填写、更改、签名及保存等符合相应规定,原始数据真实、数据处理正确;检定或校准证书格式、签名、印章及副本保存符合要求,结论正确,内容符合要求;制定并执行相关管理制度。

(6)测量能力确认:现场考评时,观察检定或校准方法是否正确、操作过程是否规范,检定和校准结果是否正确,回答问题是否正确等,综合判定计量标准的测量能力。书面审查时,通过对技术资料的审查,确认计量标准的测量能力。

(三)计量标准考核资料的书面审查

审查的目的是确认申请资料是否齐全、正确,所建的计量标准是否满足法制和技术的要求。书面审查重点内容为:

(1)计量标准器及配套设备的配置是否符合计量检定规程或技术规范的要求,是否满足开展检定或校准工作的需要;

(2)计量标准的溯源性是否符合规定,计量标准器及主要配套设备是否有持续、有效的检定或校准证书;

(3)计量标准的主要计量特性是否符合要求;

(4)是否采用有效的计量检定规程或技术规范;

(5)原始记录、数据处理、检定或校准证书是否符合要求;

(6)《计量标准技术报告》填写内容是否齐全、正确,并及时更新;

(7)是否至少有两名本项目持证的检定或校准人员;

(8)计量标准具有相应测量能力的其他技术资料。

(四)计量标准的现场考评

现场考评时计量标准考评员通过现场观察、资料审核、现场试验和现场提问等方法,对计量标准测量能力进行确认。现场考评以现场试验和现场提问作为考核重点。按照计量标准考核评审表的6个方面30项内容逐项进行考核。考核时对每项考评记录均应有明确的意见，考核时其中的任何一条不符合或有缺陷，及时提出存在问题，要求限期整改。在改正期内，承担考核的考评员确认改正后方可通过考核，超过整改期限仍未改正者，视为考核不合格。

（五）计量标准考核结果的处理

计量标准考核合格的，由主持考核的计量行政部门发给《计量标准考核证书》。《计量标准考核证书》的有效期为4年。考核不合格的，主持考核的计量行政部门通知申请单位，说明不合格的原因，并退回有关申请资料。

四、计量标准的复查考核

计量标准复查考核是对建立的计量标准经过首次考核合格后，持续保证测量能力的技术评定。《计量标准考核证书》有效期满前6个月，建标单位应当向主持考核的计量行政部门申请计量标准复查。超过《计量标准考核证书》有效期，仍需继续开展量值传递工作的，应当按新建计量标准申请考核。

（一）计量标准复查前的准备

为保证计量标准处于正常工作状态，并为计量标准复查提供技术依据，建标单位应做好以下工作：

（1）保证计量标准器及主要配套设备的连续、有效溯源；

（2）按规定进行计量标准的重复性试验；

（3）按规定进行计量标准的稳定性考核；

（4）及时更新计量标准文件集中的有关文件。

（二）计量标准复查的申请

申请复查考核的计量标准，申请复查单位应当向主持考核的计量行政部门（原发证单位）提供以下技术资料：

（1）《计量标准考核（复查）申请书》原件和电子版各一份；

（2）《计量标准考核证书》原件一份；

（3）《计量标准技术报告》原件一份；

（4）《计量标准考核证书》有效期内计量标准器及主要配套设备的连续、有效检定或校准证书复印件一套；

（5）随机抽取的该计量标准近期开展检定或校准工作的原始记录及相应的检定或校准证书复印件两套；

（6）《计量标准考核证书》有效期内连续的《计量标准重复性试验记录》复印件一份；

（7）《计量标准考核证书》有效期内连续的《计量标准稳定性考核记录》复印件一份；

（8）检定或校准人员资格证明复印件一份；

（9）《计量标准更换申请表》（如果适用）复印件一份；

(10)《计量标准封存(或撤销)申报表》(如果适用)复印件一份;

(11)可以证明计量标准具有相应测量能力的其他技术资料。

第五节　计量标准考核后的运行管理

一、计量标准的批准使用

计量标准经计量标准考核合格,发放《计量标准考核证书》后,应当按照计量标准的性质、任务及开展量值传递的范围,办理计量标准批准使用手续。

(1)属于政府计量行政部门组织建立的计量标准,应当办理《社会公用计量标准证书》,向社会开展量值传递;

(2)属部门最高计量标准的,由主管部门批准,在本部门内部开展非强制计量检定;

(3)属企事业单位最高计量标准的,应由企事业单位计量主管领导批准,并向主管部门备案,仅在本单位内部开展非强制计量检定。

经考核合格的计量标准如果需要对社会开展强制计量检定、非强制检定、校准的,或者需要对部门、企事业内部执行强制检定的,可以向有关政府计量行政部门申请计量授权。经授权考核合格的,由受理申请的政府计量行政部门批准,颁发相应的计量授权证书和计量检定专用章。计量授权期限由政府计量行政部门确定,最长不得超过 5 年。计量标准考核证书有效期为 4 年,取得计量授权后,一定要注意两种证书的有效时间,一旦计量标准证书失效,将连带计量授权作废。被授权单位可在有效期满前 6 个月提出继续承担授权任务的申请,有关政府计量行政部门根据需要和授权申请组织复查,经复查合格的,可以延长授权有效期,继续承担强制检定计量授权任务。

二、计量标准考核后的运行

为保证计量标准正常运行,计量标准考核后,应注意下面几项工作:

(1)计量标准要指定专人负责,更换负责人时应将移交情况及时记载在计量标准履历书中。

(2)计量标准技术档案应当实施动态管理,随时将计量标准的变动信息、资料记入档案。

(3)为保证计量标准的可靠性,每年至少做一次计量标准测量重复性考核。当测量重复性不符合要求时,要查找原因,予以排除。

(4)为保证计量标准的准确性，每年至少做一次计量标准稳定性考核。当稳定性不符合要求时，要停止检定工作，查找原因，予以排除，必要时应追溯前一段的检定工作。

(5)积极参加计量标准比对，特别是上级部门组织的比对。有条件的话，每年可自行组织一次同级计量标准的比对。

(6)计量标准器及配套设备的溯源应制订周期检定计划，绘制出量值传递/溯源框图，并组织有效实施。

(7)当需要时，应制定计量标准期间核查程序并按规定执行。利用期间核查，维持计量标准器及配套设备检定或校准状态的可信度。

(8)计量标准器及配套设备如果出现过载或处置不当、给出可疑结果、已显示缺陷、超出规定限度等情况时，均应停止使用。恢复正常后，经重新检定或校准合格后再投入使用。

(9)应使用标签、编码或其他标识表明计量标准器及配套设备的检定或校准的确认状态，包括上次检定或校准的确认日期和再检定或校准的确认日期或失效的日期。

(10)当计量标准器及配套设备失去直接或者持续控制时，计量标准器及配套设备在使用前应对其功能和检定或校准的确认状态进行核查，满足要求后方可投入使用。

(11)计量标准器及配套设备检定或校准后产生了一组修正因子时，应确保其所有备份得到及时、正确的更新。

(12)当计量标准设施和环境条件超出允许范围，对检定或校准结果影响重大时，应停止检定或校准工作。

三、计量标准考核后的管理

为保证计量标准考核工作质量，加强考核后的监督，计量标准考核合格后，应当持续保证计量标准的溯源性和计量特性。对计量标准的更换、改造、封存与撤销，应当按照需要实施动态管理，按照 JJF 1033《计量标准考核规范》的规定，及时向原主持考核的政府计量行政部门申报，并履行有关手续。

(一)计量标准的增加和更换

《计量标准考核证书》有效期内，不论何种原因，增加或更换计量标准器或主要配套设备，均应向原主持考核的计量行政部门申报并履行手续。计量标准的增加或更换的管理分下面三种情况处理：

(1)增加或更换计量标准器或主要配套设备后，不扩展计量标准的测量范围、不提高测量不确定度或准确度等级或最大允许误差、不增加开展的检定或校准项目的，只需要填写《计量标准更换申报表》，并提供增加或更换后的计量标准器或配套设备有效检定证书或校准证书复印件一份，报主持考核的计量行政部门审核批准，不必重新考核。

(2)增加或更换计量标准器或主要配套设备后，不提高测量不确定度或准确度等级或最大允许误差，但是扩展其测量范围或增加开展的检定或校准项目的，应申请计量标准复查。

(3)增加或更换计量标准器或主要配套设备后，提高测量不确定度或准确度等级或最大允许误差的，应按新建计量标准重新申请考核。

（二）计量标准改造

随着计量技术的进步与发展，需要对某些计量标准进行改造。在改造过程中有些需要中断量值传递的，应到组织建立计量标准的计量行政部门或者行业主管部门办理计量标准改造申请手续，相关管理部门在安排妥当了量值传递事宜后作出同意改造的决定，暂时停止工作，办理计量标准封存手续。计量标准改造完成后，经过计量性能测量验证，能够确认计量标准计量特性的，应按新建计量标准重新申请考核，考核合格后办理批准使用手续，恢复使用。

（三）计量标准的封存与撤销

1. 计量标准的封存

计量标准在有效期内，因计量标准器或主要配套设备发生问题，不能继续开展检定或校准工作，或者因为工作关系，如无工作任务等，需要暂时封存的，申请单位应填写《计量标准封存（或撤销）申报表》一式三份，报主管部门审批。主管部门同意封存的，应在《计量标准封存（或撤销）申报表》的主管部门意见栏中签署意见，加盖公章。主管部门审批后，申请单位将《计量标准封存（或撤销）申报表》一式三份和《计量标准考核证书》原件一并报主持考核的计量行政部门办理封存手续。封存的计量标准由主持考核的计量行政部门在《计量标准考核证书》上加盖“暂时封存”印章。

封存的计量标准需要重新开展工作时，如《计量标准考核证书》在有效期内，建标单位应向主持考核的计量行政部门申请计量标准复查考核；如《计量标准考核证书》超过了有效期，建标单位则应按新建计量标准向主持考核单位申请建标考核。

2. 计量标准的撤销

计量标准在有效期内，因计量标准器或主要配套设备发生问题，不能继续开展检定或校准工作，或者因为工作关系，如无工作任务等，需要撤销的，申请单位应填写《计量标准封存（或撤销）申报表》一式三份，报主管部门审批。主管部门同意撤销的，应在《计量标准封存（或撤销）申报表》的主管部门意见栏中签署意见，加盖公章。主管部门审批后，申请单位将《计量标准封存（或撤销）申报表》一式三份和《计量标准考核证书》原件一并报主持考核的计量行政部门办理撤销手续。撤销的计量标准由主持考核的计量行政部门收回《计量标准考核证书》。申请单位、主管部门、主持考核单位各留一份《计量标准封存（或撤销）申报表》存档。如主持考核单位与主管部门为同一计量行政部门，申请单位填写《计量标准封存（或撤销）申报表》一式两份即可。对于被撤销的计量标准，组织建立该标准的计量行政部门应当做好善后事宜，如向社会公告被撤销计量标准名称，安排好该项目的量值传递单位，等等。

（四）次级计量标准的管理

政府计量行政部门建立的各种等级计量标准都是社会公用计量标准，必须按照国家质检总局〔2004〕第72号令《计量标准考核办法》的要求，申报计量标准考核，履行相应手续，合理合法地开展量值传递工作。

对于部门、企事业单位建立的次级计量标准，可以借鉴国家对部门、企事业单位最高计量标准的管理方式、方法、内容、要求，在保证计量标准技术能力，确保计量数据准确可靠的原则下，制定执行次级计量标准的考核、发证、管理办法。企业次级计量标准建立的数量和准确度等级，由企业根据自身生产管理活动中计量溯源的需要确定，次级计量标准也应该纳入企业的计量管理体系中，依据其在企业内计量活动中的重要程度，按照《测量设备的 ABC 分类管理原则》分类定位实行自主管理。

第六节　计量标准的监督

计量标准的监督方式主要有上级计量行政部门对下级计量行政部门计量标准管理工作的监督、组织考核的计量行政部门对承担考核单位和考评员考核情况的监督、主持考核的计量行政部门对所建立计量标准的运行使用状况的监督、主管部门对所建立计量标准的管理监督，以及申请考核单位对计量标准考核过程工作质量的监督，多种监督方式形成了较为完善的监督机制。

计量标准监督的目的是进一步保证计量标准考核工作质量，保证计量标准能够正常运行，保证量值的统一、准确、可靠。计量标准的监督包括行政监督和技术监督。

一、行政监督

(1)上级计量行政部门应当有计划、有组织地对下一级计量行政部门的计量标准考核和管理工作进行监督检查。

(2)组织考核的计量行政部门可通过多种形式对承担考核单位的考核工作进行监督，需要时，组织考核的计量行政部门可以派员去现场观察计量标准现场考核情况。

(3)主持考核的计量行政部门可以组织对计量标准进行监督检查，对不合格的计量标准予以通报并限期整改，整改后仍不合格的，主持考核的计量行政部门应办理撤销计量标准的有关手续，收回《计量标准考核证书》。

(4)主管部门有责任和义务对组织建立的计量标准实施监督管理。

(5)组织考核的计量行政部门对承担考核单位及考评员的监督，主要指计量标准考评员在现场考核中是否认真执行计量标准考核规范的规定。为了保证和提高计量标准考核工作质量，实行现场考核意见回馈制度。执行现场考核时，计量标准考评员应当将“考评意见表”交给被考核单位，被考核单位按要求填写后，直接寄给政府计量行政部门。

(6)被考核单位或有关单位对计量标准考核工作有什么异议，可向上级计量行政部门申诉或反映。

二、技术监督

主持考核的计量行政部门应当采用量值比对、盲样检测和测量过程控制等方式，对处在《计量标准考核证书》有效期内的计量标准进行技术监督。凡是建立了相应计量标准的单位，应当积极主动参加主持考核的计量行政部门组织的技术监督活动。不参加或者参加不合格的，予以通报并限期整改。建标单位应将整改的情况报主持考核的计量行政部门，整改后仍不合格的，由主持考核的计量行政部门注销其《计量标准考核证书》。

有关主管部门也应对所管理的计量标准实施监督，采用的监督手段与模式可以自行确定。主持考核的计量行政部门或有关主管部门应采取不同方式进行监督，原则上一个考核有效期内，应组织安排一次。

第八章　计量检定人员的管理

现代管理学认为，人是组织之本，人是实现组织目标的直接动力。在各类管理活动中，人力资源都是一个最基本的构成要素，重视人员的管理，应当成为一个组织永恒的主题。计量管理也是如此。为提高计量活动的有效性，深入开展计量管理，确保各类计量检测数据的准确可靠，应重视计量人员的配备、人员素质的提高、人员知识技能的培训及人员的资质管理，以满足计量工作的需要。

第一节　我国的计量检定人员管理制度

我国的计量检定人员管理制度是根据《计量法》及其实施细则、《计量检定人员管理办法》和《计量检定员考核规则》建立的。它包含了计量检定人员的管理体制、适用范围、分类、任务、职责、权利、义务、法律责任以及计量检定员考核、计量检定员资格核准等一系列规定。《计量法》第二十条明确规定：执行计量检定任务的人员，必须经考核合格。《计量检定人员管理办法》第四条规定：计量检定人员从事计量检定活动，必须具备相应的条件，并经质量技术监督部门核准，取得计量检定员资格。

一、计量检定人员的基本概念

（一）计量检定人员的定义

计量检定人员是指各级政府计量行政部门、各有关部门及各企事业单位所属的计量检定机构中经过考核合格、持有计量检定证件，使用、维护国家计量基准、计量标准进行量值传递，执行强制检定和其他检定、校准、测试任务的人员。

（二）计量检定人员的分类

1. 法定计量检定机构的计量检定人员

政府计量行政部门依法设置的计量技术机构中从事计量检定、计量校准工作的人员。

2. 授权计量技术机构的计量检定人员

部门或企事业单位的计量机构中,经政府计量行政部门授权在某区域内从事某项计量专业检定、计量校准工作的人员。

3. 部门或企事业单位的计量检定人员

在部门或企事业单位中,从事计量检定、计量校准工作的人员。

(三)计量检定人员的任务和职责

1. 计量检定人员的任务

计量检定人员应为实施计量监督,发展生产、贸易和科学技术以及保护人民健康和生命、财产安全提供准确可靠的检定数据。

2. 计量检定人员的职责

(1)正确使用计量基准、计量标准,并负责维护、保养,使其保持良好的技术状况;

(2)按照计量技术法规的规定进行计量检定工作;

(3)保证计量检定原始数据及有关技术资料的真实和完整;

(4)遵守和执行法律法规的各项规定,坚持原则,恪守职业道德,保守客户的技术秘密和商业秘密;

(5)承办政府计量行政部门委托的有关任务。

计量检定人员必须履行自己的职责,依法做好检定工作。在工作过程中,应做到有法必依,认真执行计量检定规程,不得使用未经考核合格的计量标准开展检定,不得徇私舞弊、伪造检定数据或出具错误数据。违法失职的要依法承担法律责任。

(四)计量检定人员的权利

计量检定人员依法执行计量检定任务受法律保护,并有权使用依法执行计量检定任务所需要的设施和获得相关技术文件。计量检定人员出具的检定数据,可以用于量值传递、计量认证、技术考核、裁决计量纠纷和实施计量监督,具有法律效力。

计量检定人员有权拒绝任何单位和个人违反有关法律法规规定的要求,迫使其违反计量技术法规,使用未经考核合格的计量标准,或者使用未按规定溯源的计量标准器具,进行计量检定。以暴力或威胁的方法阻碍计量检定人员依法执行任务的,有关单位可以提请司法部门追究法律责任。

(五)计量检定人员的法律责任

计量检定人员有下列行为之一的,给予行政处分或行政处罚;构成犯罪的,依法追究刑事责任:

(1)伪造计量检定数据的;

(2)出具错误数据,给申请计量检定方造成损失的;

(3)违反计量技术法规,进行计量检定的;

(4)使用未经考核合格的计量标准,或者使用未按规定溯源的计量标准器具,开展计量检定的;

(5)未取得《计量检定员证》或未取得注册计量师资格证书和计量行政部门颁发的相应项目的注册证件,执行计量检定工作的;

(6)变造、倒卖、出租、出借或者以其他方式非法转让《计量检定员证》或《注册计量师注册证》的。

二、计量检定人员的考核

国家质量监督检验检疫总局为进一步加强计量检定人员考核的管理工作，根据《计量法》及其实施细则、《计量检定人员管理办法》等法律、行政法规、规章的规定，修订了《计量检定员考核规则》，2012 年 8 月 16 日以 2012 年第 123 号公告予以发布，自 2012 年 10 月 1 日起施行，1991 年 8 月 1 日原国家技术监督局发布的《全国计量检定人员考核规则》同时废止。

（一）计量检定人员考核申请

1. 申请人的基本条件

（1）具有中专（高中）或相当于中专（高中）毕业以上文化程度；

（2）连续从事计量专业技术工作满一年，并具有 6 个月以上本项目工作经历；

（3）具备相应计量法律法规和计量基础知识，以及计量专业知识；

（4）能熟练地掌握所从事计量检定项目的有关知识、计量技术法规和操作技能。

2. 申请计量检定员考核需要提交的材料

（1）计量检定员考核申请表一份，本人填写，经所在单位审核后汇总上报组织考核的计量行政部门。

（2）首次申请计量检定员考核需提交本人 1 寸证件照片 3 张及身份证、学历证明复印件一份。

（3）增项和复核人员需提交《计量检定员证》原件。

（二）计量检定人员免考规定

取得注册计量师资格和计量标准考评员资格的人员，可以免考计量基础知识。

研制计量标准的主要技术人员、计量检定规程或国家计量校准规范的主要起草人，若需从事相应计量专业项目的检定工作，可以免考相应计量专业项目知识和计量检定操作技能。

（三）计量检定人员的考核组织

计量行政主管部门可以根据实施考核工作的需要，自行组织实施计量检定员考核工作，或者指定具有相应管理能力的计量组织（机构）组织实施计量检定员考核工作。计量行政主管部门应当对指定的计量组织（机构）所组织实施的计量检定员考核工作进行监督检查。

负责组织实施计量检定员考核工作的计量行政主管部门或其指定的计量组织（机构）称为组织考核单位。

企业或者事业单位的计量检定人员由其主管部门组织考核。若主管部门组织考核有困难，可委托当地政府计量行政部门指定的组织考核单位进行计量检定员考核；承担计量授权任务的计量检定人员由实施计量授权的计量行政部门指定的组织考核单位进行计量检定员考核。

(四)计量检定人员考核内容及方法

按计量基础知识、计量专业项目知识、计量检定操作技能三部分内容分别考核。由于计量检定专业有十大计量之分,执行的计量检定规程和校准规范有两千多种,计量检定人员申请获取的专业项目知识背景差异较大,这三部分内容一般分为三个阶段进行考核。

1. 计量基础知识

内容包含以下两个方面:

(1)计量法律法规:计量法律、法规、规章;

(2)计量基础理论:计量概论,法定计量单位,数据处理及测量不确定度的评定与表示等内容。

计量基础知识作为各专业统考的计量通用知识单独组成一门理论考核科目,通常称为计量基础知识的理论考试。计量基础知识科目的命题、审核和阅卷,应当聘请有关专家承担。

计量基础知识考试为闭卷笔试,考试时间为120分钟;按百分制评分,60分为及格。

2. 计量专业项目知识

内容包含:相应专业基础理论知识、专业项目知识,相应专业计量基准、计量标准和被检定对象的原理、使用、维护、常见故障处理、维修,专业项目误差理论及应用、数据分析、项目测量不确定度评定,计量技术法规(相应的国家计量检定系统、计量检定规程或校准技术规范、检测规范),检定要求及进行计量检定的必备知识等。

计量专业项目理论知识,分项目进行考核,科目的命题、审核和阅卷,应当聘请具有本计量专业项目考评资格的计量标准考评员承担;没有计量标准考评员的计量专业项目,可以聘请从事本计量专业项目5年以上,并取得工程师以上职称,且具有相应能力的计量技术专家承担。

计量专业项目知识的考试为闭卷笔试,每科目的考试时间为120分钟;按百分制评分,60分为及格。

3. 计量检定操作技能

(1)检定或校准相应计量器具全过程操作;

(2)检定或校准结果的数据处理;

(3)出具检定或校准证书、标注检定印。

计量检定操作技能考核是对计量人员的实际工作能力的考察,每项计量检定实际操作技能的考核由主考人承担。计量检定操作技能科目的考试,应当聘请2名从事本计量专业项目5年以上且具有工程师以上职称的专家作为主考人,其中至少一名为本计量专业项目的计量标准考评员;没有本计量专业项目的计量标准考评员时,可以聘请相近计量专业项目的计量标准考评员作为主考人。计量检定操作技能考试应当在满足相应计量技术法规规定的条件下进行。

计量检定操作技能科目的考试按百分制评分,70分为及格。

计量基础知识、计量专业项目知识和计量检定操作技能三部分考核中,两项理论知识考核和计量检定操作技能考核中有一项不及格,即为考核不合格。计量基础知识和计量专业项目知识及计量检定操作技能考核成绩两年内有效。

申请考核的计量专业项目类别（含专业、项目、子项目、计量检定规程或规范名称及编号），应当按照国家质量监督检验检疫总局颁布的《国家计量专业项目分类表》确定。

首次申请计量检定员考核的人员，应当参加计量基础知识、相应计量专业项目知识和计量检定操作技能三个科目的考试。

已经取得《计量检定员证》，需要增加计量专业项目的人员，应当参加相应计量专业项目知识和计量检定操作技能两个科目的考试。

《计量检定员证》有效期届满，需要继续从事计量检定活动的人员，应当提前向组织考核单位申请参加计量基础知识或者专业项目知识等科目的复查考核。

计量检定人员复查考核的科目由负责考核的机构确定。复查考核旨在通过加强继续教育，增强计量检定员法制计量意识，提高计量专业理论水平和专业实务处理技术能力。在检定员证有效期内，如果专业项目的计量检定规程和国家计量校准规范发生变更，计量检定员应当参加相应计量检定规程和国家计量校准规范的宣贯学习，取得培训合格证明。该证明也是申请计量检定资格复查延期的有效文件。将计量检定人员的复查考核与计量技术法规的宣贯有机结合是一种比较理想的管理形式。如果专业项目的计量检定规程和国家计量校准规范没有修订变更的，应当参加计量基础知识的考核。

计量检定人员的考核原则上采取培训与考核相分离的方式，计量检定人员的考核以自学为主，有关机构组织的辅导培训自愿参加。开展计量检定人员培训有关机构组织的资格由当地计量行政部门认定。

三、《计量检定员证》的办理

在《计量检定人员管理办法》中规定，申请计量检定员资格的人员应当具备计量检定人员条件并且经有关组织考核单位依照计量检定员考核规则等要求考核合格，完成了必要的理论和操作技能考核后，可持考核成绩单到相应的计量行政部门申请办理《计量检定员证》，这个环节通常称为计量检定员资格申请。

（一）申请计量检定员资格应当提交的材料

申请计量检定员资格应当提交的材料有：

（1）计量检定员资格申请书；

（2）考核合格证明。

计量理论知识考核与计量检定实际操作技能考核均合格后，可持计量检定员资格申请书和考核合格证明，到受理申请的计量行政部门申请办理《计量检定员证》。

（二）计量检定人员证书的分类

计量检定人员证书分两类：一种为各级法定计量检定机构、计量授权技术机构检定人员使用的，加盖有国家质量监督检验检疫总局行政印章，用于政府计量行政部门依法设置的或者授权的计量技术机构中从事量值传递和计量技术工作的计量检定人员的证件。第二类为供部门、企事业单位从事计量检定人员使用的，要求加盖其主管部门行政印章，用于承担本部门、本单位的计量技术机构中从事量值传递和计量技术工作的计量检定人员证。

（三）计量检定员资格申请程序

计量检定员资格申请应当按照规定向其主管的计量行政部门提出申请，计量行政部门应当及时作出是否受理申请的决定；申请材料不齐全或者不符合法定形式的，应当场或者5日内一次告知申请人需要补正的全部内容。

受理申请的计量行政部门应当自受理申请之日起20日内完成审查，并作出是否核准的决定。作出核准决定的，应当自作出决定之日起10日内向申请人颁发《计量检定员证》；作出不予核准决定的，应当书面告知申请人，并说明理由。

计量检定员从事新的检定项目，应当另行申请新增项目考核和许可。

（四）计量检定员证书的有效期

《计量检定员证》有效期为五年，《计量检定员证》中超过有效期的计量检定项目自动失效，《计量检定员证》中所有的计量检定项目超过有效期，《计量检定员证》自动失效。

注册计量师资格制度实施前，已经取得政府计量行政部门颁发的计量检定员证件的计量检定人员，在《计量检定员证》期满前，仍然可以从事相关计量检定工作。但在《计量检定员证》期满前应当考取注册计量师资格证书，方可继续从事计量检定工作。

（五）计量检定员证件的复核延期

计量检定员证件有效期届满，需要继续从事计量检定活动的，应当提前向组织考核单位申请参加计量基础知识或者计量专业项目知识等科目的复查考核。在有效期届满3个月前，向原颁发《计量检定员证》的计量行政部门或者主管部门提出复核延期申请。

有效期届满的计量检定员提交其有效科目的考核合格证明，有效期延续5年，由受理复查的计量行政部门进行确认、签章、备案。

（六）计量检定人员注册取证后的监督管理

各计量行政部门和有关主管部门应及时注销已调离计量检定岗位或从计量检定岗位退休人员的计量检定证件，每年应对持证人员进行核准注册并登记备案。将当年在岗、新增、复查等持证人员和注销人员等情况汇总后，报当地省级计量行政部门备案、统计、上报。

1. 变更

获证的计量检定人员，如果工作单位发生变化，需经过现在工作单位同意后提出申请，并出具变更的相关证明材料，由现在工作单位的计量行政主管部门进行审查、批准，同意的换发新的《计量检定员证》。

2. 增项

计量检定人员从事新项目，需要增项，应首先通过计量行政部门组织的新增项目的专业理论知识和实际操作技能的考试，两项考试合格后才能提出增项申请，经审查、批准，同意的由计量行政部门在原《计量检定员证》上增加考核的专业项目。

3. 返聘

计量检定人员退休后，被计量技术机构聘任继续从事计量检定、计量校准、计量检测工作的，不宜超过65周岁。计量检定人员退休后，仍留在本单位继续从事持证项目工作的，原证件有效，到期复核；如被聘任到其他单位，按更换工作单位处理。

4. 信息管理

各计量行政主管部门应将检定人员取证、免试、增项、复核、注销情况予以登记造册，建立人员信息管理库，及时注销从计量检定岗位调离、退休人员的计量检定证件。

在办理计量检定人员项目备案、增项考核、项目免试、复核换证等核准手续时，需提交相关计量检定人员的信息管理一览表。

第二节　注册计量师制度

一、职业资格证书制度

职业准入制度，是我国劳动人事管理体系中人才评价制度与国际接轨的举措，我国职业准入制度目前已初步确立，职业资格证书已经被社会各界接受，成为人们择业的“通行证”。如注册建筑师、执业药师、房地产估价师、拍卖师、珠宝玉石质量检验师、注册税务师、假肢与矫形器制作师、企业法律顾问、矿产资源储量评估师、价格鉴证师、棉花质量检验师、注册质量师、房地产经纪人等职业资格证书制度。此外，依照有关法律，国家还推行了注册会计师、执业医师和律师等资格制度。今后，我国将在许多专业领域加快实施职业资格特别是执业资格制度，并逐步实现与世界各国进行执业资格互认，建立与国际接轨的完整的执业资格制度体系。

二、注册计量师制度概述

为加强计量专业技术人员管理，提高计量专业技术人员素质，保障国家量值传递的准确可靠，根据《计量法》和国家职业资格证书制度有关规定，国家对从事计量技术工作的专业技术人员，实行职业准入制度，纳入全国专业技术人员职业资格证书制度统一规划，注册计量师执业资格制度从 2006 年 6 月 1 日起正式实施。

注册计量师是指经考试取得相应级别注册计量师资格证书，并依法注册后，从事规定范围计量技术工作的专业技术人员。注册计量师分一级注册计量师和二级注册计量师。今后，凡从事计量法律法规所规定计量专业的技术人员，必须取得注册计量师资格。

国家人力资源和社会保障部、国家质量监督检验检疫总局共同负责注册计量师制度工作，并按职责分工对该制度的实施进行指导、监督和检查。

三、注册计量师制度和计量检定员制度的区别

注册计量师制度是原计量检定员制度的继承、发展和创新,它不同于原计量检定员制度,也不同于工程技术人员技术职务职称制度。随着社会主义市场经济的发展和注册计量师制度的推出,计量检定人员的管理模式也将发生相应的变化。为保证计量检定人员管理模式的平稳过渡和注册计量师制度推进工作的正常进行,国家质量监督检验检疫总局将会同国家人力资源和社会保障部及时制定实施配套的文件和具体规定,指导、组织各省、自治区、直辖市计量行政部门和有关单位有序地实施注册计量师制度。

取得注册计量师资格证书,并符合《工程技术人员职务试行条例》中工程师、助理工程师、工程技术员专业技术职务任职条件的人员,用人单位可根据工作需要择优聘任相应专业技术职务。其中,取得一级注册计量师资格证书,可聘任工程师职务;取得二级注册计量师资格证书,可聘任助理工程师职务或工程技术员职务。

四、注册计量师的职业准入考试与考核

注册计量师的职业准入考试与考核包括注册计量师资格考试和计量专业项目考核两部分。

(一)注册计量师资格考试

注册计量师资格考试实行全国统一大纲、统一命题的考试制度,原则上每年举行一次。

一级注册计量师资格考试由国家统一组织实施,考核合格者由国家颁发一级注册计量师资格证书,该证书在全国范围内有效;二级注册计量师资格考试由各省按照相关要求组织实施,考核合格者由相应省、自治区、直辖市颁发国家统一规定的二级注册计量师资格证书。

一级注册计量师资格考试设计量法律法规及综合知识、测量数据处理与计量专业实务、计量专业案例分析 3 个科目。考试分 3 个半天进行。计量法律法规及综合知识和测量数据处理与计量专业实务科目的考试时间均为 2.5 小时,计量专业案例分析科目的考试时间为 3 小时。

二级注册计量师资格考试设计量法律法规及综合知识和计量专业实务与案例分析 2 个科目。各科目考试时间均为 2.5 小时,分 2 个半天进行。

参加注册计量师资格各科目考试的人员,必须在 1 个考试年度内通过全部应试科目,方可获得相应级别资格证书。《注册计量师资格考试实施办法》对注册计量师资格考试的相关内容、条件、组织、程序及要求等予以了规定。

(二)计量专业项目考核

申请注册计量师的人员在获得注册计量师的资格证书后,还需向相关计量行政部门申请项目注册,注册前需达到相应计量专业项目考核合格的要求或者具有省级以上计量行政部门核发的《计量检定员证》。

申请考核的计量专业项目类别按照国家质量监督检验检疫总局发布的《国家计量专业项目分类表》确定。计量专业项目考核工作由负责注册审批的计量行政部门组织，指定具有相应能力的计量组织机构承办计量专业项目的考核。

计量专业项目考核包括计量专业项目操作技能考核及计量专业项目知识考核。计量专业项目操作技能包括相应计量器具检定或校准全过程的实际操作、计量检定或校准结果的数据处理和计量检定或校准证书的出具等，计量专业项目知识包括专业基础知识、相应计量专业项目的计量技术法规、相应计量标准的工作原理以及使用维护等知识。

计量专业项目操作技能考核和计量专业项目知识考核分别按百分制评分，其中计量专业项目操作技能考核 70 分为及格，计量专业项目知识考核 60 分为及格。计量专业项目考核合格证明有效期为 2 年。

五、注册计量师的注册

国家对注册计量师资格实行注册执业管理，取得注册计量师资格证书的人员，经过注册后方可以相应级别注册计量师名义执业。

国家质量监督检验检疫总局为一级注册计量师资格的注册审批机关。各省、自治区、直辖市质量技术监督局为二级注册计量师资格的注册审批机关，并负责本省内一级注册计量师资格的注册审查工作。

取得注册计量师资格证书并申请注册的人员，应当受聘于一个经批准或授权的计量技术机构，并通过聘用单位报本单位所在地（聘用单位属企业的通过本单位工商注册所在地）的计量行政部门，向省级计量行政部门提出注册申请。

对批准注册的申请人，审批机关核发相应级别的《中华人民共和国注册计量师注册证》（以下简称《注册证》）。《注册证》每一注册有效期为 3 年。《注册证》在有效期限内是注册计量师的执业凭证，由注册计量师本人保管和使用。

注册包括初始注册、延续注册和变更注册。在《注册计量师注册管理暂行规定》中对注册计量师注册的组织、注册条件、注册的申请、受理和批准注册程序、监督管理及要求等予以了规定。

申请注册计量师项目注册时，需提交计量行政部门颁发的计量专业项目考核合格证明，或者提交省级以上计量行政部门核发的《计量检定员证》。对已取得计量行政部门颁发的《计量检定员证》的人员，持有效《计量检定员证》申请注册计量师专业项目注册的，不需要重复进行专业项目考核。

在注册有效期内，注册计量师变更专业类别或执业单位的，应当按规定的程序办理变更注册手续。变更注册后，其注册证件在原注册有效期内继续有效。

六、注册计量师的执业

取得了专业项目确认的注册计量师，持注册计量师资格证书和注明了允许执业的专业项目名称、证件发放日期和有效期的《注册证》，在聘用单位计量资质规定的业务范围和本人注册的专业范围内，从事规定执业项目的计量技术工作。

注册计量师需要增加新的执业项目时，另行申请新增项目的扩项考核及专业项目的确认注册。

（一）对注册计量师的执业要求

（1）注册计量师依据国家计量法律法规的规定，开展相应专业的执业活动。

（2）各级注册计量师只能在聘用单位计量技术工作资质规定的业务范围和本人注册的专业范围内，履行相应岗位职责。

（3）一级注册计量师执业范围：进行计量基准、计量标准器具的校准，以及其他计量技术工作，出具计量技术报告；指导、检查同一专业项目二级注册计量师开展工作。

（4）二级注册计量师执业范围：除计量基准、计量标准器具校准外的其他计量技术工作，出具相应计量技术报告。

（二）一级注册计量师应当具备的执业能力

（1）熟悉国家计量法律、法规、规章及相关法律规定，有较丰富的计量技术工作经验；

（2）了解国际相关标准或技术规范，掌握计量技术发展前沿情况，具有独立解决本专业复杂、疑难技术问题的能力；

（3）熟练运用本专业计量技术法规，使用相关计量基准、计量标准，完成量值传递等技术工作，正确进行测量不确定度分析与评定，出具的计量技术报告准确无误；

（4）具有较强的本专业计量技术课题研究能力，能够应用新技术成果，指导本专业二级注册计量师工作。

（三）二级注册计量师应当具备的执业能力

（1）熟悉国家计量法律、法规、规章及相关法律规定，有一定的计量技术工作经验；

（2）运用本专业计量技术法规和使用相关计量基准、计量标准，较好地完成本专业量值传递（计量基准、计量标准器具校准除外）等技术工作；

（3）出具本专业计量技术报告（计量基准、计量标准器具校准除外）。

计量技术工作中形成的计量技术报告，由相应级别注册计量师签字盖章后方可生效，并承担相关法律责任。

因注册计量师出具的计量技术报告不符合国家有关法律、法规、规章和技术规范造成经济损失的，由聘用单位承担赔偿责任。聘用单位可向承担相应责任的注册计量师追偿。

七、注册计量师的权利和义务

（一）注册计量师享有的权利

（1）使用本专业相应级别注册计量师称谓；

（2）依据国家计量技术法律、法规和规章，在规定范围内从事计量技术工作，履行相应岗位职责；

（3）接受继续教育；

（4）获得与执业责任相应的劳动报酬；

（5）对不符合规定的计量技术行为提出异议，并向上级部门或注册审批机构报告；

(6)对侵犯本人权利的行为进行申诉。

(二)注册计量师应当履行的义务

(1)遵守法律、法规和有关管理规定,恪守职业道德;

(2)执行计量法律、法规、规章及有关技术规范;

(3)保证计量技术工作的真实、可靠,以及原始数据和有关资料的准确、完整,并承担相应责任;

(4)在本人完成的计量技术工作相关文件上签字;

(5)不得准许他人以本人名义执业;

(6)严格保守在计量技术工作中知悉的国家秘密和他人的商业、技术秘密;

(7)接受继续教育,提高计量技术工作水准。

第九章　计量检定机构的管理与考核

第一节　计量检定机构概述

一、计量检定机构的概念

《计量法》规定，计量检定机构是指承担计量检定工作的有关技术机构。计量检定机构按照其职责及法律地位的不同，可以分为法定计量检定机构和一般计量检定机构。法定计量检定机构是指县级以上人民政府计量行政部门依法设置的计量检定机构或者授权承担指定专业性、区域性计量检定任务的计量技术机构，一般计量检定机构是指其他部门或企事业单位根据需要建立的计量检定机构。

二、法定计量检定机构

法定计量检定机构是政府计量行政部门依法设置或者授权建立并经政府计量行政部门组织考核合格的，为政府计量行政部门实施计量监督提供技术保证，并为国民经济和社会生活提供技术服务的计量技术机构。

（一）法定计量检定机构的特点

（1）拥有雄厚的技术实力。国家各级法定计量检定机构，要为社会主义现代化建设服务，为工农业生产、国防建设、科学实验、国内外贸易以及人民的健康、安全提供计量保证，要为计量管理监督活动提供技术支持，就要配置现代计量技术装备，拥有相当的技术实力。

（2）坚持公正的地位。法定计量检定机构是各级政府为了实施计量行政管理建立的第三方计量技术机构，依法行政的根基在于公正、公平、公开。作为法定计量技术机构，必须坚持独立于当事人之外的第三者的立场，不能受当事人任何一方制约，不允许有丝毫徇私枉法的行为，包括经济利益或其他关系而影响自己的形象。

（3）遵守非盈利的原则。在国家事业机构序列中，法定计量检定机构是社会公益类事业单位，为政府计量行政部门实施计量监督提供技术保证。法定计量检定机构的经费分别列入各级政府财政预算，收取的计量检定费纳入政府财政预算内管理，收费要按照国家规定进行，不准随意或变相提高收费标准。法定计量检定机构不应是盈利单位，不能靠赚钱来发展业务和实施监督，不宜从事任何生产、经营性活动，不应是开发性机构，不应参与外单位的经济活动。在机构的业务活动中必须遵守非盈利的原则。

(二)法定计量检定机构的职责

法定计量检定机构根据计量行政部门授权履行下列职责：

(1)研究、建立计量基准或者社会公用计量标准；

(2)承担授权范围内的量值传递，执行强制检定和法律规定的其他检定、测试任务；

(3)开展校准工作；

(4)研究起草计量检定规程、计量技术规范；

(5)承办有关计量监督中的技术性工作。

三、专业计量检定机构

专业计量站是承担授权的专业计量检定、测试任务的法定计量检定机构，是法定计量检定机构的一个重要组成部分。

自 1975 年至今，我国已建立了 18 个国家专业计量站和 34 个分站，各地政府计量行政部门也授权建立了一批地方专业计量站。这些专业计量技术机构在特殊专业项目的量值传递以及确保计量单位量值统一方面起到了积极作用。

建立专业计量检定机构应遵循统筹规划、方便生产、利于管理、择优选定的原则。在授权项目上，一般应选定专业性强、跨部门使用、急需统一量值而各级政府计量行政部门所属的法定计量检定机构暂时不准备开展或不具备条件开展的专业项目。因为这些专业项目的计量器具主要是少数部门使用，而且建立这些特殊专业项目的计量基准、计量标准投资大，配套设施要求高，具备检定或校准工作条件很不容易。

建立专业计量检定机构(包括国家站、分站、地方站)是为了充分发挥社会技术力量的作用。专业计量检定机构与政府计量行政部门所属的法定计量检定机构性质基本相同，但也存在区别，主要表现在专业计量检定机构是在本专业领域内行使法定计量检定机构的职权，负责该专业方面的量值传递和技术管理工作，因而专业性较强，但社会性不如政府计量行政部门所属的法定计量检定机构鲜明。

专业计量检定机构本身并不具有监督职能，但由于监督体制上的特殊性(不受行政区划限制，按专业跨地区进行)，它可以受政府计量行政部门的委托，行使授权范围内的计量监督职能。

四、一般计量检定机构

一般计量检定机构，是指部门和企事业单位设立的计量检定机构。它建立在部门或企事业单位内部，主要服务于本部门或本单位内部的检定、校准、检测需要，量值传递一般也只能在部门和企事业单位内部进行，不具有社会性。

第二节 计量检定机构的建立和管理

一、计量检定机构的建立

按照《计量法》的规定，县级以上人民政府可以依法建立法定计量检定机构。

专业计量检定机构，一般由省级以上部门、行业主管部门依据本部门、本专业的需要建立，其最高计量标准须考核合格，机构经授权考核满足要求，取得政府计量行政部门的授权后，才能承担与授权内容相一致的计量检定、校准、检测工作。

一般计量检定机构，可以根据本单位的工作需要建立，其所建立的本单位各项最高计量标准，必须经与其主管部门同级的政府计量行政部门考核合格，才能在本单位开展计量检定、校准、检测工作。

二、计量检定机构的管理

按照计量法律法规的有关规定，各级政府计量行政部门在各自的职责范围内，对计量检定机构进行管理。管理的内容一般包括计量检定人员考核、计量标准考核、计量检定机构考核、计量授权考核等。

第三节 法定计量检定机构考核

一、考核工作概述

(一)考核目的

为加强对法定计量检定机构的管理，确保其为国民经济和计量监督依法提供准确可靠的计量检定、校准与检测结果，根据《计量法》和《法定计量检定机构监督管理办法》等规定，法定计量检定机构考核的依据是中华人民共和国计量技术规范 JJF 1069《法定计量检定机构考核规范》(以下简称《规范》)。

《规范》规定了对法定计量检定机构的基本要求，只有达到这些要求的机构才有资格和能力承担政府下达的法定任务和为社会提供检定、校准与检测服务。政府计量行政部门如何判断一个机构是否达到了这些要求，是否具备了相应的资格和能力？只有通过考核，才能证明一个机构对所规定的要求的符合程度。因此，考核的目的就是确定一个机构是否满足了《规范》规定的对法定计量检定机构的全部要求。

《规范》规定的考核方法是各级法定计量检定机构申请获得计量授权资格和政府计量行政部门组织对法定计量检定机构考核的依据。各级法定计量检定机构应遵循《规范》进行申请，接受考核和监督管理。政府计量行政部门应遵循《规范》组织对机构的考核、评定和监督。

(二)考核内容

以我国计量法律、法规、规章为依据，按照国际法制计量组织(OIML)对法制计量实验室的要求，以国家标准 GB/T 27025—2008《检测和校准实验室能力的通用要求》为框架，参考了 GB/T 19000—2008《质量管理体系　基础和术语》和 GB/T 19001—2008《质量管理体系　要求》中关于质量管理原则、质量管理体系模式和质量管理体系等国家标准的部分要求，明确了对法定计量检定机构考核的内容。

(三)考核方法

考核方法是以国家标准 GB/T 27011—2005《合格评定　认可机构通用要求》为依据制定的，同时也是结合了我国《计量法》对计量标准的建立、计量检定人员的要求和计量授权考核等方面的规定，总结了从 1997 年开始对国家法定计量检定机构进行考核和授权的活动中积累的成功经验后制定的，因此更符合我国实际情况，更具可操作性。

(四)考核原则

政府计量行政部门组织对法定计量检定机构的考核是一项关系全国量值的统一、准确、可靠，并能与国际计量标准保持一致的重要工作。为确保考核的严肃性和有效性，考核中应遵循以下原则。

1. 考核是一项系统的、独立的活动

“系统”是指考核活动是一项正式、有序的审查活动。“正式”主要是指考核工作在政府计量行政部门的组织领导下，由经过培训并取得资格的考评员，严格按考核规范的要求进行。“有序”则是指有组织、有计划并按规定的程序进行，包括考核前的准备、考核中客观证据的收集、考核后提交考核报告，并进行纠正措施的验证和证后的监督。

“独立”是指应保持考核的独立性和公正性，包括考核应由与被考核机构无直接责任的人员进行，考评员在考核中应尊重客观事实，不屈服任何方面的压力，也不迁就任何方面的需要。

2. 考核是一种抽样的过程，但抽样必须覆盖全部考核要求和考核项目

由于时间和人员的限制，要在比较短的时间内完成考核，只能采取抽样检查的方法，包括抽取一定数量的质量记录，询问一定数量的人员，抽查若干测量设备，检查若干检定、校准和检测的实施过程等。任何抽样都是有风险的，考核抽样也不例外。为了减少抽样的风险，一方面，应做到随机抽样，并保持独立性和公正性；另一方面，也是更为重要的，考核必须覆盖考核规范所规定的全部要求，必须覆盖被考核机构所申请的全部考核项目。因此，考核要求不允许抽样，考核项目不允许抽样，这是保证考核有效性的重要原则。

(五)考核程序

《规范》中对考核程序作出了明确规定。考核程序包括考核申请、考核准备、考核实施、考核报告和纠正措施的验证五个环节。五个环节缺一不可，构成了一个完整的考核过程。

二、考核申请

(一)申请的条件

为了适应市场经济的需要和与国际接轨，近年来政府加强了法定计量检定机构的管理，规定只有取得计量授权证书的机构才有资格承担政府下达的执法任务和为社会提供检定、校准与检测服务。因此，对各级法定计量检定机构的考核是强制性的。各级法定计量检定机构必须认真贯彻《规范》的要求。按要求建立机构的管理体系，并有效运行一段时间，对所开展的项目在实验室条件、计量标准考核、测量设备、人员、依据的检定规程或其他合法的方法文件等方面已满足要求后，方可提出考核申请。法定计量检定机构考核向哪一级政府计量行政部门申请，按《法定计量检定机构监督管理办法》的规定执行。

(二)申请的提出

机构的考核申请包括申请给予机构授权的意向和申请授权的具体项目两个方面。具体包括考核申请书、考核项目表、考核规范要求与管理体系文件对照检查表。

(1)申请书的填报。法定计量检定机构考核申请书包括基本情况、承担法定任务和开展业务范围、提供文件目录。随申请书提交的文件及文件份数包括：机构依法设置的文件副本 1 份，机构法人代表任命文件副本 1 份，授权的法定计量检定机构的授权证书副本 1 份(国家法定计量检定机构不适用)，考核项目表 B1、表 B2、表 B3、表 B4、表 B5 各 3 份(可按申请检定、校准、检测考核的项目选取)，考核规范要求与管理体系文件对照检查表 3 份，质量手册 3 份等。

(2)考核项目表的填报。机构根据计量标准考核证书及已具备的检定、校准、检测能力，填写考核项目表。考核项目表的内容，一部分由申请考核单位填写，一部分现场考核时由考评员填写。

(3)考核规范要求与管理体系文件对照检查表的填报。申请考核单位应对照《规范》每一条，将与之对应的本机构管理体系文件的名称、文件号和条款号填写在该表的“管理体系文件、文件编号、条款号”中。

三、考核准备

(一)文件初审

负责组织考核的政府计量行政部门在受理了法定计量检定机构的考核申请后，应指派考评员对申请文件进行初审。初审时应对照考核申请书的要求,检查所提供的文件是否齐全,考核申请书的内容是否清楚反映了机构的有关情况,考核项目表是否填写完整。

考评组长或者考评员在文件审核时如发现提供的文件不齐、信息不全,或认为有必要补充进一步的文件或资料,应将此情况报告组织考核的政府计量行政部门,由组织考核的政府计量行政部门通知申请机构补充完整。要特别注意的是,对于开展校准或检测项目所依据的文件名称编号,如果不是在国内公开发行并经批准的检定规程、校准规范,应要求申请机构提供非标方法确认的相应文件。考评员还要对申请机构的质量手册进行初审。根据申请机构提供的考核规范要求与管理体系文件对照检查表,逐条查对考核规范的要求是否已在申请机构的管理体系文件中体现。

如果在文件初审中发现申请机构存在不符合《规范》的问题,而这些问题是比较容易改正的,考评员应明确指出,并向组织考核部门报告,由组织考核部门通知申请考核机构整改,并要求申请机构将已完成的整改报告交回组织考核部门,再由考评员对整改报告给予审核;如果在初审中发现的问题是严重的,且不可能在近期内纠正,考评员应向组织考核部门报告,由组织考核部门向申请机构指出,并通知其暂不安排考核,需待申请机构将问题解决后重新申请。

(二)组织考核组

(1)成立考核组。经过考评员对申请考核单位申报的资料进行文件初审合格后,组织考核部门应着手成立考核组。考核组成员都应是具有考评员资格的人员,考核组组长由组织考核部门聘任。考核组成员要兼顾硬件和软件考核的需要,硬件考核人员应是申请考核项目的计量标准考评员或熟悉考核项目的专业技术人员。

(2)确定、联系具体考核事宜。确定了考核组人选后,由组织考核部门将考核组名单、组长人选、初步的现场考核日期通知申请考核机构。经协商,对考核组组成或时间安排进行确认后,以文件形式下达机构考核任务。

(三)制订考核计划

现场考核计划由考核组组长负责制订。现场考核计划的内容包括:

(1)现场考核的目的和范围。现场考核的目的就是通过实际观察和取证确认申请考核机构的管理体系是否有效运行,是否满足《规范》要求,其申请考核的项目是否具备了相应的能力和水平。考核范围是指要考核哪些实验室、哪方面业务活动等。

(2)列出与考核有重大直接责任的人员名单。这些人一般包括申请机构的主要负责人、技术负责人、质量负责人、授权签字人、考核项目的负责人等,他们都是考核的重点对象。

(3)明确考核依据的文件,如《规范》、申请机构的质量文件、考核项目依据的技术文件等;说明考核组成员的分工、考核的程序。

(4)细化考核的方法及要求,如查阅文件记录、现场参观、现场操作、现场提问、召开座谈会等具体安排。

(5)考核期间的作息时间和主要考核活动日程表,与申请机构领导人举行首次会议、末次会议及其他会议的日程安排。

(6)保守机密的要求。

由考核组组长制订的现场考核计划应形成文件提交组织考核部门审批，经批准的考核计划由组织考核部门负责分发给申请考核机构和考核组成员。申请考核机构在收到考核计划后如对计划有异议，应立即与考核组组长联系，双方进行沟通、说明、解释，务必在考核开始前解决异议，统一认识。如果确实需要对原计划进行修改，则修改后的计划要重新报组织考核部门审批，经批准后按新的计划实施。

（四）现场考核准备工作

1.文件准备

考核组组长负责准备现场考核所用的工作文件。这些文件除考核依据的《规范》、申请机构质量手册及考核项目技术文件外，还包括软件组、硬件组的考核记录。软件组的考核记录就是申请机构提交的“考核规范要求与管理体系文件对照检查表”，硬件组的考核记录就是申请考核机构提交的“考核项目表”。

2.样品准备

硬件组考评员要负责确定现场试验操作项目，准备用于现场试验的被测样品。确定为现场试验操作考核的项目应不少于申请考核项目总数的三分之一。在选择现场试验考核项目时，应选择那些具有代表性和技术比较复杂的项目。现场试验操作考核可以采用由考核组提供被测样品和在被考核机构现场抽取样品两种方式。由考核组提供的被测样品应由硬件组考评员事先准备好，经过权威机构检定、校准或检测，并带到考核现场，但注意在考核前盲样的检定、校准或检测数据要保密。

四、考核实施

（一）预备会和首次会议

1.预备会

参加现场考核的考核组全体成员应按规定要求准时到达被考核单位。在正式考核评审开始之前，考核组应召开预备会。预备会的参加人员一般为考核组全体成员。预备会由考核组组长主持，就现场考核的准备工作进行检查和落实，明确考核计划和考核组成员分工，确认现场考核的依据文件、考核记录是否已准备好，检查由考核组提供的用于现场操作考核的被测样品是否准备就绪，组长和组员之间互相熟悉，就考核计划进行沟通，以便在考核过程中配合协调。

2.首次会议

考核正式开始的第一步是召开首次会议。首次会议由考核组组长主持，参加人员包括考核组全体人员、申请考核机构负责人和其他有关人员。申请考核机构参加首次会议人员由机构自己决定，但至少应包括机构负责人、技术负责人和质量负责人，以及质量管理部门、业务技术管理部门和实验室的负责人。

首次会议的目的和主要内容有：考核组成员与被考核机构的负责人及有关人员见面，互相认识；明确现场考核的目的和范围，说明依据的文件；明确现场考核计划、考核的程序和考核的方法；确认考核组与被考核机构的联系方法；确认考核组开展工作的条件；确认考核活动及末次会议和其他中间会议的时间安排；澄清考核计划中不明确的内容。

(二)现场参观

首次会议之后,考核组全体成员在被考核机构负责人或联系人陪同下对整个机构进行现场参观。现场参观的目的是通过参观了解被考核机构的实际情况。软件组考评员在参观中要注意了解被考核机构内部组织的实际情况;硬件组考评员主要结合自己的分工项目了解实验室的位置、设施和环境条件,观察设备的实际状态,有无标志,保养维护情况,观察实验室的管理、卫生状况,初步认识从事被考核项目的专业技术人员。现场参观时应随时记录发现的问题或有疑问的地方,以及认为要重点检查的方面,但要注意现场参观不要拖得太长,不要就一些具体问题展开讨论。

(三)软件组考核内容和程序

1. 考核内容

软件组负责重点考核《规范》中的"4　组织和管理"、"5　管理体系"、"7.1　检定、校准和检测实施的策划"、"7.2　与顾客有关的过程"、"7.4　服务和供应品的采购"和"8　管理体系改进",并作考核记录。

2. 考核方法

考核方法主要是将被考核机构的实际情况、被考核机构编制的管理体系文件及其运行或提供的客观证据情况与规范的要求进行比较、核对,检查其符合性、有效性。软件组进行考核时应注意检查要全面,核对要认真,线索需跟踪,证据要客观,记录要翔实。

(1)"4　组织和管理"的考核。确认机构的法定地位是否符合《规范》要求;通过查看有关记录以及与机构最高管理者面谈确认机构是否遵守相关法律法规,并履行了法定义务;结合其他条款的考核情况,分析、评价机构是否具备了考核规范所规定的基本条件。

(2)"5　管理体系"的考核。通过与机构最高管理者、质量负责人和其他有关人员面谈,查阅体系文件和体系运行记录等方法,检查机构是否已按照过程方法建立管理体系并满足要求;检查机构最高管理者是否履行了其对建立、实施管理体系并持续改进其有效性的承诺;检查体系文件、文件和记录的控制是否符合《规范》的要求,并符合机构的实际情况;检查机构的质量方针是否得到有效贯彻,总体目标是否得以分解、测量、评价和实现。

(3)"7.1　检定、校准和检测实施的策划"的考核。检查机构是否按规定对检定、校准和检测的各项活动进行了策划,并形成了相应的管理程序和质量计划;策划形成的管理程序是否符合有关法律法规和技术规范的要求。采用在检定、校准、型式评价、商品量及商品包装计量检验和能源效率标识计量检测工作流程的某一环节上随机选取一个或多个工作对象,跟踪调查其在整个工作流程中是否按照体系文件规定执行并满足《规范》的要求。

(4)"7.2.1　要求、标书和合同的评审"的考核。通过查阅有关程序文件和顾客要求、标书和合同的评审记录以及已经签订的合同,检查评审的实施过程是否符合程序规定,评审的结果是否有效。

(5)"7.2.2　服务顾客"的考核。通过查阅检定、校准和检测的业务流转单据与收费票据以及顾客的反馈意见,检查机构的服务是否符合工作质量、完成时间和收取费用等规定。

(6)"7.4　服务和供应品的采购"的考核。通过查阅程序文件、采购文件、采购服务和物品的验证记录、服务和供应品的供应商的评价记录和获得批准的供应商名单等，检查机构对服务和供应品采购的控制以及控制结果的有效性。

(7)“8　管理体系改进”的考核。通过查阅有关程序文件和内部审核、管理评审的计划、记录、审核报告、评审报告、不符合工作控制记录、纠正措施和预防措施记录等，检查机构是否建立了持续改进的机制。查阅顾客满意度调查记录和顾客投诉处理记录，评定机构是否树立了“以顾客为关注焦点”观念，并达到了顾客满意的目标。

(四)硬件组考核内容和程序

1.考核内容

硬件组负责重点考核《规范》中的“6　资源配置和管理”、“7　检定、校准和检测的实施”(除7.1、7.2和7.4外)。按照硬件组专家的专业分工分别考核所有申请考核项目，并作考核记录。硬件组的主要任务是确认被考核机构的技术能力。

2.考核方法

考核方法主要是在被考核项目实验室现场和进行试验操作过程中，观察、提问，对现场试验的结果数据与已知数据进行比较分析，验证每一个考核项目是否达到了考核项目表中所表示的能力，包括测量范围、准确度等级或测量扩展不确定度的指标。

在考核时应注意以下问题：

(1)计量标准是否取得了《计量标准证书》或者《社会公用计量标准证书》，两证是否有效；是否有完整的技术档案资料，包括测量不确定度评定的资料；对于已经变化的情况(如设备更新、准确度等级提高或降低)，是否办理了变更手续。

(2)了解该项目检定人员是否足够，是否按规定具备了检定员或注册计量师资格，并通过现场试验对检定人员的技术能力进行考察评价。

(3)考核实验场地和环境条件是否满足检定规程的要求，有无监控环境条件的仪器仪表，是否经检定合格，查看监控记录。

(4)考核实验室是否实行了有效的管理，如无关人员不得进入，仪器设备和检测对象放置合理有序，实验室卫生良好，有必要的安全防护措施等。

(5)检查现场使用的检定规程、操作规程、不确定度分析评定方法和其他技术文件是否为现行有效版本，是否进行了受控管理。

(6)检查主标准器和配套设备是否与申请文件填写一致，是否符合计量检定规程和国家计量检定系统表对设备准确度等级及其他技术指标的要求，是否有状态标志，是否持有效期内的检定证书或校准证书；查看其设备档案是否完整，设备维护保养是否完善。

(7)了解主标准器和配套设备是否按国家计量检定系统溯源到国家计量基准或者社会公用计量标准，有无周期检定计划，是否按计划执行；是否制定了在相邻两次周期检定之间实行期间核查的计划并实施，查看其核查计划和核查记录。

(8)检查实验室对所有使用的标准物质的管理规定和执行情况，这些标准物质是否为有证标准物质，并能溯源到国家基准。

(9)检查试验原始记录是否有固定格式，其格式是否满足检定规程或其他方法文件的要求，是否有足够的信息，是否妥善保存和管理。

(10)对证书报告的考核也是重点考核的内容。应注意检查其格式、大小、签字、修改等是否符合有关规定。

(11)对现场操作考核的项目,要将现场考核结果数据与已知数据进行比对,如果发现现场考核数据有较大偏离,就要记录暴露出来的缺陷或不合格项。

(12)考评员还应通过面谈了解证书报告的主管签发人,考察其对有关专业技术和试验方法的熟悉程度及对质量管理要求的理解,评价其是否能履行证书报告签发人的职责。

(13)所有现场试验操作考核的原始记录和证书或报告都作为考核证明材料登记在"软件/硬件组考核证明材料登记表"上。

(14)其他不合格项或有缺陷项的证明材料也要予以登记。

(五)计划调整

根据被考核机构的特点或考核过程中发现的问题,必要时,考核组组长在征得组织考核部门和申请考核机构同意之后,调整考评员的工作任务和考核计划。

(六)现场考核中断

考核过程中由于某种原因,现场考核无法进行下去时,考核组组长应及时向组织考核部门和申请考核机构报告原因,并撤出考核组。

(七)考核意见通报

1. 结果的汇总

软件组和硬件组分别完成了各自的考核任务后,考核组应将软件组和硬件组的考核结果进行汇总,依据考核记录和收集的客观证据,对照《规范》提出不符合项和有缺陷项。

(1)不符合项和缺陷项的判定依据如下:

①管理体系文件的判定依据是考核规范;

②管理体系运行过程、运行记录、人员操作的判定依据是管理体系文件(包括质量手册、程序文件、作业指导书等)和计量技术法规(包括计量检定规程、校准规范、型式评价大纲或检验、检测规则等);

③申请授权项目资质和能力的判定依据是相关的计量法律、法规和规章(包括《计量授权管理办法》、《计量标准考核办法》、《计量器具新产品管理办法》等),以及该项目所依据的计量技术法规(包括计量检定规程、校准规范、型式评价大纲或检测规则等)。

(2)不符合项或缺陷项应事实确凿,其描述应严格引用客观证据,如具体的原始记录、证书、报告及具体活动等。在保证可追溯的前提下,应简洁、清晰,不加修饰。对于多个同类型的不符合项或缺陷项,通过考核组讨论,应汇总成一个典型的不符合项或缺陷项。

(3)区别不符合项与缺陷项的主要依据包括,但不限于以下方面:

①是系统性的不符合规定的要求,还是偶然性的、个别的不符合规定要求;

②不符合规定要求是否会造成检定、校准和检测结果的严重偏离或结论的错误;

③不符合规定要求是否会对计量监督管理产生不良后果或使顾客的利益受到损害;

④是否违反计量法律法规对法定计量检定机构和计量检定人员的行为规范。

2. 意见的通报

在末次会议前,考核组组长或考核组全体成员应就这些不符合项和有缺陷项与机构负责人交换意见,进行通报。

3. 异议的处理

在交换意见中被考核机构人员可能会对考核组的结论意见提出异议。考核组组长应耐心倾听,必要时考核组人员需要和被考核机构人员一起对有争议的问题进行复审。如果经过复审发现考核组的结论不符合事实,应予以撤销。如果被考核机构拿不出充分的证据反驳考核组的结论,则考核组仍应坚持原来的结论意见。

(八)末次会议

1. 会议时机

考核意见通报后,经过与申请机构负责人交换意见,取得了被考核机构负责人的认可,现场考核的目的已经达到。末次会议为现场考核的结束。

2. 出席人员

末次会议由考核组组长主持,考核组全体成员和被考核机构有关人员参加。被考核机构参加末次会议人员由机构自己决定,一般与参加首次会议人员相同。

3. 会议内容

末次会议的主要内容就是由考核组向被考核单位人员说明考核结果,包括对管理体系与《规范》要求符合程度的评价和管理体系对确保机构质量目标的有效性的评价,对照《规范》指出不符合项和存在的缺陷,提出整改要求,必要时可由软件组考评员、硬件组考评员分别就不符合项和存在缺陷的具体表现进行说明。

4. 签字确认

当双方意见都解释清楚,被考核机构对结论没有异议后,由考核组组长和机构负责人在每一张"考核项目表"上签字确认,参加现场考核的考核组成员在考核报告附表上签字。至此现场考核结束。

五、考核报告

(一)报告要求

现场考核完成后,考核组组长应编写考核报告,并且对考核报告的准确性和完整性负责。考核报告的依据是考核记录,应如实反映考核的情况和内容。用词和表达要客观、准确、恰当。报告内容包括概况、考核结果汇总、整改要求和考核结论。

(二)报告填写

1. 概况

概况是经过核实的被考核机构的基本情况。

2. 考核结果汇总

针对《规范》的每一条款在"合格"、"有缺陷"、"不符合"、"不适用"中选择,被选项上打"√",只能选一项。对于选择了"有缺陷"或"不符合"的,要在后面一栏说明缺陷或不符合的具体内容。

3. 考核结论

考核结论分为以下几项内容:

(1)总体评价。考核组应对申请考核机构的法律地位、基本条件、管理体系、技术能力是否符合《规范》，给以概括的评价。

（2）申请考核项目确认。这是对被考核单位申请考核的每一个项目的确认，确认其属于合格项目，还是需要整改项目，还是不合格项目。确认的依据就是“考核项目表”中的“考核结论”。这个结论已经考评员、考核组组长、机构负责人共同签字确认。

（3）能力验证试验情况。能力验证试验情况最能说明机构的质量水平和技术能力，这一点越来越受到国内外实验室评审界的重视。因此，必须在考核报告中把机构参加实验室之间比对的项目、次数、结果，以及对考核组提供样品现场操作试验的结果概括给以说明。

（4）整改期限。对于需要整改的问题，要规定整改的期限。整改及其验证考核应在3个月之内完成。要求被考核单位在规定的日期前将整改报告，包括纠正措施、改正记录、改正后的“考核项目表”交付组织考核部门。同时也要规定考核组对整改情况的复查应在何时完成。

（5）最后是对是否给予申请考核机构授权的建议。

4. 报告的上报

考核报告应在末次会议后10个工作日之内完成，由考核组组长签署后，连同考核记录、证明材料和其他附件，提交组织考核部门。组织考核部门负责将考核报告，包括“考核结果汇总表”和“整改要求”的副本一份提供给申请考核机构，以便被考核机构及时进行整改。考核组和组织考核部门应妥善保管考核报告、考核记录及证明材料和所有与考核有关的资料，并负责保密。被考核机构的考核申请书、考核记录、考核报告、纠正措施验证报告等由组织考核部门归档保存。

六、纠正措施的验证

（一）纠正措施的实施

对于存在不符合项和缺陷项的机构，必须采取纠正措施，按考核组的整改要求进行整改。整改完成后，写出整改报告，连同证明已达到整改要求的证明材料，在考核报告规定的整改日期之前交付组织考核部门，由组织考核部门将这些材料转给原考核组组长给予审核。

（二）纠正措施的验证

如果需要整改的问题较多，不能完全从整改报告上判断整改效果如何，就需要进行现场验证考核。如果需要整改的问题是比较容易改正的小问题，从整改报告或证明材料上完全能判断是否已经满足整改要求，不必再到现场验证。采取何种方式进行验证考核，由组织考核部门征求考核组组长的建议后决定。考核组组长要负责按事先商定的时间完成验证考核任务，并编制纠正措施验证报告。

（三）纠正措施验证报告

纠正措施验证报告的内容与考核报告相似。如果验证考核时仍发现有需要整改的问题，将再次提出整改要求，并规定整改完成日期和考核组完成验证考核日期，根据验证考核结果提出是否授权的建议。参加验证考核的考核组成员要在纠正措施验证报告上签名，纠正措施验证报告仍由考核组组长签发并全面负责。

在被考核机构整改时，凡是考核报告中的整改要求是强制性的，则必须在规定时间内完成，对非强制性的则不作硬性规定。如果经两次整改仍有强制性要求没有达到，也不再进行验证考核，只把最后结果交付组织考核部门进行裁决。

七、考核结果评定和证后监督

（一）考核结果评定

考核报告和纠正措施验证报告及所有考核资料都交到组织考核部门以后，由组织考核部门对这些报告资料进行评定。

对考核结果的评定应包括以下两方面的内容。

1. 对考核工作质量的评定

（1）评定考核组考核工作的程序是否符合考核规范和考核计划的要求。

（2）评定考核的内容是否覆盖《规范》的全部要求和所申请的全部检定、校准与检测项目。

（3）评定考核组考核资料是否齐全，每项考核要求是否有客观证据予以证明。

（4）被考核单位对考核组的意见和反映。

2. 对考核结论的评定

（1）评定考核组的考核结果是否客观、公正。

（2）评定考核组提出的予以通过的检定、校准和检测项目的技术指标是否科学、准确。

（二）评定后的处置

（1）经过评定，考核组的工作质量和考核结论符合规定要求的，对其提交的考核报告予以认可；如评定发现考核组的工作质量或考核结论不符合规定要求或被考核机构对考核结论存在异议的，组织考核的政府计量行政部门应对存在的问题或异议组织调查。在问题或异议被排除或被纠正后，对考核结果再次组织评定。

（2）经现场考核和整改后已能满足《规范》要求，且申请考核项目已确认合格的，将批准颁发计量授权证书和印章。授权证书必须附上“经确认的检定项目表”、“经确认的校准项目表”、“经确认的商品量及商品包装计量检验检测项目表”、“经确认的型式评价项目表”、“经确认的能源效率标识计量检测项目表”以及“证书报告签发人员一览表”。这六个项目表由组织考核部门根据考核结果材料整理打印，连同计量授权证书一起颁发。

经评定，确认现场考核不符合或经整改仍不符合的被考核机构则不予授权。

（3）计量行政管理部门应当将对原负责的法定计量检定机构的考核结论与授权项目向社会公示，以方便广大企事业单位寻求量值溯源。法定计量检定机构的计量授权证书有效期为5年。

（三）证后监督

1. 证后监督的必要性

证后监督是政府计量行政部门对法定计量检定机构考核的重要组成部分。对取得计量授权证书的法定计量检定机构，政府计量行政部门进行持续的监督，既是保证考核工作的有效性和授权证书的可信性的重要措施，也是保证所有被授权机构持续满足《规范》要求，并促进法定计量检定机构质量管理体系不断改进及计量检定、校准和检测水平不断提高的重要的外部条件。

2. 证后监督的实施

1）监督检查

A. 首次监督检查

首次获得计量授权证书的机构，自授权之日起在不超过一年时间内应受到第一次监督检查。监督检查由批准授权的政府计量行政部门负责组织。第一次监督检查必须组织考核组进行现场检查，其考核要求和考核程序与首次现场考核相同，也要编写考核报告。经现场检查证明机构仍能满足《规范》要求，则继续保留对机构的授权，否则将取消对该机构的授权，收回计量授权证书和印章。

B. 监督检查间隔的确定

对保留授权资格的机构，应根据首次监督检查的结果，合理地确定时间间隔。如果监督检查结果表明，该机构已建立的质量管理体系能持续有效地运行，并不断完善；技术能力能继续保持，并不断提高；能积极参加实验室之间的比对，而且结果都令人满意。对这样的机构可以适当拉长至下一次监督检查的时间间隔，如两年或更长。如果监督检查结果表明，该机构在首次考核以后明显放松要求，管理体系运行不稳定，对这样的机构需要缩短监督检查的时间间隔，并增加监督检查的频次。总之，要根据被授权机构的实际情况合理地确定监督检查的频次和监督检查的范围与深度。一般在授权证书有效期内至少进行一次监督检查。

C. 监督检查结果的处理

每次监督检查的结果处理，与第一次监督检查结果处理一样，即符合《规范》要求的保留授权资格，不符合《规范》要求的取消授权资格。

D. 日常的监督检查

除正式的按计划规定时间进行的监督检查外，政府计量行政部门还将不定期地组织对法定计量检定机构的抽查，或根据顾客的投诉安排专门的检查，或要求机构就某些问题提供书面汇报等。这些监督检查活动都是为了保证法定计量检定机构的公正性、权威性，被授权机构有义务接受监督检查并认真对待。

2）到期复查

计量授权证书的有效期最长为5年。计量授权证书有效期满前6个月，机构应按规定向批准授权部门申请复查，复查的申请和考核程序与首次考核相同。

八、扩项考核

（一）扩项概念

1. 扩项的含义

扩项是指法定计量检定机构在获得授权证书的有效期内，超出原授权项目范围提出新增加的检定、校准或检测项目。扩项项目应按规定的要求申请考核，经考核合格后取得对扩项项目的授权。

2. 扩项的类型

扩项包括被授权机构新增加的项目和对原授权项目的扩展两种类型。新增加的项目是指在原授权项目范围之外，新提出的检定、校准和检测项目或参数。

对原授权项目的扩展是指在原授权项目中，由于检定、校准和检测所依据的检定规程、校准规范、型式试验大纲、商品量检测规范等技术规范发生了变更，机构需要通过增加新的仪器设备、改变测量方法、改善环境条件、培训操作人员等方能满足新的技术规范的要求，视为对原授权范围的扩展。

为了避免重复考核，在技术规范只是年号变更，其内容并无实质性改变时，机构应及时并如实地将信息报送到授权的政府计量行政部门。信息应包括新旧技术规范的对照表，以便进一步确认变更。这种情况，机构不需要申请扩项考核。

（二）扩项程序

1. 扩项申请

被授权机构需要扩项时，应向授权的政府计量行政部门提出扩项考核的申请。申请需要提交扩项的考核项目表，以及相关的资料，如《计量标准考核证书》、《社会公用计量标准证书》、有效期内的计量检定证书或校准证书、检定人员证书以及所依据的技术规范等。上述资料可以是原件，也可以是复印件。政府计量行政部门在收到机构的上述申请材料后应指派考评员对申请材料进行初审。

2. 扩项考核

扩项考核有两种方式：一种是资料审查的方式；另一种是资料审查加现场考核的方式。

如果经资料的初步审核，表明机构提供的书面材料齐全，所提供的资料能够证明其已经具备申请扩项的能力，考评员可以书面审核的方式确认其新增加或扩展的项目符合《规范》的要求。如果经资料的初步审核，表明机构提供的书面材料齐全，但是不能以书面的方式证明其已经具备扩项的能力，即可由考核组按《规范》的要求实施现场考核，考核的重点是新增加项目的硬件部分以及相关的软件。扩项考核也可与监督检查或到期复查一并进行。如果被授权机构已经取得检定授权，现需要扩项开展校准或检测项目，则应实施现场考核。

3. 扩项确认

组织考核的部门应根据考核报告及有关材料决定是否批准扩项申请。对批准的扩项，应颁布经确认的检定项目表、校准项目表、商品量检测项目表或型式评价项目表等。

第四节　能力验证和计量比对

一、能力验证和计量比对的组织

(一)能力验证和计量比对的意义

根据国际标准 ISO/IEC 17011:2004《合格评定　认可机构通用要求》,《规范》规定了能力验证和计量比对的内容。

计量比对是在规定的条件下,对相同准确度等级或指定不确定度范围的同种测量仪器复现的量值之间进行比较的过程。

能力验证是通过实验室间比对来判定实验室能力的活动。它是一项通过发送样品至实验室进行实际测试/测量,再将所有参加实验室的结果数据进行统计分析,依据每个实验室与参考值的一致性来判定实验室对于特定项目的技术能力的活动。由于能力验证是一种实际测试活动,是通过测试数据来作出判断的,因此其结果也就更能够得到人们的信任。能力验证的作用主要体现在:

(1)对机构而言,是其进行内部质量控制和对外提供证明的需要;

(2)对机构考核者而言,是评价实验室技术能力的技术手段;

(3)对机构的用户而言,是证明实验室具备某项技术能力的重要证据;

(4)对政府主管部门而言,是评价和监管实验室的有效措施。

由于能力验证具有显著的作用,因而在国际上越来越得到广泛的重视。很多国家已经把能力验证作为评价实验室检测报告/证书有效性的重要技术手段,并已成为了新的国际贸易技术壁垒手段。在 1997 年,ISO 和 IEC 就联合发布了 ISO/IEC 导则 43《利用实验室间比对的能力验证》,为能力验证活动的规范开展建立了依据。

能力验证是利用实验室间指定方法及要求的数据的比对,确定实验室从事特定技术活动的技术能力。能力验证是评价实验室技术能力的重要手段之一,是一种有效的实验室外部质量保证活动,也是实验室内部质量控制的必须。实验室必须通过参加相关的能力验证活动,包括参加能力验证计划、实验室间比对和测量审核等证明其技术能力。只有在能力验证活动中表现满意,或对于不满意结果能证明已开展了有效纠正措施,其相关能力才会获得政府的承认和社会的信任。

(二)机构考核所承认的计量比对和能力验证活动

法定计量检定机构考核所承认的计量比对和能力验证活动主要有:

(1)国际合作组织开展的能力验证活动,如亚太实验室认可合作组织(APLAC)、欧洲认可合作组织(EA)开展的能力验证活动。

(2)国际和区域性计量组织,如国际计量委员会(CIPM)、亚太计量规划组织(APMP)等开展的国际计量比对活动。

(3)国际权威组织实施的国际性计量比对活动。

(4)国家质量监督检验检疫总局组织的能力验证和测量仪器比对活动。目前,国家质量监督检验检疫总局委托其所属的各专业计量技术委员会具体组织实施该项工作。比对工作依据为 JJF 1117《计量比对》技术规范。

(5)中国合格评定国家认可委员会依据有关国际标准和指南组织实施的相关能力验证活动与比对计划。

(6)省级政府计量部门组织的各项能力验证和计量比对活动。

(三)能力验证与计量比对的一般程序

(1)国家相关部门(能力验证和比对的组织者)依照有关国家标准、国际准则制定有关实验室能力验证和比对工作的基本规范与实施规则,统一监管与综合协调能力验证和比对活动,并定期公布经批准的能力验证计划。

(2)能力验证和比对的主导实验室按照国家制定的比对或实验室间能力验证的基本规范与实施规则开展比对或能力验证活动。主导实验室按照比对依据策划比对指导书或能力验证方案,经专家组(或顾问组)和各参比实验室代表充分讨论后,报组织者批准实施。主导实验室应当符合相关国家标准或者技术规范的要求,其技术能力在相应领域和关键技术要素方面领先,并具备数据的可持续性。

(3)能力验证或比对的主导实验室在能力验证活动完成后向有关方面通报能力验证活动的结果。同时,向国家相关部门报告能力验证结果,国家相关部门定期公布能力验证结果满意的实验室名单。

(4)组织考核部门应保存相关能力验证方案、比对指导书和其他比对方案的清单。

(四)计量比对结果的利用

(1)优先选择或者考虑达到满意结果的实验室承担政府委托、授权或者指定的检测任务。

(2)达到满意结果的实验室,在规定的期限内,在机构考核评审时,可以免于该项目的现场试验,而对其能力直接确认。

(3)对于能力验证结果可疑(指按照有关的技术统计方法确定的能力验证结果处于参考值区间之外的结果),或者结果离群(按照有关的技术统计方法确定的明显偏离参考值区间的结果)的实验室,应当在规定期限内进行整改,并由组织考核部门验证整改效果;也可视情况暂停或者撤销其相关项目的承担政府授权、委托或者指定的检测任务的资格,直到完成纠正活动并经能力验证的组织考核部门确认后,方可恢复或者重新获得政府授权、委托或者指定的检测任务的资格。

(4)能力验证和比对的组织考核部门对能力验证的主导实验室与能力验证的实施过程实施有效管理。采取组织专家评议、向实验室征求意见、抽查记录档案、要求主导实验室报告能力验证的实施情况等方式,对实验室能力验证活动进行监督。

二、能力验证和计量比对的参与

(一)对机构参加能力验证的要求

被考核机构应建立能力验证和计量比对的制度与纠正措施程序,积极参加相关专业的能力验证和比对活动。能力验证和比对结果作为政府计量行政部门对该机构授权的依据。

(1)机构应在其管理体系文件中制定参加能力验证和比对的制度或程序,并且纳入管理体系内审检查。

(2)机构应积极参加相关专业的能力验证和比对活动。凡政府计量行政部门指定的能力验证和比对,在授权项目范围内的,机构必须参加。

(3)参加能力验证和比对的机构应当向能力验证的主导实验室或组织考核部门及时反馈过程中的相关信息,并保存相关记录。

(4)机构应充分使用能力验证的结果,分析能力验证中存在的问题及其原因,针对问题和原因采取相应的纠正措施。

(5)在申请计量标准机构考核或人员考核时,机构应当主动出示其参加能力验证和比对的有效结果,以便于政府计量行政部门实施相关考核的策划及安排。

(二)能力验证的核查

被考核机构参加实验室间比对情况是评价机构能力和水平的重要依据。硬件组考评员要向被考核机构了解其参加实验室间比对或其他能力验证试验的情况,查阅这方面的比对报告,了解比对结果。实验室间比对最能真实综合地反映一个机构的实际能力。被考核机构提供了某个项目在现场考核前不久参加过实验室间比对的报告,如果结果是令人满意的,则这个项目可以不再进行现场操作考核。如果结果是存在问题的,则要检查机构是否对存在的问题进行了认真的分析,是否找出了问题发生的原因,采取了相应的纠正措施,并对纠正措施进行了验证,考核组应对这个项目进行现场操作考核。

一个法定计量检定机构参加的能力验证活动越多,比对结果满意率越高,说明该机构技术水平和管理水平越高。

第十章　计量授权

第一节　计量授权的原则和作用

计量授权是指政府计量行政部门通过履行一定的法律程序，将贯彻实施《计量法》所进行的计量检定、技术考核、型式评价、计量认证、仲裁检定等技术监督管理权限授予经过考核合格的相关技术机构。

计量法制管理有两个明显的特点：一是它的社会性，即覆盖面广量大；二是它的科学性，即必须具有较强的技术手段。各级政府计量行政部门是执行《计量法》的国家行政职能部门，作为政府的计量行政主管部门应当组织、调动和协调全社会力量共同贯彻执行《计量法》。计量授权不是权力的再分配，更不是弃权、让权。它是根据计量法律、法规、规章确定的法律关系和法律秩序进行的，是利用法律手段调动社会计量技术力量对国家法定计量机构工作能力不足进行的补充，是投资小、见效快的管理模式。

政府计量行政部门设置的法定计量技术机构，是实施计量检定、校准、检测、测试法制任务的基本队伍。但是，由于计量器具门类多、分布广、数量大、使用情况非常复杂，政府计量行政部门所属的法定计量检定机构难以包揽全部法律规定的计量检定、校准、检测、测试任务。因此，《计量法》第二十条规定了一种必要的计量授权形式，即政府计量行政部门可根据实际需要，选择其他具备条件的计量技术机构，按照统筹规划、经济合理、就地就近、方便生产、利于管理的原则，授权其执行强制检定和其他检定、校准、检测、测试任务。其目的在于充分利用社会计量资源，协调社会各方面的技术力量，打破行政区划和部门的限制，解脱条块分割的桎梏，共同遵守执行《计量法》。为加强计量工作的广度和深度，建立经济、合理、有序的社会计量技术保障体系，原国家技术监督局制定了《计量授权管理办法》，全国各级政府计量行政部门已授权多个中央和地方的计量技术机构承担授权范围内的各项计量检定、校准、检测、测试任务，为政府计量行政部门实施计量监督管理提供了更有力的技术保证，增强了政府计量行政部门的行政保证能力。

第二节　计量授权的形式

县级以上政府计量行政部门可以根据需要，采取以下四种形式，授权其他单位的计量检定机构，执行计量法律规定范围的计量检定、校准、检测、测试任务。

一、授权专业性或区域性的计量技术机构作为法定计量检定机构

国家计量行政主管部门根据特殊行业的计量需求，授权专业性或区域性的计量技术机构作为法定计量检定机构。根据特殊行业的计量需求，现已授权国务院有关部门的计量技术机构分别建立了轨道衡、高电压、大流量、大容量、海洋等18个国家专业计量站和34个专业计量站分站。根据地区计量需要，现已授权东北、中南、西北、华东、华北、华南、西南等大区计量测试中心作为国家级区域性法定计量检定技术机构。各省级政府计量行政部门，同样可以根据本地区的需要，授权所属辖区的计量机构，作为省级区域性法定计量检定机构。

二、授权建立社会公用计量标准

授权有关部门或企事业单位的计量标准作为社会公用计量标准，承担当地政府计量行政部门依法设置的计量技术机构不能覆盖的某一项或几项量值传递任务。以这种形式授权必须慎重，因为《计量法》规定：处理因计量器具准确度所引起的纠纷，以国家计量基准器具或者社会公用计量标准器具检定的数据为准。社会公用计量标准对社会上实施计量监督具有公证作用。在办理授权时一定要认真分析考虑需要授权的任务、涉及的授权区域，针对授权工作的性质，最终决定是以社会公用计量标准的形式授权还是以面向社会开展非强制检定或强制检定形式授权。

三、授权有关单位对其内部使用的强制检定的计量器具执行强制检定

授权有关单位对其内部使用的强制检定的计量器具执行强制检定又称为专项计量授权，一般针对企事业单位的计量技术机构。当这类机构建立了计量标准，经计量标准考核合格，具备了相应计量检定能力时，计量行政部门可以根据强制检定实施定点定期管理的原则，授权其对内部使用的强制检定的计量器具执行强制检定。一旦这些企事业单位计量技术机构获得了授权，所开展的对其内部使用的强制检定的计量器具执行强制检定的

活动,就具有双重意义:一是解决了本单位强制检定工作的需要;二是承担了政府计量行政部门的委托,代替计量行政部门执行强制检定任务。这时的强制检定从组织上、技术上、管理上都具备了法制计量的特点。作为获得专项计量授权的机构,应当按照计量授权管理的规定,依法开展强制检定工作,上报专项计量授权工作动态和工作总结,接受政府计量行政部门的监督。

四、授权有关计量技术机构承担法律规定的其他检定、校准、检测、测试任务

计量法律法规规定:计量标准考核,制造、修理计量器具许可证的考核,计量器具的型式评价,计量纠纷的仲裁检定,产品质量检验机构的计量认证评审等活动为特定的计量测试任务,对这些特定技术考核任务,以指定的形式进行授权,被授权机构以相应的考核或评审报告形式表明授权任务的完成。只有这五种计量考核评审活动被定义为法制管理的计量测试活动,与使用计量标准开展的检定、校准、测试中的计量技术测试不可同日而语。

而授权有关计量检定机构面向社会开展强制检定或非强制检定,是一种使用较为广泛的专项计量授权形式。面向社会开展非强制检定,即我们经常所称的计量校准。可以授权部门、企事业单位计量技术机构面向社会开展强制检定或非强制检定(计量校准),也可以授权有些依法设置的计量技术机构,作为区域性计量技术机构,承担跨行政区域的强制检定或非强制检定(计量校准)任务。

第三节　我国计量授权工作概况

自 1989 年 11 月 6 日国家技术监督局发布《计量授权管理办法》以来,我国的计量授权工作在有利于管理、方便生产、经济合理、就地就近、统筹规划的原则下规范地开展。

一、授权建立了国家专业计量站

授权有关部门或单位成立了国家专业性或区域性计量检定机构,作为对专业性、特殊性的计量器具进行检定的法定计量检定机构。

目前国家质检总局已授权建立国家高电压计量站,国家轨道衡、国家原油大流量、水大流量计量站,国家大容量、铁路罐车计量站,国家船舶舱容计量站,国家通信、海洋、纺织、纤维、矿山安全计量站等国家专业计量站。它们承担了大量对国民经济和贸易发展起重要作用的计量器具的检定、测试工作,这些工作绝大部分是政府设立的法定计量技术机构无力承担的。

二、授权建立了地方法定计量检定机构

各级地方政府计量行政部门授权的法定计量检定机构约有 1 000 个。主要为了使企事业机构能就近对使用中的计量器具依法进行检定,扩大了本行政区域检定工作的覆盖面,也减轻了政府计量检定机构的压力。

三、授权有关部门或单位建立了国家计量基准

根据《计量法》规定,国务院计量行政部门负责建立各种计量基准,作为统一全国量值的最高依据。属于基本的、通用的、为各行各业服务的计量基准,主要建立在国家专门设置的法定计量检定机构。属于专业性强,或者工作条件要求特殊的计量基准,通过授权建立在其他部门的技术机构。目前,已授权其他技术机构建立和保存的计量基准有:

工频大电流比例基准装置,建立在国家电网公司的国家高电压计量站;

(150 ~2 500)MPa 压力基准装置,建立在上海市计量测试技术研究院;

(30 ~300)N · m 冲击能基准装置,建立在北京市计量科学研究所;

毫瓦级和瓦级超声功率国家计量基准装置,是广东省计量科学研究院自行研制的国家科研项目,1982 年通过国家技术鉴定,1986 年 11 月被国家计量局批准为超声功率国家基准;

10 cm 热噪声国家基准,建立在中国航天科工集团公司二院(203 所);

0.633 μm 波长副基准装置,建立在中国航空工业第一集团公司北京长城计量测试技术研究所(304 所)。

四、授权有关部门或单位建立了社会公用计量标准

据不完全统计,由各级政府计量行政部门单项授权的社会公用计量标准已达数千项。例如:原机械部机床研究所建立的二等标准金属线纹尺标准装置,原铁道部铁路通信计量站建立的电信载频衰减校准装置、毫瓦功率计、铷原子频率标准,海军计量站建立的微波小功率计、微波衰减器、微波阻抗测量仪标准。这些建立在不同机构的计量标准被授权作为社会公用计量标准。

五、开展其他授权工作

各级政府计量行政部门,根据实际工作的需要,授权有关部门或单位的计量检定机构或技术机构,承担计量标准、申请制造修理计量器具许可证技术考核,仲裁检定,计量器具新产品型式评价,标准物质定级鉴定,计量器具产品质量监督试验等工作。如:

授权了 7 个大区的国家计量测试中心执行相应的计量标准技术考核工作,并根据考核任务的需要,临时授权部门计量检定机构和技术机构执行有关的计量标准技术考核任

务；

授权了43个技术机构，承担近500个项目的计量器具型式评价；

目前全国以专项计量授权的形式分别授权了4 201个技术机构，按照《计量法》规定开展6 178个项目的强制检定或非强制检定任务。

第四节　计量授权的办理程序

计量行政部门应当按照统筹规划、经济合理、就地就近、方便生产、利于管理的原则，制订本区域内计量授权工作规划，明确项目发展要求、建设规模、管理模式，并且公布授权规划，组织辖区内各类计量机构更好地贯彻执行计量法，携手并进，共同努力。

计量授权工作的办理程序如下：

(1)申请单位向有关计量行政部门提交计量授权申请书及有关技术资料。

(2)受理申请的计量行政部门对申请授权法定计量检定机构，要报单位主管领导审批；对申请社会计量标准授权的，要征求已设立的法定计量检定机构的意见后再决定。

(3)受理申请的计量行政部门负责对授权申请资料进行初审，资料齐全并符合计量授权要求的，受理申请，发送受理决定书；不符合要求的，告知需要补正的全部内容，发送补正告知书；不属于受理范围的，发送不予受理决定书，并将有关资料退回申请单位主管部门。

(4)受理申请的计量行政部门委托考核组，依据考核规范的要求对申请考核单位进行授权考核。

(5)考核组将考核后的材料上报下达考核任务的计量行政部门。

(6)受理申请的计量行政部门对考核结果进行审核。审核合格的，对通过的项目颁发《计量授权证书》和工作印章；不合格的，发送考核结果通知书，并将申请资料退回申请单位。

一、计量授权的申请

(一)申请授权必须具备的条件

申请授权单位所申请的授权项目相对应的计量标准必须通过授权单位主持的考核，取得计量标准考核证书。其对应计量标准具体要求如下：

(1)计量标准、检测装置和配套设施必须与申请授权项目相适应，满足授权任务的要求；

(2)工作环境能适应授权任务的需要，保证有关计量检定、测试工作的正常进行；

(3)检定、测试人员必须适应授权任务的需要,掌握有关专业知识和计量检定、测试技术,并经授权单位考核合格,取得检定员证或者注册计量师资格和项目证件;

(4)具有保证计量检定、测试结果公正、准确的有关工作制度和管理制度。

(二)申请授权单位应递交计量授权申请书和有关技术文件及资料

申请计量授权应提交计量授权申请书一式三份,两份报受理单位,一份留申请单位。计量授权申请书可以向计量行政部门申领。应提交的技术文件和资料有:

(1)计量标准器及配套设备有效检定或校准证书复印件;

(2)由授权单位或授权单位上级计量行政部门颁发的计量检定员证或者注册计量师资格和项目注册证复印件;

(3)证明计量标准运行准确、可靠的证据,如计量标准运行检查记录、计量标准中间核查记录、计量标准比对记录;

(4)计量标准的工作制度和管理制度,如提供管理手册,应指明具体章节、条款。

(三)申请授权应按以下规定向有关人民政府计量行政部门提出申请

(1)申请建立计量基准、申请承担重点管理计量器具新产品型式评价的授权,向国务院计量行政部门提出申请;

(2)申请承担一般计量器具新产品型式评价的授权,向当地省级人民政府计量行政部门提出申请;

(3)申请对本部门内部使用的强制检定计量器具执行强制检定的授权,向同级人民政府计量行政部门提出申请;

(4)申请对本单位内部使用的强制检定的工作计量器具执行强制检定的授权,向当地市(县)级人民政府计量行政部门提出申请;

(5)申请作为专业性、区域性法定计量检定机构,申请建立社会公用计量标准,申请承担计量器具产品质量监督试验,申请对社会开展强制检定、非强制检定等授权,应根据申请承担授权任务的区域和性质,向相应的人民政府计量行政部门提出申请。

(四)申请书格式及申报资料

申请作为法定计量检定机构、建立社会公用计量标准的,授权申请书格式及申报资料见 JJF 1069《法定计量检定机构考核规范》的考核章节。

二、计量授权的受理与考核

(一)计量授权的受理

有关人民政府计量行政部门在接到计量授权申请书和报送的材料之后,必须在 6 个月内,对提出申请的有关技术机构审查完毕,并发出是否接受申请的通知。

(二)计量授权的考核

(1)申请作为法定计量检定机构、建立本地区最高社会公用计量标准的,由受理申请的人民政府计量行政部门报请上一级人民政府计量行政部门主持考核。

(2)申请建立本地区次级社会公用计量标准,对内部使用的强制检定计量器具执行强制检定,承担计量器具产品质量监督试验,新产品型式评价和对社会开展强制检定、非强制检定的,由受理申请的人民政府计量行政部门主持考核。

(3)根据国家质检总局国质检量〔2002〕301 号《关于加强计量检定授权管理工作的通知》,对申请承担单位内部强制检定工作的单位或向社会开展非强制检定工作的单位,统一按照 JJF 1033《计量标准考核规范》进行考核授权;对申请向社会开展强制检定工作的单位,统一按照 JJF 1069《法定计量检定机构考核规范》进行考核授权,国家质检总局不再制定新的计量授权考核规范。

JJF 1069《法定计量检定机构考核规范》几经修改,对于计量检定机构的考核要求越来越细,条款数目越来越多,申请作为法定计量检定机构、建立本地区最高社会公用计量标准的,适用于 JJF 1069《法定计量检定机构考核规范》。申请专项计量授权的,虽然 JJF 1069《法定计量检定机构考核规范》规定,当一个机构不从事计量校准、型式评价、商品量及商品包装计量检验或能源效率标识计量检测等工作时,可以对考核要求进行裁剪,但裁剪仅限于规范第 7 章中那些不影响机构提供满足顾客和适用法律法规要求的服务能力或责任的条款。不允许裁剪考核规范第 4、5、6、8 章中的任何条款。这些规定对于只申请强制检定或非强制检定专项计量授权任务的计量技术机构仍然是难以满足考核要求的。为了规范管理计量授权工作,增强授权考核的可操作性和实用性,河南省质量技术监督局制定了 JJF(豫)1002—2013《河南省专项计量授权考核规范》,用于河南省申请专项计量授权的计量技术机构的考核和监督。

(三)计量授权考核的内容

(1)计量标准的计量性能与申请授权项目相适应,满足授权任务的要求,计量标准器及配套设备按期检定或校准,溯源有效;

(2)工作环境能适应授权任务的需要,保证有关计量检定、校准、检测、测试工作的正常进行;

(3)检定、校准、检测、测试人员必须适应授权任务的需要,掌握有关专业知识和计量检定、校准、检测、测试技术,并经考核合格;

(4)建立了保证计量检定、测试结果公正、准确的有关工作制度和管理制度,并能够严格执行;

(5)申请作为法定计量检定机构、建立社会公用计量标准的考核内容见 JJF 1069《法定计量检定机构考核规范》的考核章节。

(四)计量授权考核结果的处理

(1)对考核合格的单位,由受理申请的人民政府计量行政部门批准,颁发相应的计量授权证书和计量授权检定、校准、检测、测试专用章,并公布被授权单位的机构名称和所承担授权的业务范围。

(2)计量授权证书由授权单位规定有效期,最长不超过 5 年。被授权单位可在有效期满前 6 个月提出继续承担授权任务的申请;授权单位根据需要和被授权单位的申请在有效期满前进行复查,经复查合格的,延长有效期。

三、计量授权后的管理与监督

计量授权不是权力的再分配,更不是弃权、让权。它是根据计量法律、法规、规章确定的法律关系和法律秩序进行的,被授权单位和授权单位双方都有各自的权利与义务。授权部门应经常检查被授权单位的工作,履行法律赋予的监督责任,被授权单位则要信守授权职责承诺。而这种双向制约实际上起着规范的作用,在必要时授权部门可以收回其所授予的权力。因此,被授权单位必须遵守下列规定:

(1)相应计量标准,必须接受计量基准或者社会公用计量标准的检定;

(2)执行检定、校准、检测、测试任务的人员,必须经授权单位考核合格;

(3)承担授权范围内的检定、校准、检测、测试工作,要接受授权单位的监督,提供的技术数据应保证其正确性和公正性;

(4)一旦成为计量纠纷当事人一方,在双方协商不能自行解决的情况下,要由政府计量行政部门进行调解和仲裁检定;

(5)必须按照授权范围开展工作,需新增计量授权项目,应按照《计量授权管理办法》有关规定,申请新增项目的授权;

(6)要终止所承担的授权工作,应提前6个月向授权单位提出书面报告,未经批准不得擅自终止工作。

第十一章　仲裁检定与计量调解

第一节　计量纠纷

一、计量纠纷

计量纠纷是指在社会经济生活中，因计量问题所产生的矛盾和争执。它是当事人双方因计量器具准确度而引起计量数据是否准确可信的民事纠纷、经济纠纷。这些纠纷的起因和矛盾的焦点，一般在于对计量器具准确度的评价不同，或因为破坏计量器具准确度进行不诚实的测量以及伪造数据等行为引起对测量结果的异议而发生。

二、计量纠纷的处理

按照《计量法》第二十一条的规定，处理因计量器具准确度所引起的纠纷，以国家计量基准或社会公用计量标准检定的数据为准。这就是说，当计量纠纷的双方对数据的准确性争执不下时，或在双方不能相互协商解决的情况下，最终应以国家计量基准或社会公用计量标准检定的数据来裁定。计量基准是统一全国量值的最高依据，社会公用计量标准对纠纷双方来说，具有准确、公正、公平、可靠的强制力。计量基准和社会公用计量标准出具的数据，具有不容置疑的权威性和公正性，在处理计量纠纷事务中具有法律效力。这是由计量基准和社会公用计量标准的法律地位与性质所决定的。

第二节　仲裁检定与计量调解的概念

一、仲裁检定

仲裁检定是指由县级以上政府计量行政部门用计量基准或者社会公用计量标准所进行的以裁决为目的的计量检定活动。仲裁检定可以由县级以上政府计量行政部门直接受理；也可根据司法机关、合同管理机关、涉外仲裁机关或者其他单位的委托，指定有关计量检定机构进行。仲裁检定结果作为公正的检定数据，通常不能由纠纷双方当事人提供，而应当由具有公正地位的第三方——政府计量行政部门指定的具有法定资质的计量技术机构提供。

二、计量调解

计量调解是指县级以上政府计量行政部门对计量纠纷双方进行的调解活动。计量调解是在确定事实、分清是非、明确责任的基础上，促使计量纠纷双方当事人在相互谅解的基础上解决争执问题。它虽然不是处理计量纠纷的必经程序，但却贯穿于计量纠纷处理的全过程。根据计量纠纷的具体情况，计量调解一般应在仲裁检定以后进行，因为仲裁检定后，承担仲裁检定的计量技术机构必须出具仲裁检定证书，有了科学、准确的数据，就有了处理计量纠纷的依据及支撑。

第三节　仲裁检定与计量调解的程序

一、仲裁检定的程序

(1)发生计量纠纷后，纠纷涉及双方应对与计量纠纷有关的计量器具实行保全措施，不允许以任何理由破坏其原始状态。纠纷中任何一方均可提出仲裁检定申请。

(2)申请仲裁检定的单位和个人应向所在地的政府计量行政部门递交仲裁检定申请书。属有关司法机关、合同管理机关、涉外仲裁机关或者其他单位委托的,委托单位应出具仲裁检定委托书。

(3)接受仲裁检定申请或委托的政府计量行政部门,应在接受申请或委托后 7 日内向具有仲裁能力的检定机构发出仲裁检定委托书,同时向纠纷双方发出仲裁检定通知书。

(4)仲裁检定时应有纠纷双方当事人在场,无正当理由拒不到场的,可以缺席进行,不影响仲裁检定的效果。

(5)承接仲裁检定的有关计量技术机构,应在规定的期限内完成仲裁检定任务,并对仲裁检定结果出具仲裁检定证书。受理仲裁检定的政府计量行政部门对仲裁检定证书审核后,通知申请人或委托单位。当事人在接到通知书之日起 15 日内不提出异议,仲裁检定证书则具有法律效力。

(6)当事人如对一次仲裁检定不服,可在仲裁检定通知书送达之日起 15 日内向上一级政府计量行政部门申请二次仲裁检定,也就是终局仲裁检定。

我国的仲裁检定实行二级终裁制,目的是保证检定数据更加准确无误,上级计量检定机构复检一次,充分体现仲裁检定的严肃性。一般来说,上一级计量技术机构的计量标准装置比下一级的计量标准装置准确度等级要高,人员素质整体水平较高,对计量数据评判的可信度较强,计量科学的权威性更高。如果是国务院计量行政部门直接受理的计量纠纷案件,则一次仲裁检定即为终局仲裁检定并产生法律效力。

仲裁检定流程见图 11-1。

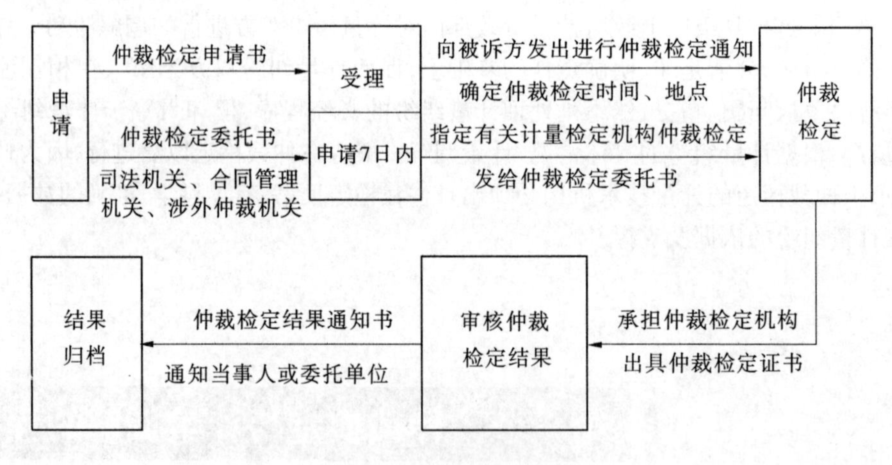

图 11-1　仲裁检定流程图

二、计量调解程序

(1)受理仲裁检定的政府计量行政部门,根据纠纷双方或一方的口头或书面申请,可居间进行计量调解。

(2)计量调解应根据仲裁检定证书的结果,在分清责任的基础上,促使当事人互相谅解，自愿达成协议，对任何一方不得强迫。

(3)调解达成协议后，应制作计量调解书。调解书应在当事人双方法定代表和调解人员共同签字并加盖调解机关印章后成立。

(4)调解未达成协议或调解成立后一方或双方反悔的，可向人民法院起诉或向有关仲裁机关申请处理。

第四节　仲裁检定与计量调解的申请材料

一、仲裁检定申请书

仲裁检定申请书应当包括以下内容：

(1)计量纠纷双方的单位名称、地址及其法定代表人的姓名、职务；

(2)申请仲裁检定的理由与要求；

(3)有关证明材料或实物。

二、仲裁检定委托书

仲裁检定委托书应写明委托单位的名称、地址，委托仲裁检定的内容和要求。

三、计量调解书

计量调解书的重要内容有：

(1)当事人双方的单位名称、地址及其法定代表人的姓名、职务；

(2)纠纷的主要事实、责任；

(3)协议内容；

(4)调解费用的承担。

计量调解书由当事人双方法定代表人和调解人员共同签字，并加盖调解机关(计量行政部门)的印章后成立。

第五节　仲裁检定与计量调解注意事项

一、回避原则

承办仲裁检定的工作人员，有可能影响检定数据公正的，必须自行回避。当事人也有权以口头或书面方式申请其回避。

政府计量行政部门对申请回避的，应及时作出决定，并通知有关工作人员或当事人。

二、影响重大

在全国范围内有重大影响或争议金额在100万元以上的，当事人可直接向省级以上人民政府计量行政部门申请仲裁检定和计量调解。

三、管辖移交

县（市）级人民政府计量行政部门认为需要上级办理的计量纠纷案件，可报请上一级人民政府计量行政部门处理。

上级人民政府计量行政部门认为需要下级办理的计量纠纷案件，可交下级人民政府计量行政部门办理。

四、一事不两讼

当事人一方已向人民法院起诉的计量纠纷案件，政府计量行政部门不再受理另一方的仲裁检定和计量调解的申请。

五、权威公正

计量仲裁检定必须指定国家计量基准或者社会公用计量标准进行。

第十二章 计量器具许可证制度及管理

第一节 计量器具概述

一、计量器具的定义

计量器具是指“单独或与一个或多个辅助设备组合,用于进行测量的装置”。它包含用以直接或间接测量出被测对象量值的装置、仪器仪表、量具和标准物质。随着科学技术的发展,计量技术不断进步,计量器具性能不断完善,指标不断提高,高性能、宽负载、长寿命、低成本、使用方便、安装简单、操作便捷的市场需求,推动了计量器具制造业的技术进步,突破了人们对计量器具认知的传统概念。计量器具有时呈现为传统的有形测量器具,如我们熟悉的实物量具、测量仪器、测量单元、测量系统、标准物质等;有时附加在不同的载体上,像电话计时计费的计量就是附加在程控交换机上,在通信过程中进行测量的;有时以虚拟形式构成测量系统,如天然气供气中压力和流量的测量,以压力、温度或流量传感器采集测量信号,传输到计算机监视控制系统,模拟显示出测量参数,在自动化和计算机控制系统中采集、传输、监视、调整、控制生产过程中的压力、温度或流量等测量参数,完成天然气的供应和计量。

计量器具不论状态、不论名称,总结起来它的特征有以下三点:一是用于测量,二是能确定被测量对象的量值,三是一种技术装置。凡是具备了以上特点的测量单元、测量装置、测量系统,我们都应把它视为计量器具。

“测量设备”一词是近年来普遍使用的国际标准中一个通用术语,在 JJF 1001—2011《通用计量术语及定义》中,测量设备的定义是:“为实现测量过程所必需的测量仪器、软件、测量标准、标准物质、辅助设备或其组合”。而我国多年来所使用的“计量器具”一词,在 JJF 1001—2011《通用计量术语及定义》中等同于“测量仪器”,其定义为“单独或与一个或多个辅助设备组合,用于进行测量的装置”。从总体上看,测量设备与计量器具的定义基本概念是一致的,都是针对测量手段而言的。两者最大的不同点在于:测量设备包括与测量过程有关的软件和辅助设备或者它们的组合,如测量软件、仪器说明书、操作手册等,而计量器具更突出体现测量硬件。计量器具与测量设备,有时也称为计量检测设备等,很多情况下两者具有相同含义。

二、计量器具的命名

计量器具的命名至今没有统一的方法,从不同的角度出发可以有不同的命名方法,通常用以下几种方法为计量器具命名:

(1)以被测量的量值名称命名,如压力计、电流表、电压表、心电图仪和屈光度计等。

(2)以涉及的测量方法命名,如指零电流计、质量比较仪、静态轨道衡、比较电桥、热电转换仪和差压传感器等。

(3)以涉及的测量原理命名,如U型压力计、热电温度计、激光干涉仪、光栅尺等。

(4)以涉及的具体的用途命名,如剂量计、体温计、测速仪、油流量计、孔径通规和测厚仪等。

(5)以仪器发明者名字命名,如盖革－弥勒计数器、文托利管、毕托管和波美管等。

(6)以测量结构命名,如温度动圈仪表等。

正因为对计量器具的命名国家没有统一的规定,各个生产企业可以根据不同需要从不同的角度来命名,有时同样一种计量器具可以有几种名称。例如,测量温度的显示仪表,为动圈结构,如果从它的结构特点来命名,可称为动圈仪表;但它不能直接测量温度,只有通过前级热电偶或热电阻,把温度信号转换成电量信号显示数值,因此也称它为温度测量二次仪表。

三、计量器具的分类

计量器具种类很多,但基本上可以按其结构特点和计量用途进行分类。按结构特点分类,计量器具可分为量具、计量仪器(仪表)和计量(测量)系统;按计量用途分类,计量器具可分为计量基准器具、计量标准器具和工作计量器具。下面从计量器具结构特点的角度进行分析。

(一)量具

量具是实物量具的简称,其定义是:具有所赋量值,使用时以固定形态复现或提供一个或多个量值的测量仪器。例如砝码、标准电阻、量块、标准信号发生器、标准物质等。

量具本身一般不带指示器,而和被测量对象一起形成测量指示器。例如,测量液体容量用的量器,就是利用液体的上部端面作为指示器。有些情况下量具虽然有指示器件,但它是供量具调整用的,而不是供测量作指示用的,例如信号发生器。

(二)计量仪器(仪表)

计量仪器(仪表)是一种单独或连同其他设备一起用以进行测量的器具,它将被测量的量转换成可直接观察的示值或等效信息。例如,电流表、压力计、水表、温度计、干涉仪、天平等都是计量仪器(仪表)。与量具不同,计量仪器本身并不复现或提供已知的量值,被测量的量值是以某种方式从外部作用于仪器,然后由仪器提供示值或信号,使用量具时往往需要加上比较用的计量仪器。例如,使用砝码称质量时就离不开天平,使用量块测量长度时也离不开比较仪。对于大部分计量仪器来说,比如千分尺、百分表、电流表、电压表等,它们与量具的比较过程是在仪器制造时或周期检定时进行的。此时,由量具提供的已知值(标准值)已经被“记忆”下来,以供测量时使用。有时计量仪器和量具已融为一体。例如,电位差计是与标准电池连用的,电阻电桥已经把标准电阻装在仪器内。有些计量仪器如千分尺、百分表等,由于结构简单、小巧常用,过去习惯称为长度量具。

(三)计量(测量)系统

计量(测量)系统的定义是组装起来以进行特定测量的全套计量(测量)仪器和其他设备。例如,测量半导体材料电导率的装置,校准体温计的装置。测量系统可以包含实物量具和标准物质。固定安装的测量系统称为“测量装备”。

为了进行特定的或多种测量任务,常需要一台或若干台计量器具,人们往往把这些计量器具连同有关的辅助设备的整体或系统,称为计量系统或计量装置。

辅助设备主要有三种作用:一是将被测量的量或影响量保持于某个适当的数值上;二是方便测量操作的进行;三是改变计量器具的计量范围或灵敏度。例如,放大器、读数放大镜、泵、试验电源、空气分离器、流量计量装置中的限流器、温度计检定用的恒温油槽等,均属于辅助设备。还有电学计量装置中用于扩大计量范围的辅助器件,例如分流器、分压器、附加电阻、互感器等。

四、计量器具的发展

计算机技术、传感器技术、纳米技术、超导技术、虚拟技术、信息技术等高新技术的迅速发展,促进了计量仪器仪表的自动控制水平的提升。当前,随着计算机技术的发展、内置电脑的智能化,多功能、多参数、自校准、可编程计量仪器不断出现,有力地促进了计量测试技术的发展。此外,随着机、电、仪一体化技术的发展和柔性加工系统的发展,一些计量仪器已发展成为加工设备或工艺装备的有机组成部分,为计量和自动控制一体化提供了有效的技术手段。21 世纪是 IT 时代,随着计算机技术的发展,在计量测量系统中,计量器具的部分计量功能得以被计算机软件事先编程设计,现代计量器具正日益成为复杂设备的组成部分,所以对计量软件的测量要求也日益重视起来。同时,也给计量仪器的管理、检定、校准等工作提出了一些新的课题。

第二节　计量器具许可证制度

我国《计量法》规定,对制造计量器具实行许可证制度。实质上,计量器具许可证制度是由政府计量行政部门对制造计量器具的企业是否具有制造计量器具的能力与资格进行的一种认证和认可，是一种法制性监督管理，具有法制性、权威性和强制性。对制造计量器具实行许可证管理是针对计量器具这种特殊产品所采取的一种特殊的法律制约手段。

一、计量器具许可证制度在国民经济和社会生活中的作用

计量是国民经济建设的重要基础。计量器具、测量设备在国民经济和社会生活各个领域中广泛应用。在生产领域，从原材料进厂开始，一直到产品设计开发，生产过程控制，产品检验乃至燃料、能源的消耗，成本核算等都要使用计量器具进行测量活动。在流通领域，准确可靠的计量器具是实现公平贸易的重要基础，如果计量器具失准，会引起经济秩序混乱，给国家、经营者、消费者造成经济损失。在科技工作中，进行设计、试制、开发，需要使用大量且种类繁多的精密计量器具才能保证科研数据准确、验证设计方案。在国防工作中，使用计量器具进行准确可靠的测量，对于确保武器装备的质量，对于提高我国国防能力和水平作用重大。在现代医疗工作中，计量器具的诊断和治疗作用十分突出。越来越多的疾病需要采用先进的计量器具进行诊断和治疗，如果计量器具失准，出现了错误数据，就会造成误诊，引发严重的后果。计量器具是国民经济和社会生活的重要技术手段，古今中外，计量器具无不由政府实施法制监督管理。计量器具管理是计量立法的重要内容，是保证计量单位统一、量值准确可靠的基础。计量器具是特殊产品，其质量的优劣直接影响和制约其他行业的质量水平。

二、计量器具许可证制度的法律依据

《计量法》第十二条规定："制造、修理计量器具的企业、事业单位，必须具备与所制造、修理的计量器具相适应的设施、人员和检定仪器设备，经县级以上人民政府计量行政部门考核合格，取得《制造计量器具许可证》或者《修理计量器具许可证》。"这是对制造计量器具的企事业单位所应具备的条件和必须履行的法律手续的规定，也是我国对计量器具制造、修理管理工作实施许可证制度的法律依据。

三、计量器具许可证的适用对象

《制造、修理计量器具许可监督管理办法》第二条规定：在中华人民共和国境内，以销售为目的的制造计量器具，以经营为目的的修理计量器具，以及实施监督管理，应当遵守本办法。

（一）实行计量器具许可证制度的范围

《计量法实施细则》第六十一条规定："计量器具是指能用以直接或间接测出被测对象量值的装置、仪器仪表、量具和用于统一量值的标准物质，包括计量基准、计量标准、工作计量器具。"国务院计量行政部门根据《计量法》的规定公布了《中华人民共和国依法管

理的计量器具目录(型式批准部分)》。因此,凡已列入该目录的计量器具都属于实行计量器具许可证制度的范围。

《计量法》实施以来,国内计量器具办理型式批准、计量器具许可证和进口计量器具的检定按原《中华人民共和国依法管理的计量器具目录》进行,进口计量器具办理型式批准按原《中华人民共和国进口计量器具型式审查目录》进行。计量行政部门依法按照上述目录实施计量监督管理,在保证进入市场的计量器具先进性和实用性方面发挥了积极作用。

然而,随着市场经济的不断发展和完善,原《中华人民共和国依法管理的计量器具目录》及其计量器具管理中也存在一些问题,主要是:目录规定的管理范围过大,实际管理不到位;对有些项目,检测能力不足,或只能检测部分项目,检测技术不能保证;在实际监管过程中,一些计量器具的型式评价没有技术依据,操作上很难实施;不断出现的一些计量器具新产品应纳入法制管理范畴,但没有列入目录等。特别是随着改革开放的不断深入,又出现了一些新情况,如国内生产与进口计量器具的管理范围不一致,国内管理范围大,进口管理范围小,不符合 WTO/TBT 协议中规定的"同等国民待遇"原则;尤其是 2004 年 7 月 1 日《中华人民共和国行政许可法》实施,要求政府部门严格依法行政,而上述问题的存在不能满足行政许可法的要求。

目前我国已加入世界贸易组织(WTO),对计量器具产品的管理既要符合中国国情,同时也要符合 WTO/TBT 协议的要求;我国是国际法制计量组织(OIML)的成员国,还要积极采纳 OIML 国际建议。因此,有必要尽快对原有目录进行调整,制定新目录,解决存在的问题,以推进计量管理体制改革,适应市场经济发展的需要。

(二)《计量器具新产品管理办法》

2005 年 5 月 16 日,经国家质检总局局务会议审议通过并正式公布了新的《计量器具新产品管理办法》(以下简称新办法),新办法自 2005 年 8 月 1 日起正式实施。原国家计量局 1987 年 7 月 10 日公布的《计量器具新产品管理办法》同时废止。新办法取消了样机试验,统一改为对计量器具实施型式批准管理方式,有利于提高计量器具产品质量。

原《计量器具新产品管理办法》自 1987 年 7 月实施以来,对规范我国计量器具新产品的生产、型式批准和监督管理发挥了积极作用,但原办法规定对申请单位采用型式批准和样机试验两种不同的管理方式,不适应当前市场经济对计量器具新产品采取统一管理的需求。

新办法在内容上有了明显改进。将计量器具新产品定型统一为型式批准,将定型鉴定和样机试验统一为型式评价;缩短了受理申请型式批准的时限,由 15 个工作日改为 5 个工作日;对申请单位应提交的技术文件的项目进行了修改;明确了承担型式评价的技术机构应具备的资格要求;明确规定申请单位对型式批准结果有异议的可申请行政复议或提出行政诉讼;对企业随意变更已经批准的计量器具型式的,要依据计量法律法规严肃查处。

(三)《中华人民共和国依法管理的计量器具目录(型式批准部分)》

2005 年 10 月 8 日,国家质检总局公布了《中华人民共和国依法管理的计量器具目录(型式批准部分)》(以下简称新目录)。新目录自 2006 年 5 月 1 日起施行。新目录适用于国内计量器具型式批准、计量器具许可证和进口计量器具检定。未列入新目录的计量器具,不再办理计量器具许可证、型式批准和进口计量器具检定。列入新目录的计量器具共75项,数量约为原来的1/3。新目录呈现以下特点。

1.明确了适用范围

凡列入新目录的项目要办理计量器具许可证、型式批准和进口计量器具检定。实施强制检定的工作计量器具目录按现有规定执行。专用计量器具目录由国务院有关部门计量机构拟定,报国家质检总局审核后另行公布。医用超声源、医用激光源、医用辐射源的管理按《关于明确医用超声、激光和辐射源监督管理范围的通知》(技监局量发〔1998〕49号)执行。自目录公布之日起,未列入新目录的计量器具,不再办理计量器具许可证、型式批准和进口计量器具检定。

2.清晰了技术依据

据统计,原有目录中没有技术依据的计量器具有128项,占21.4%。列入新目录的75项计量器具都有明确的技术依据,对应的国家计量检定规程和校准规范共209个。对于是否属于列入新目录的计量器具的判定,要以相应的国家计量技术法规的适用范围为依据,有关技术问题可向相应的全国专业计量技术委员会咨询。这样基本符合了《中华人民共和国行政许可法》的要求。

3.补充了新的项目

随着社会经济的发展,出现了新型计量器具,如测地型GPS接收机等,这次纳入新目录中。今后,随着经济发展、科技创新,计量器具将不断推陈出新,层出不穷。因此,目录也应是相对稳定、动态管理的。对于一些涉及贸易结算、安全防护、医疗卫生、环境监测等方面的计量器具,应适时调整目录,制定配套的国家计量检定规程,以适应经济发展的需要。

4.规范了命名方式

在以前的目录中,常有一些命名不统一、不规范的情况。新目录中全部采用国家计量技术法规中的名称,命名更加规范,归类更加合理,如把各种衡器归类为天平、非自动衡器、自动衡器、称重传感器、称重显示器等五类。

然而,新目录范围仍然较大。目前,列入新目录的计量器具有75项,只有原目录的1/3,但与发达国家相比,目录范围仍然较大。有关国家法制管理计量器具的数量分别是:加拿大20项、美国21项、德国29项、日本26项、韩国16项和奥地利35项。

5.采用了国际惯例

新目录坚持了可操作性、与国际惯例接轨等基本原则。第一是正当目标原则。按照WTO/TBT的正当目标原则,将用于贸易结算、安全防护、医疗卫生、环境监测等方面的计量器具列入目录。第二是同等国民待遇原则。长远目标就是对国内制造的计量器具和进口计量器具的管理采用相同范围,共用一个目录。第三是逐步调整原则。我国原有的法制计量管理范围过大,要逐步调整、逐步缩小。第四是可操作性原则。对列入目录的计量器具,要有明确的管理要求和技术要求,有现行有效的国家计量技术规范。第五是动态原则。目录应是相对动态的,必要时制定并颁布新的国家计量技术规范后,增加项目列入目录。第六是与国际惯例接轨原则。参考有关国际组织和部分国家(尤其是国际上有影响的大国)的管理目录。其中,国际法制计量组织(OIML)已经公布了国际建议的计量器具,一般都是重要的计量器具,应作为列入新目录首选的计量器具。

6. 新目录不包含计量标准和标准物质

在新目录中没有列入计量标准。对计量标准统一按《计量标准考核办法》进行考核和管理。新目录不包含标准物质。对标准物质统一按《标准物质管理办法》进行管理。在原来的目录中有一些传感器和二次仪表,由于传感器和二次仪表不能构成独立的产品使用,一般不应列入目录;但是有国际建议的,如称重传感器,则列入了新目录。

7. 新目录满足了行政许可要求

按照国务院法制办的意见,由国家质检总局先公布《中华人民共和国依法管理的计量器具目录(型式批准部分)》,另外根据《中华人民共和国进口计量器具监督管理办法》第四条的规定,对《中华人民共和国进口计量器具型式审查目录》进行逐步调整,以满足目前行政许可的要求。

2006 年 1 月 13 日,国家质检总局组织修订并重新公布了《中华人民共和国进口计量器具型式审查目录》,新目录自 2006 年 8 月 1 日起施行。新目录调整后,与国内的管理范围保持一致。

(四)免予办理制造计量器具许可证的特殊情况

1. 免予办理制造计量器具许可证的范围

(1)以非销售为目的研制的计量器具,不必办理制造计量器具许可证,如本单位自制自用而不对外销售的计量器具。

(2)科研单位或个人研制的计量器具,不对外销售只作为技术转让用的,研发计量器具的一方可不办理制造计量器具许可证;由接受技术转让的单位申请办理制造计量器具许可证。

(3)制造专门用于教学演示用的计量器具,可不办理制造计量器具许可证。

(4)仅制造计量器具的零部件、外协件、原器件,不负责进行计量器具组装的,出厂的成品按计量器具定义不构成独立测量单元的产品,可不必办理制造计量器具许可证。

(5)专门从事计量器具销售而不进行制造计量器具活动的,不必办理制造计量器具许可证。

(6)经国家计量行政部门批准,可免予办理制造计量器具许可证的。

2. 对免予办理制造计量器具许可证的要求

(1)属制造专门用于教学用的计量器具,要在产品明显部位标注“教学用”的永久性字样。

(2)属制造家庭用的计量器具,例如手提式弹簧度盘秤和用于非贸易结算的体重秤,应在产品明显部位标注“家庭用”永久性字样。

四、申请单位的法律地位要求

办理制造计量器具许可证的组织应当具备法人资格,独立承担在计量器具生产、经营、销售活动中各种民事权利和民事行为。随着现代企业制度的建立,制造计量器具的单位可以有各种组织形式,作为独立法人也好,作为独立法人的代理委托授权也好,名称上可以有多种称谓,场地上可以有多个处所,但必须取得法人资格,在从事计量器具生产制造活动中能够独立承担民事责任。在申请制造许可证过程中,要求申请单位提交合法经营的证明文件就是指工商注册、民政注册或编委注册的文件及证件。任何制造计量器具的单位都应当守法经营、合法谋利,在生产、经营活动中承担自己的法律责任和民事权利。

五、计量器具许可证的法律效力

计量器具许可证的法律效力主要体现在项目效力、条件效力、时间效力等方面。

(一)项目效力

制造许可证是根据申请单位提交的计量器具产品项目品种组织安排评价试验,考核合格后颁发的。制造许可证的项目效力具有鲜明的针对性,即仅对批准的计量器具名称、规格等项目有效。例如:

(1)增加产品品种或者规格必须办理增加产品的许可手续;

(2)产品重大改进必须办理改进产品的许可手续。

(二)条件效力

制造许可证是在对申请单位所在地的制造计量器具的各项条件考核合格的基础上批准颁发的。因此,许可证仅对考核时的制造条件有效。因制造、场地迁移等原因,制造条件发生变化时,应当重新申请办理制造许可证。

(三)时间效力

制造许可证的有效期为 3 年。已取得制造许可证的单位,在有效期满前 3 个月,应当向原发证的人民政府计量行政主管部门申请复查换证。复查按制造许可证的考核程序进行。经复查合格的,换发新的制造许可证。

第三节　计量器具许可证的管理权限

按照《计量法》规定,各级人民政府计量行政部门为制造计量器具许可证发证机关,在计量器具许可证管理工作中,国家计量行政部门负责统一监督管理全国制造许可证工作,省、自治区、直辖市计量行政部门负责本行政区内制造许可证监督管理工作,市、县计量行政部门在当地省级计量行政部门的领导和监督下负责本行政区内制造许可证监督管理工作。我国的计量管理基本以省为整体,各省计量行政部门根据本地的计量器具管理工作量不同有不同的管理权限设置。

一、国家计量行政部门的管理权限

国家计量行政部门负责统一监督管理全国制造计量器具许可证工作。制定有关计量器具管理的政策、法规，拟定计量器具许可证实施目录，颁布计量器具制造许可证考核规范，发布计量器具生产条件及能力要求，培训计量器具制造许可考核考评员，组织对计量器具产品质量进行监督检查。

根据《制造、修理计量器具许可监督管理办法》，原国家质量技术监督局 1999 年发布了《首批重点管理的计量器具的通知》（质技监局政发〔1999〕41 号文）（简称《通知》），在《通知》中规定了用于贸易结算的六种强制检定的计量器具为首批重点管理的计量器具。这六种计量器具为：电能表、水表、煤气表、衡器（不含杆秤）、加油机（含加油机税控装置）、出租汽车计价器。2007 年国家质检总局发布《重点管理的计量器具目录（第二批）》，将热能表、粉尘测量仪、甲烷测定器（瓦斯计）三类计量器具列入重点管理范围。

根据许可证管理工作需要，对重点管理的计量器具国家实施不同的管理方式。凡列入国家重点管理的计量器具目录的，其制造许可证的受理申请、考核和发证工作由省、自治区、直辖市质量技术监督部门办理；其型式评价按照《计量器具新产品管理办法》的规定，由国家质检总局授权的技术机构进行。

二、省级人民政府计量行政部门的管理权限

省、自治区、直辖市计量行政部门负责本行政区内制造计量器具许可证监督管理工作。对于国家纳入重点管理的计量器具，要严格按照国家的有关规定落实执行。各省还可以根据本地制造计量器具业生产品种和产品数量的分布，规定省级重点管理计量器具目录。确定管辖范围内各级计量行政部门许可证管理权限，组织对计量器具产品质量进行监督检查。

省级人民政府计量行政部门在管理指导全省计量器具许可证工作的同时，负责受理国家纳入重点管理的、省级重点管理的计量器具生产企业许可证的申请，安排计量器具型式评价试验，按照计量器具制造许可证考核规范组织计量器具生产条件考核，颁发《制造计量器具许可证》。

三、省辖市级和县级计量行政部门管理权限

除省级人民政府计量行政部门管理范围外的计量器具，由各省辖市及县级人民政府计量行政部门按属地管理的原则，负责制造计量器具许可证的管理。

各省辖市人民政府计量行政部门受理企业制造计量器具许可证申请，转呈计量器具型式评价申请，安排生产条件考核，发放制造、修理许可证，对辖区内计量器具制造企业实施监督管理。

随着行政体制改革的发展，根据河南省计量器具许可证管理工作特点，省质量技术监

督局规定:扩权县人民政府计量行政部门在制造计量器具许可证的管理中,承担与各省辖市人民政府计量行政部门相同的管理权限。

第四节 计量器具新产品

一、计量器具新产品的管理

《计量法》第十三条规定:制造计量器具的企事业单位生产本单位未生产过的计量器具新产品,必须经省级以上人民政府计量行政部门对其样机的计量性能考核合格,方可投入生产。凡制造计量器具新产品,必须对其样机的计量性能考核合格,取得许可证后,才能进行生产销售活动。

计量器具新产品是指本单位从未生产过的计量器具,包括对原有产品在结构、材质等方面作了重大改进导致性能、技术特征发生改变的计量器具,凡在中华人民共和国境内,任何单位或者个体工商户制造以销售为目的的计量器具新产品,必须申请型式批准。型式批准是指计量行政部门对计量器具的型式是否符合法定要求而进行的行政许可活动。型式批准包括型式评价、型式批准决定两个环节。

型式评价是为了确定计量器具型式是否符合计量要求、技术要求和法制管理要求所进行的技术评价。计量器具新产品的型式评价是取得《制造计量器具许可证》的首要环节,是对计量器具新产品在批量生产前能否满足、保证技术标准和检定规程的考核,又是对计量器具新产品的性能、稳定性、可靠性以及寿命等技术指标的验证。同时,也是对设计原理是否科学,结构是否合理,指标是否先进,是否能在长期使用的状态下,满足技术标准及计量检定规程的规定技术要求的考核。因此,凡通过计量器具新产品型式评价的计量器具,可以证明该种计量器具新产品的型式达到了规定的技术标准和计量检定规程的要求。

列入国家重点管理目录的计量器具,型式评价由国家计量行政主管部门授权的技术机构进行;《中华人民共和国依法管理的计量器具目录(型式批准部分)》中的其他计量器具的型式评价由国家计量行政主管部门或省级计量行政主管部门授权的技术机构进行。国家计量行政主管部门负责统一监督管理全国的计量器具新产品型式批准工作,省级计量行政部门负责本地区的计量器具新产品型式批准工作。

二、型式批准的实施

（一）型式批准的申请

单位研发、制造计量器具新产品，在申请制造计量器具许可证前，应向当地计量行政主管部门申请型式批准。按照 JJF 1015《计量器具型式评价和型式批准通用规范》的要求，申请单位应递交型式批准申请书和营业执照等合法身份证明以及有关资料。提交的技术资料有样机照片、产品标准（包含检验方法）、总装图、电路图、主要零部件图、使用说明书、制造单位或者有关技术机构所出具的试验报告等。受理申请的计量行政主管部门，自接到申请书之日起在 5 个工作日内对申请资料进行初审，初审通过后，依照规定委托技术机构承担型式评价，并通知申请单位。承担型式评价的技术机构，根据计量行政主管部门的委托，在 10 个工作日内与申请单位联系，申请单位应当及时提供试验样机，配合承担型式评价的技术机构尽早完成型式评价。

（二）型式评价要求

（1）承担型式评价的技术机构必须具备计量标准、检测装置以及场地、工作环境等相关条件，按照《计量授权管理办法》取得国家质检总局或省级计量行政主管部门的授权，方可开展相应的型式评价工作。

（2）承担型式评价的技术机构必须全面审查申请单位提交的技术资料，并根据国家质检总局制定的型式评价技术规范拟定型式评价大纲。型式评价大纲由承担型式评价技术机构的技术负责人批准。型式评价应按照型式评价大纲进行。国家计量检定规程中已经规定了型式评价要求的，按规程执行。

（3）型式评价一般应在 3 个月内完成。型式评价结束后，承担型式评价的技术机构将型式评价结果报委托的省级计量行政主管部门，并通知申请单位。

（4）型式评价过程中发现计量器具存在问题的，由承担型式评价的技术机构通知申请单位，可在 3 个月内进行一次改进；改进后，送原技术机构继续进行型式评价。申请单位改进计量器具的时间不计入型式评价时限。

（5）承担型式评价的技术机构在型式评价后，应将全部样机、需要保密的技术资料退还申请单位，并保留有关资料和原始记录，保存期不少于 3 年。

承担型式评价的技术机构，对申请单位提供的样机和技术文件、资料必须保密。违反规定的，应当按照国家有关规定，赔偿申请单位的损失，并给予直接责任人员行政处分；构成犯罪的，依法追究刑事责任。技术机构出具虚假数据的，由国家质检总局或省级计量行政主管部门撤销其授权型式评价技术机构资格。

（三）型式批准

省级计量行政主管部门在接到型式评价报告之日起 10 个工作日内，根据型式评价结果和计量法制管理的要求，对计量器具新产品的型式进行审查。经审查合格的，向申请单位颁发型式批准证书；经审查不合格的，发给不予行政许可决定书。

三、型式批准证书

(一)型式批准证书的颁发

型式批准是对计量器具新产品的型式是否符合法制要求的一种认可,即由省级以上人民政府计量行政部门对计量器具的型式作出符合要求的一种决定。《计量器具新产品管理办法》第五条规定:国家质量监督检验检疫总局负责统一监督管理全国的计量器具新产品型式批准工作。省级质量技术监督部门负责本地区的计量器具新产品型式批准工作。

列入国家质检总局重点管理目录的计量器具,型式评价由国家质检总局授权的技术机构进行;目录中的其他计量器具的型式评价由国家质检总局或省级质量技术监督部门授权的技术机构进行。

经省级政府计量行政部门批准的计量器具新产品的型式批准,发给型式批准证书;再经国务院计量行政部门审核同意,可作为全国统一型式予以公布。

(二)型式批准的标志及编号

型式批准标志可以标注在新产品的样机投产后新产品的铭牌、说明书和合格证等明显部位。在标志下方要注明批准号。批准号是一组7位数字,中间带有一个代表计量器具专业的符号。如(87)F103-41,其中(87)表示批准年份,F表示力学计量器具,103表示批准的顺序号,横杠后边的"41"表示省份的代码。

(三)型式批准的作用

(1)申请计量器具新产品科技成果奖励时,必须以型式批准证书为据。

(2)凡属计量器具新产品,取得型式批准证书后,经税务机关审查批准,方可按规定享受减税或免税的优惠。

(3)型式批准的标志和批准号只限本单位该种产品使用,本单位其他种类的产品或其他单位再生产该种产品的,都不能用此标志与批准号。

(4)获型式批准的计量器具是由申请单位首次研制出来的。以后该产品技术转让给其他单位,此行为属于技术转让。型式批准受知识产权保护。

(5)型式批准证书是申请办理《制造计量器具许可证》的首要条件。

(6)型式批准证书是计量器具新产品申报技术专利申请条件之一。

第五节 制造许可证签发办理程序

制造许可证的办理程序包括许可证申请、许可证考核和许可证发放三个阶段。

一、制造许可证的申请

申请制造计量器具许可考核单位应当保持申请许可项目的正常生产状态，并准备以下资料供考核组检查：

(1)申请单位的基本情况和组织结构图；

(2)依法在当地政府注册或者登记的文件(原件)(含异地营业执照)和组织机构代码证(原件)；

(3)受理申请许可的型式批准证书和型式评价报告；

(4)换证申请单位所持有的许可证(原件)；

(5)产品标准及产品标准登记或备案原件；

(6)申请单位对照考核规范和许可考核必备条件的自我评价；

(7)计量管理制度和质量管理制度，及实施情况的记录；

(8)质量管理人员、技术人员、计量人员和检验人员明细表及任命书、聘用合同等；

(9)生产设备、工艺设备、检测设备和出厂检验测量设备一览表；

(10)检测设备和出厂检验测量设备的检定或校准记录或证书；

(11)申请许可项目的设计文件(包括设计图样、安装使用说明书等)、工艺文件(包括作业指导书、工艺规程、工艺卡)、检定规程或校准规范或检验方法等；

(12)产品出厂检验记录；

(13)计量标准考核证书(如建立有企业最高计量标准)；

(14)相关法律法规及相应标准、技术规范的清单；

(15)工艺流程图及关键控制点位置(以便现场巡视时使用)；

(16)现场考核过程中需要的其他资料。

二、制造许可证的考核

(一)考核内容

JJF 1246《制造计量器具许可考核通用规范》具体规定了制造计量器具许可考核的要求，主要包括计量法制管理(4.2)、人力资源(4.3)、生产场所(4.4)、生产设施(4.5)、检验条件(4.6)、技术文件(4.7)、管理制度(4.8)、售后服务(4.8)和产品质量(4.10)等九个方面。申请制造计量器具许可的单位(以下简称申请单位)必须符合上述九个方面的全部要求，其中生产场所、生产设施和检验条件等还必须符合该项目许可考核必备条件所规定的全部要求。

如果申请制造许可的计量器具的主要部件为外协加工的，应具有合格供方的定期评价、质量档案、采购控制清单。清单内容应明确规定质量和技术要求；应有工艺流程图和关键工序规定；应有入厂质量验收记录和关键工序过程检验记录，记录数量应与生产、入库数量一致。

（二）考核程序

对申请制造计量器具许可证的单位生产条件的考核，是把握制造许可证发证质量，最终保证计量器具产品质量的中心环节。为保证考核工作自身的质量，必须严格按 JJF 1246《制造计量器具许可考核通用规范》和《制造、修理计量器具许可证考评员培训、考核、聘任规定》中规定的考核程序和要求进行考核。

三、制造许可证的签发

（一）审核发证

受理申请的计量行政主管部门应当在接到考核组的考核报告后的 10 个工作日内完成对考核结果的审核。经审核合格的，颁发制造计量器具许可证；审核不合格的，退回申请书。

（二）许可证标志和编号

1. 许可证标志

许可证标志为 CMC，其含义是“中华人民共和国制造计量器具许可证”，是英文 China Metrology Certification 的缩写。

2. 许可证编号

制造计量器具许可证的编号样式为：A 制 B 号，其中，“A”为国家、省、自治区、直辖市的简称，国家简称“国”；“B”为地、市、县的行政区代码和许可证的顺序号，共 8 位数字，其中 1 ~ 4 位填写国家标准 GB/T 2260—2007 规定的地、市、县行政区代码，5 ~ 8 位填写许可证的顺序号。如国家质检总局或省级计量行政主管部门发证，前四位数字为 0000。发证部门对每个制造计量器具企业只给一个编号。

许可证编号由许可证的发证部门确定。由省质量技术监督局颁发的许可证由省局确定其许可证编号，由省辖市质量技术监督局颁发的许可证由省辖市局确定其编号。如一个乡镇企业生产 6 种计量器具，其中有 5 种属于一般的计量器具，由所在省辖市质量技术监督局考核颁发许可证，该许可证编号由县局确定。另外 1 个计量产品是电能表，属于国家重点管理的计量器具，由省质量技术监督局负责考核颁发许可证，则该许可证的编号由省局确定。对于该企业则可能有两个不同编号的制造计量器具许可证。

3. 标志和编号的使用

标志和编号必须制作在产品上或产品的铭牌上。另外，在说明书和外包装上也要有许可证标志和编号。

许可证的编号要与标志在一起采用，编号标注在标志的下侧或右侧。

未取得制造计量器具许可证的产品不得使用此标志和编号。许可证标志和编号一律不得转让。

第六节　计量器具许可证工作的监督管理

一、监督管理的主要内容

（1）各级计量行政主管部门有权对计量器具产品（商品）进行监督检查。

（2）未取得制造许可证的产品，没有合格印、证的产品，没有许可证标志的产品不得销售。

（3）凡有下列情况之一者，发证的计量行政主管部门应当吊销其制造许可证或者修理许可证：

①省级以上计量行政主管部门监督抽查产品质量不合格，经整顿仍达不到产品标准、检定规程要求的；

②产品不符合原型式批准或者样机试验合格要求的；

③生产设施、人员的技术状况和检测条件，以及有关规章制度达不到原考核条件的。

（4）生产国家明令淘汰的计量器具，或者到期未申请复查换证的，发证的计量行政主管部门应当注销其制造许可证。

（5）对被吊销制造许可证的单位，自吊销之日起一年内不予办理制造许可证。

（6）颁发、吊销、注销许可证，由省级计量行政主管部门向社会公布。

（7）违反计量法律法规制造计量器具的，由县级以上计量行政主管部门按照《计量法》及其实施细则的规定，予以行政处罚。

二、计量行政主管部门的内部监督

为强化制造计量器具许可证的监督管理，《制造、修理计量器具许可监督管理办法》第三十五条规定：各级质监部门在监督管理和检查工作中不得滥用职权、玩忽职守、徇私舞弊，不得妨碍制造、修理计量器具单位或个人正常生产活动。第三十六条规定：各级质监部门及相关人员应当保守在制造、修理计量器具监督管理和检查工作中所知悉的商业秘密和技术秘密。

三、许可证备案和公布制度

为了进一步强化省级计量行政主管部门对本行政区域内许可证的宏观管理职能，

《制造、修理计量器具许可监督管理办法》明确规定了许可证备案和公布制度。办法的第三十三条规定：准予制造、修理计量器具许可的质监部门应当及时公告许可核准、变更、注销等有关情况，并将有关情况逐级上报省级质监部门。第三十四条规定：省级质监部门应当定期公布取得制造、修理计量器具许可的单位和个人名单，并报国家质检总局备案。

许可证备案和公布制度是加强对许可证监督管理工作的一项重要措施。实行许可证备案制度，有利于上级计量行政主管部门及时了解和掌握许可证颁发的情况，有利于加强对许可证颁发质量的监督，也有利于组织对已取证单位的计量器具产品实施质量监督检查。

实行许可证公布制度，有利于提高计量器具许可证管理的公开化程度，有利于依靠和发挥社会各方面的力量加强对计量器具许可证的监督，也有利于取证单位扩大对已取证的计量器具制造的社会宣传。

四、计量器具产品质量纠纷的处理

由政府计量行政主管部门对企事业单位颁发制造计量器具许可证，是对其具备制造某种计量器具和保证产品（修理）质量能力的认可，而不是对其具体产品质量负责。

政府计量行政主管部门应受理有关计量器具产品质量纠纷的投诉，有权调解、调查处理产品质量纠纷。应本着以事实为根据、以法律为准绳的原则，准确认定相关当事人的责任。对重要、贵重产品（商品），制造者、经销者、储运者和用户之间应有书面合同或协议，明确相互之间的责任、权限。凡无协议或内容不全面的，发生问题时，参照有关规定或常规酌情处理。调解无效的，通过法律途径解决，确属质量不合格的，按照《计量法》及其实施细则进行处罚，并责令赔偿对用户造成的损失。如不属于纠纷当事人责任的，按规定向有关责任人追索赔偿。如果是产品在使用了一段时间后发生问题，在规定的保修期内的，由制造者负责修理、更换或退赔。

五、型式批准与产品质量监督的区别

型式批准是对制造单位设计生产该种“型式”计量器具的行政认可。样机的提供方式是由申请单位与有关技术机构协商确定的，而不是随机抽样的。同时，型式评价也是对申请单位是否具有此种产品制造能力的考核。型式评价要求申请单位提供的样机必须是本单位制造出来的，不能把其他单位制造的样机买来作为本单位的样机进行试验。

型式批准的目的是通过对计量器具的性能指标的审查和试验，反映其设计原理、结构、选材等方面的合理性及适应性，以及是否采用法定计量单位，是否属于国家禁止使用或废除的计量器具，是否符合我国量值溯源的技术要求，判断其是否符合我国计量法律法规。型式批准只是对制造计量器具时设计定型的一种技术成熟度的衡量，体现出制造单位的设计能力和技术水平的先进性，并不能认为获得型式批准后，制造单位的每台产品质量均合格。

产品质量监督是单位获取制造许可证后，按产品标准组织生产，对产品质量水平是否保持稳定进行的监督考核。产品质量监督由指定承担监督试验的技术机构按抽样方法随机抽取样品进行试验。产品质量监督的形式有产品质量监督检查、产品质量统一监督检查、定期监督检查等。产品质量监督检查的程序包括计划制订、产品抽查具体方案设计、现场抽样、样品检验、结果反馈、数据汇总、公布结果、督促整改、复查检验等。通过国家质量监督,促使生产企业改进和提高产品质量。

第十三章　实验室资质评定

实验室是指从事科学实验、检验、检测和校准活动的技术机构,实验室资质是指向社会出具有证明作用的数据和结果的实验室应当具有的基本条件和能力。实验室的基本条件是指实验室应满足的法律地位、独立性和公正性、安全、环境、人力资源、设施、设备、程序和方法、管理体系和财务等方面的要求。实验室的能力是指实验室运用其基本条件以保证其出具的具有证明作用的数据和结果的准确性、可靠性、稳定性的相关经验和水平。实验室资质评定的形式包括计量认证和审查认可。

第一节　计量认证的基本概念

一、计量认证的有关法律规定

《计量法》第二十二条规定:"为社会提供公证数据的产品质量检验机构,必须经省级以上人民政府计量行政部门对其计量检定、测试的能力和可靠性考核合格"。

《计量法实施细则》第三十二条规定:"为社会提供公证数据的产品质量检验机构,必须经省级以上人民政府计量行政部门计量认证"。

《计量法实施细则》第三十三条还规定,产品质量检验机构计量认证的内容有:

(1)计量检定、测试设备的性能;

(2)计量检定、测试设备的工作环境和人员的操作技能;

(3)保证量值统一、准确的措施及检测数据公正可靠的管理制度。

《计量法实施细则》第三十四条规定:"产品质量检验机构提出计量认证申请后,省级以上人民政府计量行政部门应指定所属的计量检定机构或者被授权的技术机构按照本细则第三十三条规定的内容进行考核。考核合格后,由接受申请的省级以上人民政府计量行政部门发给计量认证合格证书。未取得计量认证合格证书的,不得开展产品质量检验工作”。

《实验室和检查机构资质认定管理办法》中给出的计量认证的概念是:计量认证是指国家认证认可监督管理委员会和地方质检部门依据有关法律、行政法规的规定,对为社会提供公证数据的产品质量检验机构的计量检定、测试设备的工作性能、工作环境和人员的操作技能与保证量值统一、准确的措施及检测数据公正可靠的质量体系能力进行的考核。

由以上法律规定我们可以了解到:

(1)省级以上人民政府计量行政部门负责管理计量认证工作。

(2)为社会提供公证数据的产品质量检验机构必须经过计量认证,未取得计量认证合格证书的,不得开展产品质量检验工作。这一点在法律上是带有强制性的要求。

(3)计量认证是一种资格和能力的认证。

(4)计量认证是一种法定的认证制度,不同于一般的民间性质的自愿认证制度。

计量认证是指政府计量行政部门对有关技术机构计量检定、测试的能力和可靠性进行的考核和证明,是由政府计量行政管理部门对产品质量检验机构能力进行的一种评价和资格认可,目的是保证这些检验机构为社会出具的公证数据准确可靠。它是对产品质量检验机构的一种强制性要求,是政府权威部门对检测机构进行规定类型检测所给予的正式承认,是我国通过计量立法对凡是为社会出具公证数据的检验机构(实验室)进行强制考核的一种手段,是具有中国特色的政府对第三方实验室的行政许可。经实验室资质认定(计量认证)合格的产品质量检验机构所提供的数据,用于贸易出证、产品质量评价、成果鉴定作为公证数据,具有法律效力。

二、计量认证的范围

根据《计量法》的规定,凡对社会提供公证数据的产品质量检验机构必须进行计量认证。随着计量认证工作的开展,其社会影响和权威性日益扩大,一些对社会提供公证数据的其他类型检测机构,如校准实验室、环境监测实验室、理化分析实验室等也纷纷自愿地提出计量认证申请。政府计量部门考虑到这类实验室建设和社会认同的需要,在自愿为主的前提下,也接受这类实验室的认证申请。因此,计量部门可根据检验机构的不同性质,受理强制认证和自愿认证申请,但认证标准和认证程序对两种实验室是一样的。

《实验室和检查机构资质认定管理办法》第七条规定,从事下列活动的机构应当通过资质认定,资质认定的形式包括计量认证和审查认可:

(1)为行政机关作出的行政决定提供具有证明作用的数据和结果的;

(2)为司法机关作出的裁决提供具有证明作用的数据和结果的;

(3)为仲裁机构作出的仲裁决定提供具有证明作用的数据和结果的;

(4)为社会公益活动提供具有证明作用的数据和结果的;

(5)为经济或者贸易关系人提供具有证明作用的数据和结果的;

(6)其他法定需要通过资质认定的。

三、计量认证的作用和意义

计量认证是我国的实验室认证制度。计量认证有一套严格的管理程序和考核标准。通过计量认证,取得计量认证合格证书,表明检验机构符合以下要求:

(1)有健全的职能组织机构;

(2)建立了完善的检测工作管理体系;

(3)具有计量性能符合要求的测量设备,而且测量量值能溯源到国家计量基准;

(4)有合格的管理人员和测量人员;

(5)有符合要求的环境条件;

(6)编制了描述其管理体系要素和作用的质量手册及实验室运行需要执行的各种程序文件。

检验机构达到上述要求,就具备了向社会提供准确、可靠的公证数据的能力。这些数据对用于产品质量的判断、仲裁,以及用于新产品新材料的研制、工艺改进、科学成果的鉴定等方面都有着重要作用。特别是那些承担有产品质量监督抽查任务的检验机构,其检验数据和检验结论的准确、正确与否,则直接关系到广大消费者的合法权益和生产厂家的正当利益。

随着我国市场经济的发展,检验机构作为提供检测数据的服务方,将面临用户的选择,激烈的市场竞争是不可避免的,只有那些检测能力强、检测工作质量水平高和服务好的检验机构才可能求得生存和发展。通过计量认证,检验机构的综合能力和水平得到了法律上的承认,具有了向社会提供公证数据的资格,这无疑提高了检验机构的社会信誉和用户对其的信任程度,使其处于更有利的竞争地位。

通过计量认证的检验机构,因其高质量的检验工作,将对改善和提高我国的产品质量,维护国家和消费者的利益,规范和促进我国社会主义市场经济的发展,起到很大的作用。

四、计量认证(实验室资质认定)标志的使用

国家认证认可监督管理委员会规定实验室资质认定证书包括四种形式:

(1)计量认证证书:对向社会出具具有证明作用的数据和结果的实验室颁发,使用CMA标志;

(2)审查认可证书:对向社会出具具有证明作用的数据和结果的检验机构颁发,使用CAL标志;

(3)验收证书:对质量技术监督系统质量检验机构颁发,使用CAL标志;

(4)授权证书:对国家质检总局授权的国家产品质量监督检验中心、省级质监局授权的产品质量监督检验站颁发,使用CMA和CAL标志。

取得计量认证合格证书的产品质量检验机构,可按证书上所限定的检验项目,在其产品检验报告上使用计量认证标志,标志由CMA三个英文字母形成的图形和检验机构计量

认证书编号两部分组成。

通过计量认证和审查认可(验收)的质检机构,允许在其出具的检验报告上加盖 CMA 标志和 CAL 标志,并分别在两个标志下加印计量认证和审查认可(验收)的证书编号。

CMA 由英文 China Metrology Accreditation 三个词的第一个大写字母组成,意为"中国计量认证"。CAL 标志是 China Accredited Laboratory (中国考核合格检验实验室)的缩写。

五、计量认证、审查认可(验收)、实验室认可的关系

(一)计量认证、审查认可(验收)、实验室认可的发展进程

1985 年全国人大通过的《计量法》第二十二条规定:"为社会提供公证数据的产品质量检验机构,必须经省级以上人民政府计量行政部门对其计量检定、测试的能力和可靠性考核合格";1987 年国务院批准发布的《计量法实施细则》第三十二条规定:"为社会提供公证数据的产品质量检验机构,必须经省级以上人民政府计量行政部门计量认证";1987 年国家计量局发布了《产品质量检验机构计量认证管理办法》,参照英国实验室认可机构(NAMAS)、欧共体实验室认可机构等国外认可机构对检验机构的考核标准,制定了考核规则,开始对我国的检验机构实施计量认证考核。1987 年底,国家计量局和国家标准局合并组成国家技术监督局。经过实验室计量认证考核工作实践的积累,1990 年国家技术监督局以计量技术规范的形式颁布了 JJF 1021—1990《产品质量检验机构计量认证技术考核规范》(俗称 50 条),开展对各类检测机构的评价工作,建立了我国最早的实验室认证/认可体系。依据我国《计量法》开展的计量认证技术考核工作,最早使用了"计量认证"概念,实验室计量认证的实质是政府部门的一种法定认可活动。

1986 年国家经济委员会标准局颁布了《国家产品质量监督检验测试中心管理试行办法》,对承担产品质量监督检验任务的国家级或省级质检中心进行审查认可。1990 年,国家发布《标准化法实施条例》,将对产品质量监督检验机构的建设规划、考核审查工作称之为"审查验收",评审依据为《产品质量监督检验所验收细则》;对技术监督局授权的非技术监督系统的国家级或省级质检中心的考核称为审查认可,评审依据为《国家产品质量监督检验中心审查认可细则》。这两个细则均为 39 条款考核要求,俗称 39 条。

1989 年,中国国家进出口商品检验局成立"中国进出口商品检验实验室认证管理委员会",对承担进出口商品检验任务的实验室开展认证工作。

1994 年国家技术监督局依据 ISO/IEC 导则 58 成立了"中国实验室国家认可委员会"(CNACL),开始我国的实验室认可活动。

2001 年国家质量技术监督局和国家出入境检验检疫局合并,成立国家质量监督检验检疫总局。随着机构的合并,两局相近业务板块也进行了调整。2002 年中国实验室国家认可委员会(CNACL)和中国国家出入境检验检疫实验室认可委员会(CCIBLAC)合并,组建新的中国实验室国家认可委员会(CNAL)。

2006 年中国实验室国家认可委员会(CNAL)与中国认证机构国家认可委员会(CNAB)合并,成立中国合格评定国家认可委员会(CNAS),根据有关法律法规,承担国家

认证机构、检查机构和实验室的统一认可。实验室认可除包括质检机构审查认可、计量认证外,还涵盖校准实验室和第一方、第二方的实验室评审等。

(二)计量认证、审查认可(验收)、实验室认可的区别

计量认证是我国通过计量立法,对凡是向社会出具公证数据的检验机构(实验室)进行强制考核的一种法制监督管理手段。

审查认可(验收)是政府对依法设置或授权承担产品质量检验任务的质检机构设立条件、界定任务范围、检验能力考核、最终授权(验收)的强制行政管理手段。

CNAS 实验室认可是自愿性的,是实验室选择认可机构对其能力给予证明的方法,以提高实验室在检验用户中的可信度并提高其在检验市场的竞争力。

计量认证和审查认可的评审由省级和国家级政府计量行政部门两级组织实施管理,实验室认可是一级管理,实施机构是中国合格评定国家认可委员会(CNAS)。

县级以上质量技术监督部门依法设置的质检机构和经过省级以上计量行政部门的计量认证、审查认可后给予授权的质检机构,包括国家质检中心和地方的质检站及各级质检所,属于法定的质检机构,主要承担各级政府的质量监督检验任务。根据《中华人民共和国标准化法》第十九条和《中华人民共和国质量法》第十一条、三十六条的规定,质检机构经审查认可后方可承担产品检验工作,处理产品质量争议,获得审查认可的质检机构,其出具的检验数据具有法律效力。质检机构及其他为社会出具公证数据的质检机构的法律地位已经由相应的法律法规所确定,根据《计量法》规定,凡向社会出具公证数据的质检机构,其计量检定、测试的能力和可靠性必须通过计量认证考核;否则,将“不得开展产品质量检验工作”。计量认证是对检测机构的法制性强制考核,是政府部门对检测机构进行检测给予的正式承认,计量认证和审查认可是其出具特定检验数据或承担特定检验工作的必备条件。

通过实验室认可的实验室只表明在认可范围内具有相应的校准或检验能力,可以以认可实验室的名义开展相应工作,其法律地位、机构性质都不改变,更不意味着要挂监督检验机构的牌子。也就是说,实验室的法律地位不因其被认可发生变化,但其作用可能有所不同,由于认可本身表明其相应能力得到了权威机构承认,提高了在用户中的可信度,增强了其在检测市场的竞争力。

(三)计量认证、审查认可(验收)、实验室认可的联系

计量认证、审查认可(验收)、实验室认可的考核都是对质检机构、实验室的管理体系和技术能力的评审,都是以 ISO/IEC 指南 25(GB/T 15481)作为基本条件,不管其是等同采用还是参照执行,评审准则的框架和主干是相同的。之所以存在三种评审,一是因为历史的原因,质检机构的计量认证和审查认可都始于 20 世纪 80 年代,已经获得了社会的认可;二是现行有效的法律法规对质检机构的计量认证和审查认可有明确的规定,在法制社会背景下必须依法行政。

为了减少重复评审,国家质检总局采取计量认证和审查认可一次评审,合格后颁发两个证书的做法,即“二合一”评审。实验室申请“三合一”评审的,合格者发给计量认证证书、审查认可(验收)证书和实验室认可证书。随着市场经济的发展和法律法规的修订,三种评审要求将更趋一致,真正的一次评审多方互认的前景必将到来。

第二节　计量认证评审内容

1990 年国家技术监督局以计量技术规范的形式颁布了 JJF 1021—1990《产品质量检验机构计量认证技术考核规范》(俗称 50 条),是计量认证的评审依据;审查认可的评审依据为《国家产品质量监督检验中心审查认可细则》和《产品质量监督检验所验收细则》,这两个细则俗称 39 条。计量认证与审查认可合并评审后执行的是《产品质量检验机构计量认证/审查认可(验收)评审准则(试行)》。2007 年 1 月 1 日起开始实施的《实验室资质认定评审准则》(简称《评审准则》)是现行有效的计量认证/审查认可的评审依据。

《评审准则》的评审内容包括管理要求和技术要求两部分。管理要求部分包括组织,管理体系,文件控制,检测或校准分包,服务和供应品的采购,合同评审,申诉和投诉,纠正措施、预防措施及改进,记录,内部审核,管理评审等 11 个要素。技术要求部分包括人员,设施和环境条件,检测和校准方法,设备和标准物质,量值溯源,抽样和样品处理,结果质量控制,结果报告等 8 个要素。

一、组织

该要素是《评审准则》中的重要要素。它从实验室的法律地位、建立统一的管理体系、保证检测或校准工作的客观性和公正性、检测或校准资源的配置、内部各个部门或重要岗位的职责和相互关系、保守国家和客户的秘密以及防止商业贿赂等方面提出了要求。

(一)实验室的法律地位

实验室应依法设立或注册,能够承担相应的法律责任,保证客观、公正和独立地从事检测或校准活动。

(二)对非独立法人的授权

实验室一般为独立法人;非独立法人的实验室需经法人授权,能独立承担第三方公证检验,独立对外行文和开展业务活动,有独立账目和独立核算。

(三)实验室的工作场所和设施

实验室应具备固定的工作场所,应具备正确进行检测或校准所需要的并且能够独立调配使用的固定、临时及可移动检测或校准设备设施。

(四)实验室的多检测场所

实验室管理体系应覆盖其所有场所进行的工作。

（五）实验室的人力资源

实验室应有与其从事检测或校准活动相适应的专业技术人员和管理人员。

（六）实验室的公正性、独立性

实验室及其人员不得与其从事的检测或校准活动以及出具的数据和结果存在利益关系；不得参与任何有损于检测或校准判断的独立性和诚信度的活动；不得参与和检测或校准项目或者类似的竞争性项目有关系的产品设计、研制、生产、供应、安装、使用或者维护活动。

实验室应有措施确保其人员不受任何来自内外部的不正当的商业、财务和其他方面的压力和影响，并防止商业贿赂。

（七）保密规定

实验室及其人员对其在检测或校准活动中所知悉的国家秘密、商业秘密和技术秘密负有保密义务，并有相应措施。

（八）组织机构

实验室应明确其组织和管理结构、在母体组织中的地位，以及质量管理、技术运作和支持服务之间的关系。

（九）人员的任命

实验室最高管理者、技术管理者、质量主管及各部门主管应有任命文件，独立法人实验室最高管理者应由其上级单位任命；最高管理者、技术负责人及质量负责人的变更需报发证机关或其授权的部门确认。

（十）人员的职责

实验室应规定对检测或校准质量有影响的所有管理、操作和核查人员的职责、权力和相互关系。必要时，指定关键管理人员的代理人。

（十一）监督活动

实验室应由熟悉各项检测或校准方法、程序、目的和结果评价的人员对检测或校准的关键环节进行监督。

（十二）技术负责人、质量负责人

实验室应由技术管理者全面负责技术运作，并指定一名质量主管，赋予其能够保证管理体系有效运行的职责和权力。

（十三）指令性检测任务

对政府下达的指令性检验任务，应编制计划并保质保量按时完成（适用于授权/验收的实验室）。

二、管理体系

该要素是《评审准则》中重要的要素之一。为了实现质量方针和目标，履行承诺，实验室必须建立并有效实施管理体系，最终达到组织的目的。实验室的各项管理，是通过管理体系的运行来实现的，建立管理体系并使体系有效运行，在运行中不断改进和完善，是实验室管理工作的主要任务。

实验室应按照《评审准则》建立和保持能够保证其公正性、独立性并与其检测或校准活动相适应的管理体系。管理体系应形成文件，阐明与质量有关的政策，包括质量方针、目标和承诺，使所有相关人员理解并有效实施。

三、文件控制

文件是一切管理和技术活动的依据。为保证使用的各种文件是现行有效的版本，实验室应对文件的各个环节实施控制和管理。

实验室应建立并保持文件编制、审核、批准、标识、发放、保管、修订和废止等的控制程序，确保文件现行有效。

四、检测或校准分包

为保证分包业务的有效性和结果质量，实验室应对分包的检测或校准项目实施有效的控制和管理。

如果实验室将检测或校准工作的一部分分包，接受分包的实验室一定要符合《评审准则》的要求，分包比例必须予以控制（限仪器设备使用频次低、价格昂贵及特种项目）。实验室应确保并证实分包方有能力完成分包任务。实验室将分包事项以书面形式征得客户同意后方可分包。

五、服务和供应品的采购

实验室的外购物品和寻求的相关服务有可能影响检测或校准结果的质量，因此实验室对其进行的控制和管理必须有效。

实验室应建立并保持对检测或校准质量有影响的服务和供应品的选择、购买、验收和储存等的程序，以确保服务和供应品的质量。

六、合同评审

为达到客户的要求，实验室要与客户充分沟通，真正了解客户的需求，并对自身的技术能力是否能够满足客户的要求进行必要的评审。

实验室应建立并保持对客户要求、标书和合同进行评审的程序，明确客户的要求。

七、申诉和投诉

满足客户需要、追求客户满意应当是实验室向客户提供服务和检测或校准结果的最终目标。实验室应时刻关注客户的意见或建议，以改进并保证服务和检测或校准结果的质量。

实验室应建立完善的申诉和投诉处理机制，处理相关方对其检测或校准结论提出的异议。应保存所有申诉和投诉及处理结果的记录。

八、纠正措施、预防措施及改进

对不符合要求和规定的工作予以纠正，采取必要的纠正措施，对可能造成不符合的原因加以预防。持续地改进、不断提高管理体系运行的有效性，保证检测或校准数据、结果的质量，应当是实验室追求的目标，也是管理体系的出发点和落脚点。

实验室在确认了不符合工作时，应采取纠正措施；在确定了潜在不符合的原因时，应采取预防措施，以减少类似不符合工作发生的可能性。实验室应通过实施纠正措施、预防措施等持续改进其管理体系。

九、记录

记录是管理体系运行结果和记载检测或校准数据、结果的证实性文件，实验室应当对记录进行控制和管理，以证实管理体系运行的状况和检测或校准工作的所有结果。

（一）记录管理程序

实验室应有适合自身具体情况并符合现行管理体系的记录制度。实验室质量记录的编制、填写、更改、识别、收集、索引、存档、维护和清理等应当按照适当程序规范进行。

（二）记录的填写

所有工作应当时予以记录。对电子存储的记录也应采取有效措施，避免原始信息或数据的丢失或改动。

（三）记录的信息和保存

所有质量记录和原始观测记录、计算和导出数据以及证书/证书副本等技术记录均应归档并按适当的期限保存。每次检测或校准的记录应包含足够的信息以保证其能够再现。记录应包括参与抽样、样品准备、检测或校准人员的标识。所有记录、证书和报告都应安全储存、妥善保管，并为客户保密。

十、内部审核

为保证管理体系按照文件要求运行，促进管理体系规范有序地运作，以期达到预期的目的和要求，实验室应对管理体系开展内部审核，对管理体系运行的符合性进行自我评价。

实验室应定期对其质量活动进行内部审核，以验证其运作持续符合管理体系和《评审准则》的要求。每年度的内部审核活动应覆盖管理体系的全部要素和所有活动。审核人员应经过培训并确认其资格，只要资源允许，审核人员应独立于被审核的工作。

十一、管理评审

为了衡量管理体系是否符合自身实际状况，评价管理体系对自身管理工作是否适用和有效，是否能够保证方针和目标的实现，实验室最高管理者要组织管理评审工作，确保管理体系持续适用和有效，并进行管理体系的不断改进。

(一)管理评审的程序和实施

实验室最高管理者应根据预定的计划和程序，定期地对管理体系和检测或校准活动进行评审，以确保其持续适用和有效，并进行必要的改进。

(二)管理评审的输入

管理评审应考虑到政策和程序的适应性，管理和监督人员的报告，近期内部审核的结果，纠正措施和预防措施，由外部机构进行的评审，实验室间比对和能力验证的结果，工作量和工作类型的变化，申诉、投诉及客户反馈，改进的建议，质量控制活动、资源以及人员培训情况等。

十二、人员

(一)对人员的基本要求

实验室应有与其从事检测或校准活动相适应的专业技术人员和管理人员。实验室应使用正式人员或合同制人员。使用合同制人员为技术人员及关键岗位人员时，实验室应确保这些人员胜任工作且受到监督，并按照实验室管理体系要求工作。

(二)对特定/特殊人员的要求

对所有从事抽样、检测或校准、签发检测或校准报告以及操作设备等工作的人员，应按要求根据相应的教育、培训、经验或可证明的技能进行资格确认并持证上岗。从事特殊产品的检测或校准活动的实验室，其专业技术人员和管理人员还应符合相关法律、行政法规的规定要求。

(三)人员需求和培训

实验室应确定培训需求，建立并保持人员培训程序和计划。实验室人员应经过与其承担的任务相适应的教育、培训，并有相应的技术知识和经验。

(四)在培人员的使用

使用培训中的人员时，应对其进行适当的监督。

(五)人员技术档案

实验室应保存人员的资格、培训、技能和经历等的档案。

(六)实验室技术主管任职要求

实验室技术主管应具有工程师以上(含工程师)技术职称，熟悉业务，经考核合格。

(七)授权签字人任职要求

依法设置和依法授权的质量监督检验机构，其授权签字人应具有工程师以上(含工程师)技术职称，熟悉业务，在本专业领域从业3年以上。

十三、设施和环境条件

（一）对设施和环境条件的基本要求

实验室的检测和校准设施以及环境条件应满足相关法律法规、技术规范或标准的要求。

（二）监测、控制和记录

设施和环境条件对结果的质量有影响时，实验室应监测、控制和记录环境条件。在非固定场所进行检测时，应特别注意环境条件的影响。

（三）安全作业管理

实验室应建立并保持安全作业管理程序，确保化学危险品、毒品、有害生物、电离辐射、高温、高电压、撞击以及水、气、火、电等危及安全的因素和环境得以有效控制，并有相应的应急处理措施。

（四）环境保护

实验室应建立并保持环境保护程序，具备相应的设施设备，确保检测或校准产生的废气、废液、粉尘、噪声、固体废弃物等的处理符合环境和健康的要求，并有相应的应急处理措施。

（五）区间干扰的隔离

区域间的工作相互之间有不利影响时，应采取有效的隔离措施。

（六）工作区域的控制和标识

对影响工作质量和涉及安全的区域和设施应有效控制并正确标识。

十四、检测和校准方法

（一）方法的选择

实验室应按照相关技术规范或者标准，使用适合的方法和程序实施检测或校准活动。实验室应优先选择国家标准、行业标准、地方标准；如果缺少指导书可能影响检测或校准结果，实验室应制定相应的作业指导书。

（二）新方法的采用

实验室应确认能否正确使用所选用的新方法。如果方法发生了变化，应重新进行确认。实验室应确保使用的标准为最新有效版本。

（三）标准的有效版本

与实验室工作有关的标准、手册、指导书等都应现行有效，并便于工作人员使用。

（四）国际标准的使用

需要时，实验室可以采用国际标准，但仅限特定委托方的委托检测。

（五）实验室自制的方法标准

实验室自行制订的非标方法，经确认后，可以作为资质认定项目，但仅限特定委托方的检测。

(六)方法的偏离

检测和校准方法的偏离须有相关技术单位验证其可靠性,或经有关主管部门核准后,由实验室负责人批准和客户接受,并将该方法偏离进行文件规定。

(七)数据处理

实验室应有适当的计算和数据转换及处理规定,并有效实施。当利用计算机或自动设备对检测或校准数据进行采集、处理、记录、报告、存储或检索时,实验室应建立并实施数据保护的程序。该程序应包括(但不限于):数据输入或采集、数据存储、数据转移和数据处理的完整性和保密性。

十五、设备和标准物质

(一)设备和标准物质的配备、维护

实验室应配备正确进行检测或校准(包括抽样、样品制备、数据处理与分析)所需的抽样、测量和检测设备(包括软件)及标准物质,并对所有仪器设备进行正常维护。

(二)不合格测量设备

如果仪器设备有过载或错误操作,或显示的结果可疑,或通过其他方式表明有缺陷,应立即停止使用,并加以明显标识,如可能,应将其封存在规定的地方;修复后的仪器设备必须经重新检定、校准,证明其功能指标已恢复。实验室应检查这种缺陷对过去进行的检测或校准所造成的影响。

(三)非永久控制的仪器设备

如果要使用实验室永久控制范围以外的仪器设备(租用、借用、使用客户的设备),仅限于某些使用频次低、价格昂贵或特定的检测设施设备,且应保证符合《评审准则》的相关要求。

(四)设备的操作

设备应由经过授权的人员操作。设备使用和维护的有关技术资料应便于有关人员取用。

(五)仪器设备档案

实验室应保存对检测或校准具有重要影响的仪器设备及其软件的档案。该档案至少应包括:

(1)设备及其软件的名称;

(2)制造商名称、型式标识、系列号或其他唯一性标识;

(3)对设备符合规范的核查记录(如果适用);

(4)当前的位置(如果适用);

(5)制造商的说明书(如果有),或指明其地点;

(6)所有检定或校准报告或证书;

(7)设备接收或启用日期和验收记录;

(8)设备使用和维护记录(适当时);

(9)设备的任何损坏、故障、改装或修理记录。

(六)仪器设备的状态标识

所有仪器设备(包括标准物质)都应有明显的标识来表明其状态。

(七)脱离了实验室的直接控制的仪器设备

若设备脱离了实验室的直接控制,实验室应确保该设备返回后,在使用前对其功能和校准状态进行核查并能显示满意结果。

(八)仪器设备的期间核查

当需要利用期间核查以保持设备校准状态的可信度时,应按照规定的程序进行。

(九)校准的修正因子

当校准产生了一组修正因子时,实验室应确保其得到正确应用。

(十)未经定型的专用检测仪器设备

未经定型的专用检测仪器设备需提供相关技术单位的验证证明。

十六、量值溯源

(一)量值溯源的基本要求

实验室应确保其相关检测或校准结果能够溯源至国家基(标)准。实验室应制定和实施仪器设备的校准或检定(验证)、确认的总体要求。对于设备校准,应绘制能溯源到国家计量基准的量值传递方框图(适用时),以确保在用的测量仪器设备量值符合计量法制规定。

(二)设备比对和能力验证

检测结果不能溯源到国家基(标)准的,实验室应提供设备比对、能力验证结果的满意证据。

(三)设备检定或校准的计划

实验室应制订设备检定或校准的计划。在使用对检测或校准的准确性产生影响的测量、检测设备之前,应按照国家相关技术规范或者标准进行检定或校准,以保证结果的准确性。

(四)参考标准的管理

实验室应有参考标准的检定或校准计划。实验室的参考标准,即我们所称的企事业单位计量标准,它应经计量标准考核合格。参考标准在任何调整之前和之后均应校准。实验室持有的测量参考标准应仅用于校准而不用于其他目的,除非能证明作为参考标准的性能不会失效。

(五)有证标准物质(参考物质)的使用

可能时,实验室应使用有证标准物质(参考物质)。没有有证标准物质(参考物质)时,实验室应确保量值的准确性。

(六)参考标准和标准物质(参考物质)的期间核查

实验室应根据规定的程序对参考标准和标准物质(参考物质)进行期间核查,以保持其校准状态的置信度。

(七)参考标准和标准物质(参考物质)的安全保障

实验室应有程序来安全处置、运输、存储和使用参考标准和标准物质(参考物质),以防止污染或损坏,确保其完整性。

十七、抽样和样品处置

(一)确保样品的完整性

实验室应有用于检测或校准样品的抽取、运输、接收、处置、保护、存储、保留或清理的程序,确保检测或校准样品的完整性。

(二)确保检测或校准结果的有效性

实验室应按照相关技术规范或者标准实施样品的抽取、制备、传送、储存、处置等。没有相关的技术规范或者标准的,实验室应根据适当的统计方法制订抽样计划。抽样过程应注意需要控制的因素,以确保检测或校准结果的有效性。

(三)抽样记录

实验室抽样记录应包括所用的抽样计划、抽样人、环境条件,必要时有抽样位置的图示或用其他等效方法,如可能,还应包括抽样计划所依据的统计方法。

(四)抽样计划的偏离

实验室应详细记录客户对抽样计划的偏离、添加或删节的要求,并告知相关人员。

(五)样品接收记录

实验室应记录接收检测或校准样品的状态,包括与正常(或规定)条件的偏离。

(六)样品标识系统

实验室应具有检测或校准样品的标识系统,避免样品或记录中的混淆。

(七)样品的储存和流转

实验室应有适当的设备设施储存、处理样品,确保样品不受损坏。实验室应保持样品的流转记录。

十八、结果质量控制

(一)质量控制程序和质量控制计划

实验室应有质量控制程序和质量控制计划,以监控检测或校准结果的有效性,可包括(但不限于)下列内容:

(1)定期使用有证标准物质(参考物质)进行监控或使用次级标准物质(参考物质)开展内部质量控制;

(2)参加实验室间的比对或能力验证;

(3)使用相同或不同方法进行重复检测或校准;

(4)对存留样品进行再检测或再校准;

(5)分析一个样品不同特性结果的相关性。

（二）对质量控制数据的分析和处理

实验室应分析质量控制的数据，当发现质量控制数据将要超出预先确定的判断依据时，应采取有计划的措施来纠正出现的问题，并防止报告错误的结果。

十九、结果报告

（一）对结果报告的基本要求

实验室应按照相关技术规范或者标准要求和规定的程序，及时出具检测或校准数据和结果，并保证数据和结果准确、客观、真实。报告应使用法定计量单位。

（二）检测或校准报告应至少包括的信息

（1）标题；

（2）实验室的名称和地址，以及与实验室地址不同的检测或校准的地点；

（3）检测或校准报告的唯一性标识（如系列号）和每一页上的标识，以及报告结束的清晰标识；

（4）客户的名称和地址（必要时）；

（5）所用标准或方法的识别；

（6）样品的状态描述和标识；

（7）样品接收日期和进行检测或校准的日期（必要时）；

（8）如与结果的有效性或应用相关，所用抽样计划的说明；

（9）检测或校准的结果；

（10）检测或校准人员及其报告批准人签字或等效的标识；

（11）必要时，结果仅与被检测或校准样品有关的声明。

（三）需对检测或校准结果作出说明的，报告中还可包括的内容

（1）对检测或校准方法的偏离、增添或删节，以及特定检测或校准条件信息；

（2）符合（或不符合）要求或规范的声明；

（3）当不确定度与检测或校准结果的有效性或应用有关，或客户有要求，或不确定度影响到对结果符合性的判定时，报告中还需要包括不确定度的信息；

（4）特定方法、客户或客户群体要求的附加信息。

（四）对含抽样的检测报告，还应包括的内容

（1）抽样日期；

（2）与抽样方法或程序有关的标准或规范，以及对这些规范的偏离、增添或删节；

（3）抽样位置，包括任何简图、草图或照片；

（4）抽样人；

（5）列出所用的抽样计划；

（6）抽样过程中可能影响检测结果的环境条件的详细信息等技术解释。

（五）含有分包结果的检测报告

检测报告中含有分包结果的，这些结果应予清晰标明。分包方应以书面或电子方式报告结果。

（六）检测或校准结果的电子/电磁方式传送

当用电话、电传、传真或其他电子/电磁方式传送检测或校准结果时，应满足《评审准则》的要求。

（七）对已发出报告的修改

对已发出报告的实质性修改，应以追加文件或更换报告的形式实施，并应包括如下声明："对报告的补充，系列号……（或其他标识）"，或其他等效的文字形式。报告修改应满足《评审准则》的所有要求。若有必要发新报告，应有唯一性标识，并注明所替代的原件。

第三节　计量认证工作程序

一、计量认证工作一般程序

《实验室和检查机构资质认定管理办法》第二十条规定的计量认证工作程序为：

（1）申请的实验室和检查机构（以下简称申请人），应当根据需要向国家认监委或者地方质检部门（以下简称受理人）提出书面申请，并提交符合本办法第三章规定的相关证明材料（主要包括机构法律地位方面、人员管理方面、设施和环境方面、管理体系方面的证明材料）。

（2）受理人应当对申请人提交的申请材料进行初步审查，并自收到申请材料之日起5日内作出受理或者不予受理的书面决定。

（3）受理人应当自受理申请之日起，根据需要对申请人进行技术评审，并书面告知申请人，技术评审时间不计算在作出批准的期限内。

（4）受理人应当自技术评审完结之日起20日内，根据技术评审结果作出是否批准的决定。决定批准的，向申请人出具资质认定证书，并准许其使用资质认定标志；不予批准的，应当书面通知申请人，并说明理由。

（5）国家认监委和地方质检部门应当定期公布取得资质认定的实验室和检查机构名录，以及计量认证项目、授权检验的产品等。

二、河南省计量认证工作程序

为了加强对计量认证工作的管理，规范计量认证工作，根据《计量法》、《河南省计量监督管理条例》、《产品质量检验机构计量认证管理办法》、《实验室和检查机构资质认定管理办法》等法律、法规和规章的规定，河南省计量认证工作程序如下。

（一）计量认证对象

向社会提供公证数据的产品质量检验机构及其他向社会提供公证数据的检测机构（以下均称检测机构）必须申请计量认证。

（二）计量认证准备

申请计量认证的单位要按《评审准则》的内容和有关要求建立管理体系，准备有关申请资料。

（三）计量认证申请

属全国性的检测机构，应向国务院计量行政部门具体负责计量认证的评审机构提出计量认证申请。

属地方性的检测机构应向省人民政府计量行政部门提出计量认证申请。

（四）申请时应提交的资料

（1）计量认证申请书2份；

（2）质量手册及程序文件目录；

（3）法律地位证明文件（事业单位法人登记证书或营业执照或社团登记证书，组织机构代码证书，非独立法人应提交法人授权委托书，以及其他证明文件）复印件；

（4）典型检验（测）报告（每类1份）复印件；

（5）执行标准时效性报告复印件；

（6）注册内审员证复印件及内审报告复印件；

（7）能力验证活动记录（若有）。

（五）申请受理

河南省人民政府计量行政部门在接到计量认证申请书和有关申请资料后，应在30日内审核完毕，作出是否受理申请的决定。

（六）资料审查

（1）申请书审查。申请书填写的内容应符合申请书填写的要求。检测机构名称及申请的检测项目应合法。

（2）质量手册审查。质量手册应如实反映检测机构的管理体系，管理体系应符合《评审准则》的要求。

（3）法律地位的审查。检测机构应依法成立，独立法人应经政府编委批准或民政部门登记或工商部门注册，申请时提交相应的证书复印件。为非独立法人的，应经有关部门或法人单位批准，其负责人应持有法人授权委托书。检测机构应取得组织机构代码证书。

（4）执行标准的有效性审查。申请计量认证单位要执行现行有效的检测标准，并经具备资格的标准研究机构或具备资格的技术部门检索查新。

（5）分包资质审查。需要分包检验的产品参数，申请单位应对分包方的资格、能力进行确认，并在上报评审材料时向河南省人民政府计量行政部门提供分包方的计量认证合格证明复印件。

（6）量值溯源有效性审查。

①按照国家计量授权公告和《河南省人民政府计量行政部门计量检定机构计量授权

核定项目公告》,对申请计量认证单位提交的仪器设备检定情况进行量值溯源审查;

②申请认证单位使用的标准物质必须是有证标准物质或经有关部门认可的标准样品;

③申请认证单位所使用的检测仪器要经具备资格的计量技术机构检定、校准和测试,自校应使用公开发表的或已备案的自校方法。

(七)自校方法备案

在没有国家计量检定规程、部门或地方计量检定规程的情况下,申请单位可根据所使用仪器设备的技术要求编写自校方法。自校方法备案程序如下:

(1)向河南省人民政府计量行政部门申报自校方法备案计划;

(2)由申请单位技术人员起草自校验方法;

(3)整理出编制说明书和误差分析、试验数据;

(4)经有关专家进行技术论证;

(5)申请单位技术负责人审批、发布;

(6)报省人民政府计量行政部门备案。

(八)评审实施

计量认证评审内容按《评审准则》执行。

1.评审委托

河南省人民政府计量行政部门根据被认证单位情况指定计量认证评审组和评审组组长。接受委托的计量认证评审组组长应按要求审查申请资料并拟订评审计划,报经省人民政府计量行政部门备案核准后实施现场评审。

一般情况下,已成立行业评审组的委托行业评审组,行业未成立评审组的由省质量技术监督局组织评审组或委托省辖市评审组。

2.评审组的组成

计量认证评审组由与被认证项目有关的从事科研、设计、生产、检测、计量及管理等方面的注册评审员和特约评审员组成。评审组组长由河南省人民政府计量行政部门指定主任评审员担任,实行评审组组长责任制。

经省人民政府计量行政部门组织或授权组织培训考核合格并注册的人员,为计量认证注册评审员。计量认证注册评审员分为主任评审员和评审员。

由于专业技术的特殊需要,省人民政府计量行政部门临时聘任参加某一指定检测机构计量认证评审的专业技术人员或管理人员,为特约评审员。

3.评审组组长职责

(1)受省人民政府计量行政部门委托,审查申请资料;

(2)组织计量认证预访和正式评审;

(3)负责向检测机构和评审组成员解释评审依据、评审方法、评审内容、评审程序、评审标准(必要时);

(4)协调评审工作中的分歧和具体事宜;

(5)对被认证单位评审后的整改结果进行确认;

(6)向省人民政府计量行政部门报告评审结果,对评审工作质量负责。

4. 注册评审员和特约评审员职责

(1)参加计量认证评审,和评审组成员一起对评审工作质量负责;

(2)对所从事业务有关的检测项目是否符合认证标准作出判断;

(3)当对评审工作有不同意见时,可以保留自己的意见,并有权直接向省人民政府计量行政部门报告。

5. 现场评审

1)预访

一般情况下,评审计划经备案核准后,评审组组长可组织评审员到申请单位进行预访。按照《评审准则》的评审内容,了解实际情况,帮助解答有关问题,商定考核评审日程。预访情况应形成包括整改要求(必要时)的预访备忘录。

2)正式评审

正式评审按以下计量认证正式评审程序进行:

预备会议。由评审组组长主持召开,主要内容是:确定评审日程和现场考核试验项目,明确评审方法和评审员分工等。现场考核试验项目要选择能够覆盖检测机构申请项目的范围和有代表性的产品,现场考核试验项目数量不低于检测机构申请项目的15%。

首次会议。由评审组组长主持召开。介绍评审组的日程安排,确认评审计划,安排现场试验项目,明确评审的目的和依据以及需要申请单位配合的要求,听取申请单位领导的简要介绍等。

考察实验室。由申请单位负责人向评审组成员介绍实验室情况,以便了解其环境和硬件设施的基本情况。

实施评审。评审组成员按照分工进行评审。评审过程中,评审组组长主持召开由被评审方有关人员参加的座谈会以及对授权签字人逐一进行考核,并作好考核记录。

评审组汇总情况。评审组组长主持对评审情况进行汇总,确定评审通过的项目,提出不符合项和整改要求,形成评审结论并作好评审记录。

与被评审方领导沟通。评审组将评审汇总的情况向被评审方有关领导通报,不符合项要经其确认。

末次会议。由评审组组长主持召开,宣布评审结论和评审通过的项目,提出整改要求和期限等。

现场抽查的检测项目检验报告结论和理论考核成绩应详细填写,并作出评价,负责考核的评审员逐一签字。

对正式评审中需要整改的问题,可另写出纠正措施备忘录,限期整改,届时由评审组组长负责落实验收(必要时派人现场验收),并写出纠正措施验收结论。经整改仍达不到要求的,按正式评审不通过上报。

上报评审资料。评审组接到正式委托函后,应在3个月内完成现场评审及整改验收工作。通过评审的,在完成现场评审及整改验收后的15日内向省人民政府计量行政部门上报评审资料。未通过评审的,将申请资料连同经评审组组长签字的未通过评审原因的书面说明退回省人民政府计量行政部门。

评审材料包括:计量认证申请书两份、计量认证评审报告、计量认证证书附表两份及

Word 6.0 以上版本的计量认证证书附表软盘一份、质量手册及程序文件目录、预访备忘录及正式评审整改备忘录及整改报告(必要时)、其他抽查情况记录。

(九)审批发证

根据评审组上报资料,省人民政府计量行政部门在 1 个月内进行审批。合格的,颁发计量认证合格证书,准许使用统一的计量认证标志,并在适当时候予以公告。

(十)增项认证

计量认证合格的检测机构,新增加的检测项目和参数可申请增项认证。增项认证的程序同首次计量认证程序。增项认证重点在于审查该单位新申报项目的检验能力。

(十一)复查换证

计量认证合格证书有效期为 3 年。有效期满后,经复查合格的,可延长有效期 3 年。申请复查应在有效期满前 6 个月提出。逾期不申请的,计量认证合格证书自行失效,停止使用计量认证标志。

计量认证复查换证程序同前述首次计量认证程序。

(十二)监督评审

对已经计量认证合格的检测机构,在 3 年有效期内,由发证部门组织一至两次监督评审。监督评审按照《评审准则》的评审内容,按计量认证正式评审程序进行。对不符合《评审准则》要求的,必须限期改进。一般改进期不超过 3 个月。监督评审完成后,评审组填写计量认证监督评审报告,报送发证部门审查归档。

监督检查不合格的检测机构,由发证单位注销其计量认证合格证书,停止使用计量认证标志。

各级计量行政部门负责对本辖区内的检测机构进行日常监督。

(十三)评审费

按国家和省计量收费标准收取计量认证评审费用。

第四节　计量认证评审员的管理

一、评审员的管理机构

为保证评审员评审工作的质量和一致性,省级以上政府计量行政部门负责对评审员实施统一的培训、考核、聘任、监督和管理。

(1)对地方性产品质检机构实施计量认证评审工作的评审员,由省级政府计量行政部门负责发证和管理。

(2)对全国性产品质检机构实施计量认证评审工作的评审员，由国务院计量行政部门负责发证和管理。

二、评审员的聘任

(一)评审员候选人的推荐

评审员候选人由本人所在单位推荐，经发证机关组织或者授权有关机构组织的培训，并通过考核合格后，方可获得评审员证书。评审员证书有效期为5年。对候选人有以下几方面要求：

(1)具备一定专业技术知识，具有大专以上学历或者获得中级以上技术职称；

(2)两年以上在产品质量检测机构(实验室)从事检测或者管理工作的经验；

(3)掌握《评审准则》的内容要求及相应的评审方法和技巧，经培训考试合格，熟悉《计量法》、《中华人民共和国标准化法》、《中华人民共和国产品质量法》及其有关的实施细则；

(4)对检测质量和管理体系有较强的判断、分析能力；

(5)其他应当具备的条件。

(二)评审员候选人的培训与考核

候选人在被正式确定为评审员之前，必须接受政府计量行政部门组织的培训和考核。

(1)培训内容。《计量法》、《中华人民共和国标准化法》、《中华人民共和国产品质量法》及其有关的实施细则和其他有关国家法律法规，《评审准则》，有关实验室认证的国际标准和指南，计量学的基本知识。

(2)考核。从候选人所在单位了解其基本情况；同候选人面谈；理论考试，卷面分数应在70分以上(满分为100分)。

根据评审员候选人所在单位的推荐意见和考核结果，政府计量行政部门经全面衡量后将最终作出是否聘任的决定。聘任为评审员的，由政府计量行政部门发给计量认证评审员证书。

三、评审员的职责

(1)服从安排，认真执行现场评审任务；

(2)对所承担评审任务的质量和真实性负责；

(3)为被评审方保守秘密；

(4)在现场评审过程中，有权保留自己的意见，并可以直接向计量认证/审查认可主管部门报告；

(5)自觉接受计量认证/审查认可发证机关的监督。

四、评审员的监督

省级以上政府计量行政部门应经常性地对计量认证评审员实施监督，以保持评审员队伍的素质和评审工作质量。

（一）业绩评价

（1）在评审现场对评审员的评审工作进行考察评价。

（2）听取各有关方面，包括被认证单位对评审员评审工作的反映。

（3）对评审报告进行评价。

（二）评审员的一致性

不同的评审员在同等条件下对同一活动进行评审，应取得相近的结论。管理机构采取以下方法以达到评审员之间的一致性：

（1）对评审员进行专题培训，除上述谈到的必需的培训课程外，还应有针对性地对评审工作中遇到的一些带共性的、比较复杂的、比较难以解决和难以下结论的问题，进行专题培训，以求得评审员之间的共识。

（2）对评审员的业绩进行比较，通过比较，改进评审员的选用，对业绩差的评审员加强培训，对不称职的评审员可免去其评审员资格。

（3）根据评审员的业绩和专业素质，各评审组之间，评审员可相互轮换，以期评审员之间互相观摩学习，提高认证水平。

（4）计量认证评审员在评审工作中若有丧失公正立场，违法失职者，取消其评审员资格。情节严重的，建议所在单位给予行政处分。

第十四章　企业计量检测体系的建立与确认

第一节　计量在企业中的作用

企业发展和科技进步的实践证明，计量是企业现代管理中不可缺少的技术基础，是企业提高素质、加强现代管理的基本条件。计量水平的高低，在一定意义上标志着一个国家或者一个企业的科技水平和经济发展水平。国外工业发达国家把计量检测、原材料和工艺装备作为现代化工业发展的三大支柱。

一、计量是企业发展的重要技术基础

企业生产、科研和经营管理中，计量是不可缺少的基础工作。它贯穿于企业的能源管理、物料检测、工艺监控、产品检验、环境监测、安全防护、计量数据管理及经营核算等方面。计量检测能力是衡量企业效益和质量水平的重要标志之一。随着计量科学技术的发展，无论企业开发新产品，还是采用新材料、新技术、新工艺，都离不开计量检测。因此，计量是企业科技成果转化为生产力的桥梁，是推动技术进步，提高产品质量，加速计量工作现代化，从而与国际接轨的重要技术基础。

二、计量是企业现代化管理的基本条件

企业实施现代化管理应当重视计量工作，建立完善的计量检测体系。用测量数据作为控制生产、指挥经营、进行决策的科学依据，才能提高企业管理水平，增加企业经济效益。没有检测手段，不用数据说话，企业发展就缺乏牢固的基础。当前，企业经营困难多，经济效益下降，其中一个重要原因是缺乏必要的计量检测手段，计量器具的配备不能满足测量要求，计量器具不按规定进行有效的溯源，造成测量数据不准，可信度差，直接影响生产成本的监测、过程的控制和成品的质量水平。推行企业现代化管理，计量是不可缺失的重要环节。

三、计量是产品质量的重要保证

随着现代企业的发展,从产品的原材料检验、元器件检测,到生产过程控制、工艺工装定位、半成品及成品检验,一系列生产过程的实现必须由准确可靠的计量检测数据提供保证。正是这些计量检测数据将生产的各个环节用定量的关系有机地联结起来,协调动作,从而使生产处于最佳运行状态。只有依靠各种数据指挥生产、监控工艺、检验半成品和成品,产品质量才能得到保证。

四、计量是节能降耗的重要手段

能源计量是企业生产控制、节能降耗的重要管理内容。加强能源计量管理,要推行先进的能源计量检测方法,选择科学的能源计量检测手段,合理地配备计量器具,确保在用计量器具的受控,保证能源计量数据的准确可靠,满足国家对企业节约使用资源和提高资源利用效率的要求。计量是节能政策制定、节能标准实现、节能控制管理的技术基础。靠计量检测取得能源消耗数据,用计量手段来量化能源消耗指标,按计量数据考核企业的节能降耗水平,使企业真正抓好节能降耗的举措。

五、计量是企业经济核算的重要技术依据

以真实准确的计量检测数据为依据,加强对企业投入产出成本的核算管理,用可靠的计量数据控制生产经营活动,是企业领导科学管理的明智之举。经济核算是企业成本管理的主要方法,核算要以计量数据为准。企业生产经营中,生产成本需要控制,物料消耗需要统计,车间、班组要进行经济指标考核。企业对用于核算的计量器具科学配备,检测数据准确可靠,凭真实准确的数据才能真核真算,才能算真账、算硬账。对进厂原材料进行计量验收,对生产消耗进行计量监控,对出厂产品进行计量核算,计量工作贯穿企业生产全过程。只有加强了计量工作,才能使企业以低成本、高质量取得最佳的经济效益。

六、计量是安全生产和环境检测的必要保证

安全生产和环境保护是关系到职工人身安全与健康的大事,保证企业的安全生产监控和环境保护参数监测,依靠计量器具对可能危及设备正常运行的参数和造成环境污染的因素进行监测,是企业安全生产、经济生产,保持持续经济效益的基本前提和必要保证。

七、计量检测是企业技术进步不可缺少的手段

要使科学技术转化为生产力,计量是不可缺少的手段。无论企业开发新产品,还是采用新材料、新技术、新工艺,都离不开计量。技术创新是现代经济增长的核心动力,发达国

家技术创新的贡献已是GDP的主要部分,计量是技术创新的基础,计量推动了技术创新。欧盟计量计划2002年统计,计量在工业新产品开发过程中,对欧盟GDP的贡献为0.77%,达到了610亿欧元。

第二节 企业的计量任务

一、学习、掌握、了解、贯彻执行国家计量法律法规

计量立法保障了计量单位制统一和量值的准确可靠,计量活动是国家经济发展和生产、科研、贸易、生活能够正常运行的社会条件。企业应当积极组织学习、掌握、了解、贯彻执行国家计量法律法规,提高企业自身的计量法律意识和法制计量观念,建立行之有效的计量管理规章制度,采用对企业有实效的计量工作模式,使企业计量工作和企业其他工作协调开展,这也是建设法制社会对企业的要求。

二、正确使用法定计量单位

实施法定计量单位制度是国家依法定的形式把国家采用的计量单位统一起来,强制要求在我国境内各地区、各领域及所有公民按照统一规定使用计量单位的管理方式。法定计量单位是国家以法令形式强制使用或允许使用的计量单位。贯彻执行国家有关推行法定计量单位的命令及规定,是全社会的责任和义务。企事业机构在印制包装、说明书、铭牌、广告、合格证、票据,制定产品标准、工艺文件,填写账册、统计报表、原始记录,设计商品标注的标签、标识等文件资料时,要正确使用法定计量单位;在用的仪器仪表、设备装置必须采用法定计量单位;使用非法定计量单位的计量器具,应当进行改值;特殊情况下需要使用非法定计量单位的,应当经过国家有关部门的审批。防止国家计量单位制度的混乱。

三、建立计量组织机构

计量组织是企业计量管理的重要基础,企业的计量机构要根据企业规模、产品特点等具体情况设置,企业计量机构应当是公司级职能机构。在企业计量主管领导指挥下,企业

计量机构统一组织协调公司内各部门的计量工作，保证企业生产经营管理的有序性、统一性、准确性。因此，必须在企业建立计量管理体系，加强上下之间、各部门之间的密切联系，提高企业计量的影响力、执行力。

四、注重计量技术管理

计量是集法制、技术、管理为一体的综合性管理工作，其中计量技术管理尤为重要。应建立企业计量标准进行量值溯源，合理配置企业计量资源，对计量数据进行确认，起草企业内部计量管理文件，制定计量技术管理程序。在原材料进厂、企业经营、新产品设计开发、产品生产加工装配、产成品检验、设备维护修理、售后服务等环节开展计量活动，都必须加强计量技术管理。

五、开展计量数据监督

保证量值准确统一，除了管好计量器具，还必须加强对计量数据的监督管理。保证计量数据准确可靠是企业计量工作的核心，企业各项计量工作都是围绕这个核心进行的。科学地选择计量检测点，科学配置测量技术手段，正确采集计量原始数据，建立计量数据档案，对计量数据进行分析、监督，发现数据异常，及时排查分析，合理处置，采取有效措施，提高计量数据的可靠性，对提高产品质量，降低各种消耗，提高经济效益，增强企业活力，都有重要意义。

六、推行计量现代化管理

现代化管理手段发展很快，企业对计量器具实施分类管理，对计量器具受控状态实行动态管理，对计量数据的采集、传输、分析、控制，都离不开机电一体化、自动化手段。计算机技术在计量方面的应用，计量控制集成化的推广，在计量管理中采用计算机技术，都建立在计量技术手段现代化的基础之上。企业计量管理要保持生命力，必须采用现代管理手段。

七、提高计量人员素质

人员素质的高低，决定计量工作效果。建立、培养和造就一支懂计量、会管理、通法律、晓技术、高素质的计量队伍，才能搞好企业计量工作，适应企业产品升级、技术进步、计量管理水平提高的需要。

第三节 企业计量工作内容

一、科学设计计量检测控制点

企业要根据计量法律法规的规定、顾客的需要，结合本企业的生产特点控制测量过程。计量检测点的科学设计是企业计量检测体系建设的重要环节。为达到预期的测量目的，应收集、掌握有关测量过程活动实施的资料、资源、背景、要求及特点，明确计量要求，根据计量要求和本企业的生产经营特点以及产品加工和物资流向，确定需要采用测量设备进行测量控制的检测点。保证每个测量过程都能得到经济合理的测量资源。

对于关键、复杂的计量检测点，最好编制测量设备选配分析表，以考察、验证测量设备的计量特性指标与被测量参数匹配的合理性、科学性。

二、配置经济合理的计量检测设备

(一)能源计量检测方面

要按照用能涉及的种类、范围，实施能源分配与消耗中的计量监管，掌握企业在生产工艺、用能流程、用能设备运行效率、用能平衡、单位产品资源消耗、耗能污染排放等方面的情况。重点耗能企业应当配备可靠的计量检测手段，开展节能技术检测。

能源计量用测量设备的配置必须按照国家强制性标准 GB 17167—2006《用能单位能源计量器具配备和管理通则》的规定执行。

(二)工艺及质量检测控制方面

工艺及质量检测控制包括原材料进厂检验、生产过程工艺参数控制、产品质量检测、生产安全和环境检测等四个方面。

1. 原材料进厂检验的测量设备配备

原材料进厂检验包括对原材料、辅料、外购件、外协件(包括零部件、组件、器件等)的质量检测。应按照本企业对原材料、辅料、外购件、外协件规定的被测参数选择配备相应的测量设备。

2. 生产过程工艺参数控制的测量设备配备

生产过程工艺参数控制是指对工艺过程中的各种物理量、化学量、几何量的控制检测。应根据设计的工艺控制参数要求、需要的测量效率、被测对象材料特性等选择配备相应的测量设备。

3. 产品质量检测过程的测量设备配备

根据产品所执行的技术标准中规定应测量的物理量、化学量、几何量等参数,科学、严格、合理地选择与产品质量检测参数相适应的测量设备,这是企业计量检测体系中的重要管理内容,是企业对社会负责、对自己负责、对用户及消费者负责的需要。

4. 生产安全和环境监测测量设备的配备

为了监控、预防、治理、消除企业在生产过程中的安全隐患及污染源,必须配备相应的生产安全及环境监测测量设备。其配备范围一般包括:监测安全生产方面,如压力容器、管道压力的监测,生产场所中易燃、易爆、有毒、有害的液体、溶剂、气体的成分或浓度的监测;环境监测方面,如生产所排放的废水、废渣、废气中有害成分的监测,生产环境的噪声及粉尘的监测等。

(三)经营管理方面

1. 对于物料进出厂、原材料消耗、半成品流转及定额发料测量设备的配备要求

(1)对于大宗物料进出厂,可根据物料的吞吐量大小、物料特性,配备与吞吐量相适应的称重计量器具,如轨道衡、地中衡、台秤、流量计等。

(2)对于量少但贵重的物料产品进出厂及定额发料及消耗,可配备与其测量准确度及测量范围相适应的工业天平或精密天平。

(3)对于木材和低值建筑材料(如灰、砂、石等)进出厂,可配备相应规格的卷尺进行检尺量方,也可以配置衡器称重测量。

(4)对于轻纺行业用的原材料,如毛料、布料、化纤、皮革、人造革等进厂,可配备相应规格的钢卷尺、钢板尺、厚度计、面积计等计量器具。

(5)对于液体或气体物料,采用管道输出(出厂)时,可配备相应测量范围及准确度等级的液体或气体流量计。

(6)金属型材进出厂应配备衡器进行称重,在无法负重测量的情况下,也可以配备相应的卡尺、钢卷尺等长度计量器具,采用量方手段间接测量,再计算出物料重量。

2. 对于物料进出厂及消耗流转和定额发料用测量设备最大允许误差的要求

对于物料进出厂及消耗流转和定额发料用测量设备,其最大允许误差与被测量参数的允许偏差之比应当保持在 1/3 ~ 1/10,根据计量要求和经济效益综合考虑后选择确定。

三、抓好测量设备管理

(一)选型

企业应选择满足预期使用要求的测量设备。测量设备除严格遵守策划设计时所确定测量设备的计量特性外,应选择具有良好信誉、价格合理、产品质量可靠的生产厂商。选择时至少应明确所采购测量设备的计量特性、生产厂家、用途。

(二)采购

企业计量部门应审查测量设备的采购计划。对制订的采购计划要从法制管理要求和专业技术两方面审查把关。审查的内容主要是看欲采购的测量设备是否符合配备策划的计量特性,是否取得国家制造计量器具许可证,该型号测量设备本企业是否有库存。

采购部门应严格按经审查批准的采购计划规定的各项要求进行采购,不得擅自变更。如遇特殊情况需要变更,应经申请购置的部门同意,报计量部门审查后,方可按照变更要求进行采购。

(三)验收

购进的测量设备,企业计量部门应对其进行验收,办理合格的入库手续。对于验收合格的测量设备,计量部门应建立档案和台账,纳入统一管理的范围。不合格的退回采购部门进行退货处理。

(四)贮存

对于库存的测量设备,应分类摆放、规范贮存在合适的环境中。有些测量设备对防尘、防震、防腐、温度等有特殊要求,应采取相应措施满足贮存条件,以免造成测量设备的损坏。

(五)发放

应采取相应的控制措施,确保发放出库的测量设备都能够实现动态控制。如:使用部门需要领取时,填写领用申请报计量部门批准,仓库凭批准的申请单进行发放等。发放时如发现测量设备已超过有效期,必须重新进行溯源后方可发出。

(六)使用和保管

加强使用人员对测量设备使用操作技能的教育培训工作,确保测量设备的正确使用。对于在用测量设备,应规定责任保管人,明确保管职责要求,提高测量设备的利用率和完好率。从制度上保证所有在用测量设备能够受控,防止在工作岗位上使用不合格测量设备。应制定正确使用、维护、保养测量设备的管理办法,提高在用测量设备的合格率。

(七)分类管理

企业可以按照测量设备使用的位置、用途、法制要求和重要程度,采取突出重点、兼顾一般的原则,将众多测量设备按照A、B、C分成三类,采用不同的方法进行管理。

1. A类测量设备

A类测量设备是指实行强制检定管理的计量器具和在生产经营的关键场合使用的测量设备。一般来说,以下测量设备应纳入A类管理:

—— 用于计量检定或计量校准的计量标准;

—— 一级能源计量用计量器具;

—— 进出厂物料核算和散装产品出厂用计量器具;

—— 用于贸易结算、安全防护、环境监测、医疗卫生范围,并列入强制检定工作计量器具目录的计量器具;

—— 关键的原材料、元器件、外协外购件的关键质量验收用测量设备;

—— 产品的关键参数测量用测量设备;

—— 工艺过程中关键参数控制用测量设备;

—— 企业内部贵重物料、物品检测用计量器具。

2. B类测量设备

B类测量设备在法制要求、准确度等级和使用的重要程度方面低于A类测量设备,但其出具的测量数据对企业的生产、经营也存在着相当程度的影响,需要对其进行周期检定

或校准。B 类测量设备的数量比较大,一般包括:

—— 新技术开发、新产品研制用测量设备;

—— 二、三级能源计量用测量设备;

—— 企业内部物料管理用测量设备;

—— 用于安全防护、环境监测、医疗卫生方面,但未列入强制检定工作计量器具目录的计量器具;

—— 一般原材料、元器件、外协外购件的质量验收用测量设备;

—— 产品质量的一般参数测量用测量设备;

—— 工艺过程中非关键参数控制用测量设备。

3. C 类测量设备

C 类测量设备基本都是监视类仪表,准确度等级较低。C 类测量设备的溯源管理方式企业可以自行确定。C 类测量设备一般包括:

—— 国务院计量行政部门明令允许一次性检定的计量器具;

—— 无须记录其测量数据,仅作为一般指示用,只要求功能正常即可使用的测量设备;

—— 企业生活区, 作为内部能源分配、职工福利用或辅助性生产用的测量设备。

(八)标识管理

对企业在用测量设备采用确认标识是科学管理的常用方法。确认标识是计量确认、检定/校准结果简单而明了的证明,是反映测量设备(计量器具)现场受控状态的一种比较科学直观的方法。

标识的内容主要应包括:

(1)确认(检定、校准)的结果。包括确认结论,使用是否有限制等。

(2)确认(检定、校准)情况。包括本次确认时间、下次确认时间、确认负责人等。

(3)如企业采用测量设备 A、B、C 分类管理办法,可在备注栏上适当注明。

(4)备注也可以注明需要特别加以说明的其他问题,如测量设备一部分重要能力没有被确认。

(5)有些企业为便于管理,在标识中还增加了其他内容,如统一编号等,具体内容应由企业程序文件作出规定。

每个标识的出具都要有足以证明标识填写内容的依据资料。标识一般采用红、黄、绿三种颜色,结合 A、B、C 分类实施管理。标识的采用形式可以由企业根据需要自行确定。

(九)降级、报废与封存

对于经检定或校准,确认计量性能降低,但降级后仍可用于其他测量活动的测量设备,可以进行降级处理。对于无使用价值的测量设备,可以进行报废处理。需要封存停用的测量设备,可由使用部门提出申请,报计量部门审批后进行封存处理。

四、开展计量数据的监督管理

计量数据采集和管理是生产过程不可缺少的重要组成部分。

（一）计量数据管理范围

企业的计量数据贯穿于企业生产、经营管理的各个领域、各个过程，情况复杂，数据繁多，而各种数据的重要程度又各不相同，应先抓住重点进行管理：

(1)物资管理方面的大宗物资和稀有、贵重金属物资计量数量；

(2)能源管理方面的主要能源计量数量；

(3)工艺和产品质量方面的主要和关键计量检测参数；

(4)强制检定计量器具检测的主要计量数据；

(5)控制产品内在质量方面的物理量、化学量、无损检测计量数据。

（二）计量数据管理方法

(1)制定企业计量数据管理制度；

(2)培训检测人员；

(3)现场考核；

(4)定期监督。

（三）计量数据管理内容

(1)企业计量数据的采集；

(2)计量数据的分析和处理；

(3)计量数据的控制和反馈。

五、测量设备的量值溯源

测量设备的溯源分为企业内部溯源和外部溯源两种。一般来说，要确定测量设备的溯源方式，首先应了解企业测量过程设计中对测量设备的计量特性有哪些具体要求、实施溯源需要花多少成本，然后根据测量设备的计量特性的技术要求及成本，考虑选择是由本单位自己对该测量设备进行溯源还是送往外部计量技术机构进行溯源。

（一）溯源方式

1. 强制检定计量器具的溯源

根据《计量法》规定，在我国凡是用于贸易结算、安全防护、医疗卫生、环境监测方面并列入国家强制检定目录的计量器具和作为企事业单位最高计量标准的计量器具，都必须由政府计量行政部门指定的计量技术机构进行强制检定。企业如果已经配备了有关计量标准设备，应当申请计量标准考核，合格后可以申请强制检定授权，争取自行检定。

2. 非强制检定的测量设备的溯源

如果本单位已经建立计量标准，能够满足该测量设备的检定或校准要求，并且取得计量标准考核证书，就可以由本企业对该测量设备自行进行检定或校准。

（二）溯源的原则

一般来说，所有纳入计量检测体系的测量设备都要进行溯源。所有测量设备应包括：测量仪器，计量器具，测量标准，标准物质，进行测量所必需的辅助设备，参与测试数据处理用的软件，检验中用的工卡器具、工艺装备定位器、标准样板、模具、胎具，监控记录设备，高低温试验、寿命试验、可靠性试验等设备，测试、试验或检验用的理化分析仪器。

对无须出具量值的测量设备,或只需做首次检定的测量设备，或一次性使用的测量设备,或列入 C 类管理范围的测量设备,不一定强调必须进行定期溯源。

(三)溯源有效性的评价

企业的测量设备往往不会直接溯源到国家或国际计量基准,企业的溯源链中并没有体现该测量结果是否能溯源到国家或国际基准的反映。但作为企业来说,可以采取以下方法提高测量设备溯源到社会公用计量标准或者国家计量基准的可信度：

(1)溯源到资质齐全、检测能力强的计量技术机构。法定计量检定机构建立的计量标准为社会公用计量标准,高层次的法定检定机构比低层次的可信度要高。

(2)获取高质量的计量检定或校准证书。高质量的证书数据齐全、信息量大,有明确溯源到社会公用计量标准或者国家计量基准的说明。

(3)绘制量值溯源图。可以逐级反映出企业的量值溯源到什么地方,溯源链是否能够连接到社会公用计量标准或者国家计量基准。

(4)要求提供计量检定或校准服务的计量技术机构出具其计量授权证书及授权项目、范围的附件,进行外来服务有效性的审查,争取服务信息的公正、透明、知情,维护企业的合法权益。

六、计量人员管理

企业应保证所有的计量工作都由具备相应资格、受过培训,有经验、有才能的人员来实施,并有人对其工作进行监督。企业计量人员的配备必须与企业生产和经营管理要求相适应。相适应指的是,计量人员配备的数量要满足工作量的需要,人员结构要合理,人员素质要高,人员资质要合法,才能满足各类计量活动的要求。计量人员中既要配备管理人员和专业技术人员,还要配备相当数量技术熟练的计量工人。计量人员队伍应保持稳定,有计划地进行技术业务的培训,不断提高技术业务水平,建立起一支法制观念强、技术业务精、工作效率高、职业道德优秀的计量队伍。

第四节　企业计量检测体系的评价

企业应当根据生产、经营、科研、管理的需要建立计量检测体系。大型企业可以参照国际标准、国外先进的管理模式建立、完善企业计量检测体系,建立依法自主管理机制,逐步与国际计量通行做法相一致,发挥企业现有计量资源的作用,增强企业计量保证力,提高企业市场竞争能力。中小企业应当学习先进企业的计量工作经验,采用科学的计量管理模式,加强计量的科学投入,配备与生产、经营相适应的计量检测手段,加强生产工艺过程的监控和成品的质量检测及能源、物料的计量监管，使企业的计量检测能力和计量管理措施能满足企业需求。

一、企业计量检测体系的评价形式

（一）完善企业计量检测体系

为了帮助企业计量工作适应社会主义市场经济，建立现代企业制度，按照ISO 10012：2003《测量管理体系　测量过程和测量设备的要求》国际标准，国家开展了帮助企业建立和完善计量检测体系的工作。在企业自身需要的基础上，采取由政府部门指导、帮助、监督、评价的方式，引导企业完善计量检测体系，推行先进的管理模式，推动企业建立依法自主管理的机制，增强企业的市场竞争力。

国家质量监督检验检疫总局围绕完善企业计量检测体系确认活动，制定了企业完善计量检测体系的确认办法和评价原则要求，以省、直辖市、自治区计量行政部门为主体推行完善企业计量检测体系的确认工作。

（二）计量合格确认

为了尽快改变大多数中小型企业计量技术条件不足、管理薄弱的状况，原国家质量技术监督局要求各级政府计量行政部门根据企业计量中存在的问题制订行之有效的帮助、指导、监督、服务计划，在自愿的基础上，指导企业建立计量检测体系，按照中小企业计量保证能力评定规则，以省级计量行政部门为主体实施计量合格确认评审活动，逐步提升企业计量保证能力。

（三）定量包装商品生产企业计量保证能力评价

定量包装商品生产企业计量保证能力评价也称为“C”标志认证。为了鼓励定量包装商品生产企业严格遵守国家关于定量包装商品净含量允差的规定，2001年4月国家质检总局发布了《定量包装商品生产企业计量保证能力评价规定》，按照国际通行做法对我国定量包装商品实行“C”标志管理制度，以省级计量行政部门为主体开展定量包装商品生产企业计量保证能力评价活动。

（四）用能单位能源计量评定与审查

根据《中华人民共和国节约能源法》的相关规定，依据GB 17167—2006《用能单位能源计量器具配备和管理通则》，为切实推进节能降耗工作的量化考核，贯彻落实能源计量要求，河南省质量技术监督局结合本省能源消耗现状，2008年发布了河南省地方标准DB/T 520—2008《河南省用能单位能源计量评定准则》，对河南省用能单位的能源计量检测能力、能源计量器具配备和管理能力进行评定，对用能单位在“十一五”期间能源计量达标水平进行评定。

国家质检总局于2010年发布《能源计量监督管理办法》（总局第132号令），2012年颁布了JJF 1356—2012《重点用能单位能源计量审查规范》，要求政府计量行政部门对重点用能单位能源计量工作定期实施监督审查，明确了重点用能单位能源计量管理、能源计量人员、能源计量器具、能源计量数据、自查与整改等方面的要求。重点用能单位在满足本规范基本要求的前提下，可根据本单位用能特点和节能目标建立现代、科学、高效的能源计量管理体系，以实现能源计量管理的法制化、系统化和信息化。

二、企业计量检测体系的评价效力

国家计量行政部门以政府认可的形式证明：取得了完善计量检测体系确认证书或者计量合格确认证书的企业，其建立的计量检测体系适用、有效，满足计量法律法规的要求，是获证企业计量检测体系有效性、符合性的证明，是申请取得产品生产许可证计量水平的证明，是申请参加质量荣誉评定计量水平的证明，是具备出具产品合格证的检测能力证明，是具备接受产品检测委托资格的证明。

三、企业各项计量评价活动之间的关系

企业计量管理工作涉及内容比较广泛，目前根据特定对象开展的计量管理工作主要包括完善计量检测体系、制造计量器具的管理、能源计量管理以及定量包装商品生产企业计量保证能力评价。这些计量确认、评价都属于计量管理范畴，是国家计量行政部门根据法律法规、政策制定的企业计量自我约束和外方评价。

企业在施行相关计量管理工作时，可以把它们融为一体进行统筹考虑、有效管理，以便降低管理成本、充分利用资源。例如：一个计量器具生产厂或定量包装产品的生产企业，在编写计量检测体系的同时，可以把能源计量、制造计量器具或定量包装商品保证能力方面能够相互兼容的要求和活动写入计量检测体系的相关体系文件中，如计量单位使用、资源配备、内审、管理评审等。在进行内审或管理评审时，也可以一并进行。对于各项管理工作不能兼容的特定要求和活动，可以另写文件进行补充和管理。

第五节　各级计量行政部门指导、帮助、监督、服务企业计量工作的职责

计量是企业发展的重要技术基础，是企业现代化管理的基本条件，是企业产品质量的重要保证，是企业节能降耗的重要手段，是企业经济核算的重要技术依据。各级计量行政部门应当指导、帮助、监督、服务企业抓好计量工作。

（1）帮助企业根据生产流程、生产特点设计计量检测点，指导其合理配备计量检测设施，完善检测技术手段。

（2）对于没有能力配备技术检测手段的企业，计量行政部门可应企业要求帮助其解决检测问题，在中小型企业集中的地区，可根据其主要产品的构成分布特点，组织建立检测中心，为企业提供检测服务，也可组织有检测能力的其他企业帮助企业进行检测。

(3)为使企业配备的计量检测设备量值准确和使用正确,计量检定机构应主动上门开展检定、校准工作。

(4)组织开展对企业计量人员管理和技术方面的培训。

(5)对法定计量单位的实施、最高计量标准的考核、强制检定计量器具的检定等项内容进行监督检查。

(6)向企业推荐数据管理、计量器具分类管理、标记管理、计算机管理等科学管理方法。

(7)省级计量行政部门负责企业计量检测体系确认工作。在企业自愿的原则下进行,力求方法简单、重点突出,达到帮助企业实现计量资源优化配置、提高计量管理水平的目的。

(8)省级计量行政部门对中小型企业的工作重点主要是制定政策、组织发动、典型推广、成果总结等宏观指导,具体工作要依靠市级及有能力的县级计量行政部门实施。

(9)各市、县计量行政部门要把计量监督的重点放在计量基础较差的企业和涉及强制检定管理方面。对计量管理基础较好的企业和非强制检定管理方面,主要采取指导、帮助和服务的方式。

(10)联系、表彰、宣传、推广计量管理水平高、收效好的企业,推广他们的计量工作经验。

第十五章 计量监督与行政执法

第一节 计量法律责任

我国计量法律、法规及规章对违反计量法律法规的行为，按照违法的性质和危害程度的不同，设定了相应的刑事、民事、行政法律责任，并在原国家技术监督局制定的《计量违法行为处罚细则》中进行了规定。

一、《计量法》建立的重要管理制度

(1)实施法定计量单位制度；
(2)计量标准器具考核制度；
(3)计量器具检定制度，计量检定分为强制检定和非强制检定；
(4)制造、修理、进口、使用计量器具的许可管理；
(5)计量人员考核制度；
(6)计量检定机构的考核监督管理；
(7)商品量的计量监督和检验法制监督制度；
(8)产品质量检验机构计量认证的法制管理；
(9)对计量违法行为实施行政处罚。

二、计量违法与责任形式

(一)计量违法行为的概念

计量违法是指国家机关、企事业单位以及个人在从事与社会相关的计量活动中，违反计量法律、法规和规章的规定，造成危害社会和他人的有过错的行为。

计量违法作为一种社会现象，是由特定的条件构成的。认定计量违法行为，一般要有以下四个方面的条件：

(1)计量违法是行为人不遵守计量法律、法规和规章的规定，未履行规定的义务，或

有违反禁止性规定的行为。计量违法行为一定是计量法律、法规和规章有明文规定的;没有规定的,不能认定违法。

(2)计量违法必须有计量活动方面的行为事实和危害后果,危害后果主要是指破坏国家计量单位制的统一和量值的准确可靠,直接或间接损害国家或他人的利益。

(3)计量违法是行为人主观故意所为或是过失所致。

(4)计量违法行为人是具有法定责任能力的人。

(二)计量法律责任

计量法律责任是指违反了计量法律、法规和规章的规定应当承担的法律后果。根据违法情节及造成后果的程度不同,《计量法》规定的法律责任有以下三种。

1. 行政法律责任(包括行政处罚和行政处分)

行政法律责任是指国家行政执法机关对有违法行为而不构成犯罪的一种法律制裁。如:未经国务院计量行政部门批准,进口国务院规定废除的非法定计量单位的计量器具和国务院禁止使用的其他计量器具的,责令其停止进口,没收进口计量器具和全部违法所得,可并处相当其违法所得10% ~50% 的罚款。

2. 民事法律责任

当违法行为构成侵害他人权利,造成财产损失的,则要负民事责任。如:使用不合格的计量器具或破坏计量器具准确度,给国家和消费者造成损失的,要责令其赔偿损失。

3. 刑事法律责任

已构成犯罪,由司法机关处理的,属刑事法律责任。如:制造、修理、销售以欺骗消费者为目的的计量器具,造成人身伤亡或重大财产损失的,伪造、盗用、倒卖检定印、证的,要追究其刑事责任。

(三)计量行政处罚的形式

《计量法》规定,对计量违法行为实施行政处罚,由县级以上地方政府计量行政部门决定。处罚的目的在于制止计量违法行为人继续违法,使其不再重犯。计量行政处罚的方式有 8 种:停止生产,停止制造,停止销售,停止使用,停止营业,没收计量器具,没收违法所得,罚款。

《计量法实施细则》又补充了 6 种行政处罚形式:责令改正,封存,停止检验,停止出厂,停止进口,吊销营业执照(由工商行政管理部门执行)。

按照《计量违法行为处罚细则》的规定,我国计量违法行政处罚形式归纳为 6 类:

(1)责令改正;

(2)责令停止生产、制造、营业、出厂、修理、销售、使用、检定、测试、检验、进口;

(3)责令赔偿损失;

(4)吊销证书;

(5)没收违法所得、计量器具、残次计量器具零配件及非法检定印、证;

(6)罚款。

三、计量违法行为和法律制裁

计量违法的法律责任与法律制裁是基于违法行为而设定的。计量违法行为性质严重、触犯刑律的，由国家司法机关实施刑事制裁；属于民事违法、行政违法行为的，由县级以上地方政府计量行政部门追究其法律责任，予以相应的民事制裁、行政制裁。对于使用不合格计量器具，破坏计量器具准确度或伪造数据，给国家和消费者造成损失的，工商行政管理部门也可予以行政制裁。我国计量法律、法规、规章设定了下列应承担刑事、民事、行政法律责任的计量违法行为。

（一）应承担刑事法律责任的计量违法行为

（1）制造、修理、销售以欺骗消费者为目的的计量器具，其情节严重构成犯罪的。

（2）使用以欺骗消费者为目的的计量器具，或者破坏计量器具准确度，伪造数据，给国家和消费者造成损失，构成犯罪的。

（3）伪造、盗用、倒卖检定印、证，构成犯罪的。

（4）计量监督管理人员利用职权收受贿赂，徇私舞弊，构成犯罪的。

（5）负责计量器具新产品型式评价的直接责任人员，泄漏申请单位提供的技术秘密，构成犯罪的。

（6）计量检定人员违反检定规程，使用未经考核合格的计量标准开展检定；未取得检定人员证件进行检定，出具错误数据或伪造数据，构成犯罪的。

（7）损坏国家计量基准或计量标准，擅自中断、终止检定工作，构成犯罪的。

（二）应承担民事赔偿责任的计量违法行为

1.规定应承担民事赔偿责任的行为

（1）负责计量器具新产品型式评价的单位，泄漏申请单位提供的技术秘密，应按国家有关规定，赔偿申请单位的损失；

（2）计量检定人员出具错误数据，给送检方造成损失的，由其所在技术机构赔偿损失；

（3）无故拖延强制检定的检定期限，给送检方造成损失的，执行强制检定任务的技术机构应赔偿损失。

2.规定以“责令赔偿损失”的方式追究其民事责任的行为

（1）被授权计量检定单位，擅自终止所承担的授权检定工作，给有关单位或个人造成损失的；

（2）未经计量授权，擅自开展检定，给有关单位或个人造成损失的；

（3）使用不合格的计量器具，给国家和消费者造成损失的；

（4）使用以欺骗消费者为目的的计量器具，或者破坏计量器具准确度，伪造数据，给国家和消费者造成损失的。

（三）应承担行政法律责任的计量违法行为

应追究行政法律责任的计量违法行为是指行为人违反计量法律、法规和规章的规定，但危害程度较轻，属于一般性违法。其行为表现是：

（1）上述（一）条中列入追究刑事责任范围的行为尚未构成犯罪的。

（2）上述（二）条中列入追究民事责任的行为，从违反行政法律规范方面讲，要追究行政法律责任的。

（3）纯属追究行政法律责任的违法行为有：

①出版物、非出版物使用非法定计量单位的。

②社会公用计量标准达不到原考核条件的。

③部门和企事业单位使用的各项最高计量标准未取得计量标准考核证书,或证书超过有效期,未经复查合格而继续开展检定,或经监督检查达不到原考核条件的。

④被授权执行计量检定任务的单位,超出授权范围开展检定、标准或检测,或达不到原考核条件的。

⑤使用中的各项计量标准、强制检定的工作计量器具未按规定申请检定或超过检定周期的,非强制检定的计量器具未按规定进行周期检定的;商贸中使用非法定计量单位的计量器具的。

⑥公民、法人进口计量器具以及外商、外商代理人在中国销售计量器具,未经批准而进口的;销售非法定计量单位的计量器具或禁止使用的其他计量器具的,或未送规定的计量检定机构检定合格而销售的,或进口、销售的计量器具未经型式批准的。

⑦未经批准制造使用非法定计量单位和禁止使用的计量器具的;未取得制造、修理许可证制造、修理计量器具的;虽取得制造、修理许可证,而实际上已达不到原考核条件并继续从事计量器具制造、修理的;制造、销售未经型式评价合格和未经型式批准计量器具新产品的;制造、修理计量器具单位对其计量器具产品不经检定合格而出厂和交付使用的;或超出规定制造、修理计量器具范围的。

⑧销售没有检定合格印、证和没有制造许可证标志的计量器具的。

⑨经营销售计量器具的残次零配件,使用残次零配件组装计量器具的。

⑩产品质量检验机构,未取得计量认证证书或超过计量认证证书允许的范围开展检验工作,向社会出具具有证明作用的公证数据和结果的;达不到原考核条件,或已失去公正地位,继续开展检验工作,向社会出具具有证明作用的数据和结果的。

另外,在国家质检总局颁布的《集贸市场计量监督管理办法》、《加油站计量监督管理办法》、《商品量计量违法行为处罚规定》、《能源计量监督管理办法》、《计量比对管理办法》、《社会公正计量行(站)监督管理办法》、《眼镜制配计量监督管理办法》、《法定计量检定机构监督管理办法》等部门规章中明确规定了相关计量业务活动中出现计量违法行为时应当承担的法律责任。违法事实一旦确立,须按照对应的违法行为处罚规定处理。

第二节　加强计量监督执法,适应市场经济发展需要

计量监督执法工作是质量技术监督行政执法工作中极为重要的组成部分,不仅要对生产领域内的各种计量活动实行监督,同时还担负着流通领域内各种计量行为的监督。计量监督执法是具有较强专业性的技术监督执法工作。

一、依法行政的基本要求

计量监督执法工作是政府行政执法中的一部分。计量监督执法必须坚持依法行政、合法行政、合理行政、程序正当等行政执法原则。

(1)合法行政:行政机关实施行政执法应当依照法律、法规、规章的规定进行;没有法律、法规、规章的规定,行政机关不得作出影响公民、法人和其他组织合法权益或者增加公民、法人和其他组织义务的决定。

(2)合理行政:行政机关实施行政管理,应当遵循公平、公正的原则。要平等对待行政管理相对人,不偏私、不歧视。行使自由裁量权应当符合法律目的,排除不相关因素的干扰;所采取的措施和手段应当必要、适当;行政机关实施行政管理可以采用多种方式实现行政目的的,应当避免采用损害当事人权益的方式。

(3)程序正当:行政机关实施行政管理,除涉及国家秘密和依法受到保护的商业秘密、个人隐私的外,应当公开,注意听取公民、法人和其他组织的意见;要严格遵循法定程序,依法保障行政管理相对人、利害关系人的知情权、参与权和救济权。行政机关工作人员履行职责,与行政管理相对人存在利害关系时,应当回避。

(4)高效便民:行政机关实施行政管理,应当遵守法定时限,积极履行法定职责,提高办事效率,提供优质服务,方便公民、法人和其他组织。

(5)诚实守信:行政机关公布的信息应当全面、准确、真实。非因法定事由并经法定程序,行政机关不得撤销、变更已经生效的行政决定;因国家利益、公共利益或者其他法定事由需要撤回或者变更行政决定的,应当依照法定权限和程序进行,并对行政管理相对人因此而受到的财产损失依法予以补偿。

(6)权责一致:行政机关依法履行经济、社会和文化事务管理职责,要由法律、法规赋予其相应的执法手段。行政机关违法或者不当行使职权,应当依法承担法律责任,实现权利和责任的统一,依法做到执法有保障、有权必有责、用权受监督、违法受追究、侵权须赔偿。

二、加强计量监督执法是社会发展的必然

计量监督执法是涉及行业众多、涵盖范围广泛的行政执法工作,涉及贸易结算、安全防护、医疗卫生、环境监测等各社会经济活动领域。计量监督执法是一项专业性很强的工作。它是以计量科学中多学科、多专业的技术手段为基础,以国家相关的法律法规为依据的行政执法工作。如果没有各种计量检测设备提供的准确数据,计量监督执法工作则无法进行。正是这种侧重于技术手段监督的特殊性,才使得计量监督执法工作具有其他任何行政执法手段都无法替代的重要性。在社会主义市场经济日益发展的今天,加强计量监督执法、维护正常的市场经济秩序是一项利国利民的事情。随着中国社会主义法制的逐步健全和科学技术水平的不断提高,计量监督执法工作也必将面临一些新的问题和新的挑战。因此,计量监督执法人员不仅要加强对国家相关法律法规的学习和理解,还要不

断地提高自身的专业素质,以及得到完善的各种高科技手段的保障和支持。只有这样,才能真正地面对新课题和新挑战,使计量监督执法工作在对付高科技手段的违法活动时,立于不败之地,完成国家赋予的使命。

三、加强计量监督执法应注意的四个问题

(一)严格执法程序

计量行政执法工作程序性很强。有极少数人在执法过程中,不按程序办事,不按律条行事,定案经不起推敲,案卷经不起检验,结案不能应诉。一遇上诉,四处补笔录、补证据、补材料、补报告,程序违法由胜诉变败诉,正义没有得到伸张,法律得不到执行。因此,首先必须严格执法程序。程序合法是执法公正的保证,没有程序的公正,就没有处理的公正。程序不公本身就反映了行政不正。因此,计量执法人员必须持证上岗,亮证执法,按程序办事,严格审批手续。

依法行政必须做到:以事实为根据,以法律为准绳。因此,要求计量执法人员必须认真填写执法文书。文书的制作质量不仅能反映执法人员的水平,还会影响案件处理的质量。要求执法文书叙述事实清楚,说理充分有力,引用法律准确、恰当;用语必须准确朴实、恰当得体、明确、具体、肯定,文字要通顺、精练;书写、记录要做到字迹清楚、工整,标点符号正确。案件处理结束后,承办人员要将处理过程中形成的全部材料集中整理,按时间顺序排列,用卷内文件编写目录、页码,并用技术监督案卷作封皮装订成册,存档备查。

(二)提倡文明执法

计量执法要依据法律法规,用科学的计量技术手段、准确可靠的科学数据来履行公务,规范公民行为,维持国家经济秩序,惩处计量违法行为,保护国家和人民的利益。技术监督部门在执法中要树立科学、公正、廉洁、高效的形象。

文明执法应做到以法论事,以理服人。查,要有根有据;看,要看得认真仔细;讲,要讲得有理有法;写,要写得清楚明白。让行政相对人心服口服,真心配合。执法的同时也是宣传《计量法》的过程。通过案件查处让《计量法》更加普及,更加深入人心。如哪些属于强制检定计量器具,哪些属于不合格计量器具,哪些属于非法定计量单位,哪些属于非法量传,计量违法应承担哪些法律责任等,对一些基本法律概念应做解释和宣传,让更多的人知法、守法。

(三)坚持依法行政

计量执法的工作原则是有法可依、有法必依、执法必严、违法必究。极个别地方我行我素,不依法行政,不按国家规定办事,给计量执法人员下达处罚经济指标等。其结果会出现有法不依、执法不严、办案不公、执法不廉,有损党和政府的形象。

(四)增强服务意识

计量行政部门既是执法部门也是服务部门,全心全意为人民服务是计量立法的宗旨。服务于企业、服务于民众、服务于社会贯穿于计量执法全过程。如实施强制检定是为确保用于贸易结算、医疗卫生、环境监测、安全防护等四个方面的计量器具量值准确可靠、确保计量标准器具量值准确无误。执法是手段,服务是宗旨;规范计量行为,确保量制统一、量

值准确可靠才是目的。多年的实践证明,宣传《计量法》深入、服务到位的地方,互相配合密切,相互理解支持,执法环境良好。计量执法者只有发扬公仆精神,才能将计量违法事件降到最低限度。

总之,要搞好计量执法,首先要提高执法人员的素质。计量执法工作的复杂性要求执法人员不仅具有较全面的法律知识、计量知识,还要具有社会学、心理学以及语言学等方面的知识;执法工作的原则性和灵活性要求执法人员具有娴熟的执法技巧和老练的办案经验,面对问题,积极攻克执法中的难题;执法工作的艰巨性要求执法人员具备大局意识和开拓创新精神,果断而缜密处事,要坚持探索与总结经验相结合的方法,收集和分析案例,吸取教训,不断提高执法水平。

四、加强计量监督执法应提高的五种能力

随着市场经济的发展,对计量监督执法的要求也越来越高。严格按照有关法律法规规范自己的行政执法活动,已关系到计量事业发展的大局。作为计量执法人员,为适应计量工作的更高要求,在工作实践中应不断地努力提高以下五种能力。

(一)做思想工作的能力

计量执法工作针对的是事,面对的却是人。而人是有思想的,一个人的每一个行为都是由思想而产生的,都有其思想根源。所以,在执法的过程中注重做好相对人的思想工作就显得尤为重要。《中华人民共和国行政处罚法》第五条明确规定,“实施行政处罚,纠正违法行为,应当坚持处罚与教育相结合,教育公民、法人或者其他组织自觉守法”。可见,做好相对人的思想工作也是《中华人民共和国行政处罚法》所要求的。在执法过程中,要让相对人知道法律规定,认清违法行为的危害,明确什么可以做、什么不可以做,要让其心服口服,不能简单地一罚了之。若只重视处罚,而忽视思想教育工作,是很难达到执法目的的。相对人的不明白,只会增加相对人对行政执法的不理解,有时甚至会增加相对人的抵触情绪,不仅影响执法人员在人民群众中的形象,而且也不利于下一步工作的开展。由此可见,做好一人一事的思想工作是对计量执法人员的基本要求,是实施法律、法规和规章的最有效保障,是促使人们加深对法的理解从而自觉守法的有力武器。

(二)应对复杂局面的能力

在执法实践中,特别是在执行重大任务、遇上群众围观,甚至是暴力抗法等较为复杂的情况下,应对不力、处理不好,都会影响执法人员的执法形象,使法律尊严受到损害,甚至会出现更为复杂的局面。执法人员要有掌握全局、控制局面,让事态向有利于执法工作发展的能力。

应对复杂局面要把握好三条:执行一个根本,是依法执法、严格执法,维护法律的尊严,但作为执法人员应注意的是千万不能违法;坚持一条原则,是避免激化矛盾,防止事态扩大,不能因为执法而出更大的乱子,不能越管越糟;把握一个关键,是保护自己、维护形象、灵活处置,在外执法应防止恋战,适时脱身。在执行重大任务的过程中,要在充分理解上级意图的基础上,搞好调查研究,制订计划方案,做好宣传发动,搞好团结协作,充分调动各方面的积极因素。在遇到群众围观的情况时,先看清形势:若围观者只是为了看热

闹,就要做好宣传教育,以达到处罚一个教育一片的目的;若是故意找事,就要只对当事人,速战速决。在遇到暴力抗法的事件时,一要保护好自己,二要注意保存证据,三要迅速报警并报告领导。

(三)处理应急事件的能力

所谓应急事件,是指在不知情、无法预测的情况下,所发生的不该发生的、破坏性的事件,如相对人心脏病发作、精神病发作,或者情急情况下,由于相对人的慌乱而使其本人受到伤害等情况,都是不知情和无法预测的。虽然这种情况很少发生,但也很难杜绝。那么如何才能应对和处理这样的情况呢?应做到以下两点:一是预防。要提高思想认识,时刻绷紧这根弦,要不断提高这方面的洞察力和敏锐性。二是保存好证据。严格依照法律程序办事,保存好相关证据。

(四)针对不同对象严格执法的能力

在计量执法实践中,会遇到各种各样的行政相对人,有素质高的、有素质低的,有做大生意的、有做小买卖的,有老的、有壮的,有本地的、有外地的,有汉族的、有少数民族的,有正常人、有残疾人等,这就要求执法人员具有针对不同对象区别对待的能力。对于素质低下、蛮不讲理、胡搅蛮缠的,要有对付不讲理的办法。首先证据要确凿充分,其次是有法必依、违法必究,让其在法律和事实面前心服口服。对于少数民族人士,要尊重民族政策、维护民族团结,既要维护少数民族人士的利益,又要维护法律的尊严。

(五)依法执法的能力

以上所有的能力素质,最终要归结到依法执法上。所谓依法执法,就是依照法律严格执法、秉公执法、文明执法。作为执法者,既是护法的使者,又是守法的模范。在执法的实践中要注意以下两点:一是要严格执法,维护法律的尊严;二是维护相对人的合法权益和正当利益。二者都不能走偏。

第三节　正确行使行政处罚自由裁量权

行政处罚自由裁量权是指国家行政机关在法律法规规定的原则和范围内有选择余地的处置权利。它是行政机关及其工作人员在行政执法活动中客观存在的,有法律法规授予的职权。各行政执法机关作为对社会监督管理的职能部门,国家法律法规赋予了其较多的自由裁量权。例如,《计量法实施细则》第四十七条规定:未取得《制造计量器具许可证》或者《修理计量器具许可证》制造、修理计量器具的,责令其停止生产、停止营业,封存制造、修理的计量器具,没收全部违法所得,可并处相当其违法所得10% ~50%的罚款。按照生产企业的违法所得为100万元计算,如果没收全部违法所得,即没收100万元;如果并处相当其违法所得10%的罚款,即110万元;如果并处相当其违法所得50%的罚款,即150万元：足见自由裁量空间之巨大。如何合法、合理地行使自由裁量权，对公平公正执法，进行人性化管理，构建和谐社会的法制目标，显示出极大的现实性和必要性。

一、行政执法中自由裁量权存在的必要性

（1）随着现代社会经济和科技的发展，行政执法部门监督和管理社会生活的职能和范围不断扩大，需要相应的自由裁量权，从而与日新月异的现实相适应。

（2）效率是行政的生命。赋予行政执法部门以自由裁量的权力，能使其审时度势地及时处理问题，维护社会秩序的健康运行。

（3）从法律本身而言，面对复杂的社会关系，法律法规不能概括完全、罗列穷尽，作出非常细致的规定。因此，从立法技术上看，有限的法律只能作出一些较原则的规定，定出可供选择的措施和上下活动的幅度，促使行政主体灵活机动地因人因事作出更有成效的管理。

（4）行政执法自由裁量权的行使，必须根据客观实际情况和法律精神及自己的理性判断加以灵活处理，做到“相同情况相同处理，不同情况不同处理”。这就要求行政机关必须有自由裁量权。

二、自由裁量权的分类

根据现行行政法律法规的规定，可将自由裁量权归纳为以下几种。

（一）在行政处罚幅度内的自由裁量权

即行政机关在对行政管理相对人作出行政处罚时，可在法定的处罚幅度内自由选择。它包括在同一处罚种类幅度内的自由选择和不同处罚种类的自由选择。例如，在未取得《制造计量器具许可证》或者《修理计量器具许可证》制造、修理计量器具的案例中，《计量法实施细则》第四十七条规定，责令其停止生产、停止营业，封存制造、修理的计量器具，没收全部违法所得，可并处相当其违法所得10%～50%的罚款。也就是说，可以在责令企业停止生产、停止营业，封存制造、修理的计量器具，没收全部违法所得，并处相当其违法所得10%～50%的罚款这五种处罚中选择一种，也可以就停止生产或罚款的方式处理，或者以停止生产、没收违法所得一定数额的方式处理。

（二）选择行为方式的自由裁量权

即行政机关在选择具体行政行为的方式上，有自由裁量权的权力，它包括作为与不作为。例如，《计量法实施细则》第四十七条规定，责令其停止生产、停止营业，封存制造、修理的计量器具，没收全部违法所得，可并处相当其违法所得10%～50%的罚款。在罚款处理方式上有选择的余地，可以罚款也可以不罚款。“可”的语义包含了允许行政机关的作为或不作为。

（三）作出具体行政行为时限的自由裁量权

有相当数量的行政法律法规均未规定作出具体行政行为的时限，这说明行政机关在何时作出具体行政行为上有自由选择的余地。

（四）对事实性质认定的自由裁量权

即行政机关对行政管理相对人的行为性质或者被管理事项的性质的认定有自由裁量的权力。

（五）对情节轻重认定的自由裁量权

我国的行政法律法规不少都有“情节较轻的”、“情节严重的”这样语义模糊的词，又没有规定认定情节轻重的法定条件。这样，行政机关对情节轻重的认定有自由裁量权。

（六）决定是否执行的自由裁量权

即对具体执行力的行政决定，法律法规大都规定有行政机关可以自行决定是否执行。例如，《中华人民共和国行政诉讼法》第六十六条规定：“公民、法人或者其他组织对具体行政行为在法定期间不提起诉讼又不履行的，行政机关可以申请人民法院强制执行，或者依法强制执行。”这里的“可以”就表明了行政机关可以自由裁量。

三、行政执法中自由裁量权行使存在的问题

在行政执法中，自由裁量权每时每刻都在行使之中，它有效增强了执法办案的准确性和灵活性。但是，行政执法人员是人，人是有感情的。由于是亲戚、朋友、战友、同学等，或者由于发生过冲突，或由于是仇家；或受来自领导的压力、同事的说情等因素及个人工作能力、认识能力、知识水平、道德水准等素质因素的影响；此外，还有利益因素，比如，此项决定对具体工作人员有利害关系，或具体工作人员受贿等，可能导致自由裁量权被滥用。

自由裁量权的滥用，一是不利于社会秩序的稳定。因为滥用行政处罚自由裁量权，处理问题随意性很大，反复无常，不同情况相同处理，相同情况不同对待，引起群众怀疑、不信任，产生对立情绪，不配合执法，行政违法行为增多，导致经济秩序的不稳定。二是助长特权思想，滋生腐败，影响党和政府的形象。但是，社会事务是复杂的，对于偶发的事务，具体工作人员首次处理，法律虽然规定了原则，工作人员的判断标准可能会与公众标准发生偏差，工作人员认为是公正的，公众可能认为不公正；特别是在公正标准没有形成之前，对于偶发的、复杂的事务的公正处理，是很难把握的。因此，自由裁量权的滥用，在客观上也是不可避免的。正因为自由裁量权可能会被滥用，所以对自由裁量权必须进行控制。

四、正确行使自由裁量权的基本原则

从权力的本身属性来看，任何一项权力都有腐蚀性和侵犯性，总是趋于滥用。自由裁量权的灵活性又决定了它更易于被滥用。自由裁量权的滥用构成的违法往往是隐蔽的，不易为人们所识破。在现实生活中相应法律法规对行政自由裁量权的约束较少，给自由裁量权的被滥用留下了隐患。在实际执法中，由于地域不同、个人素质和价值取向不同，导致对法律法规的理解不同，从而也会产生自由裁量权的被滥用。故此，正确地行使自由裁量权须遵循以下原则和标准。

（一）自由裁量权的行使，要公正、善意、合乎情理

公正，就是在行使自由裁量权时要出于公心，做到“相同情况相同处理，不同情况不

同处理”；善意，就是行使自由裁量权时，要出于善良的意愿，不是图报复；合乎情理，就是行使自由裁量权时，要合乎人们的正常思维，是出于一个正常人的通常考虑而做出的行为。要符合社会客观规律，如责令当事人撤除侵权商品上的商标标识，应视数量的多少而定，不能要求几分钟内完成。

(二)自由裁量权的行使，目的要正当

正当目的，是针对非正当目的而言的。非正当目的，是指出于私利等非正常的考虑。“私利”是一个广义的概念，可分为“直接私利”和“间接私利”两种。“直接私利”是指，自由裁量权的行使，直接能给行为人带来经济上或政治上的好处；“间接私利”是指，自由裁量权的行使，虽然不能直接给行为人带来好处，但是却能给行为人带来未来的、可期待的经济利益或政治利益。如当事人违法事实轻微，却被处以最高额的处罚，显属对自由裁量权的滥用。

(三)自由裁量权的行使，目的要合法

任何法律法规的制定，都有它的价值取向，那就是法所追求的目的。自由裁量权的行使如果偏离法的目的，必然导致行政不合理，自由裁量权也就成了个人谋私利、图报复的工具了。如为罚款而罚款，为完成罚款任务而执法，即属此种情形。

有了行使自由裁量权应当遵循的原则和标准，并不等于人们都能遵循原则办事，也不等于自由裁量权不会被滥用。对于自由裁量权，还需要从道德和法制两方面加以控制。法制与道德，从来都是相辅相成、相互促进的。二者缺一不可，也不可偏废。法制属于政治建设、属于政治文明，德治属于思想建设、属于精神文明。二者范畴不同，但其地位和功能都是非常重要的。我们应当始终注意把法制建设与道德建设结合起来，把依法治国与以德治国紧密结合起来。

五、如何控制行政执法中自由裁量权的行使

对行政执法人员的自由裁量权进行道德控制，必须加强执法人员的思想建设，不断提高其精神文明的水平。

(1)增强公仆意识、全心全意为人民服务。要明确我们的权力是人民给的，我们要用人民赋予我们的权力努力为人民服务。如果忘记了这一点，我们就会失去人民的信任和拥护，后果是不堪设想的。公仆意识、全心全意为人民服务的思想，实质上就是公务员职业道德的必然要求，是控制主观滥用自由裁量权的保证。

(2)增强行政能力，不断提高业务水平。光有好的思想，并不必然能够控制自由裁量权的滥用，对于复杂的问题和层出不穷的新事物，需要我们有足够的能力去处理。只有不断地向书本学习、向实践学习、向他人学习，不断地发挥我们的聪明才智，才能在客观上把自由裁量权控制在最低的限度内。

(3)要克服不良思想的侵蚀，防止拜金主义、享乐主义和极端个人主义泛滥。加强思想教育，使行政机关工作人员树立正确的人生观和世界观，增强自己的内控力，遏止私欲的膨胀，在思想上消除滥用自由裁量权的欲念。

六、对自由裁量权进行法律控制和制度控制

对自由裁量权进行法律控制和制度控制，从立法层面开始，着手从源头上解决自由裁量权过于“自由”的问题，使之具体化、规范化，具有较强的可操作性。

(1)建立回避制度。在行政执法时，如果执法活动与执法人有利害关系，该执法人应当回避。回避应实行主动回避与申请回避相结合。回避与否，由该工作人员所在单位的领导决定；领导需要回避的，由班子集体决定。

(2)建立执法责任制。执法责任制也要有可操作性，要明确区分滥用自由裁量权的情况，看是主观滥用，还是客观滥用，是偶尔滥用，还是一贯滥用，来区别不同责任。使责任与个人的待遇和职务的升迁挂起钩来，真正把执法责任制落到实处。

(3)建立司法审查制度。把自由裁量权行为纳入司法轨道。行政执法人员应当告知行政管理相对人具有申辩权、请求举行听证权、申请行政复议权、提起行政诉讼权、请求国家赔偿权，等等，使行政管理相对人的权利具有可救济性，使凡是涉及公民权利和公民义务的执法行为(包括自由裁量权)都应具有可诉性，确立司法最终解决原则。

(4)建立行政执法监督体系。监督主体不仅有党、国家机关(包括立法机关、行政机关、检查机关、审判机关)，还有企事业单位、社会团体、基层群众和公民。对于已有的法定监督方式，还应当根据形势的需要，继续补充、完善；对没有法定监督方式的，要通过立法或制定规章，以保证卓有成效的监督。同时，要对滥用职权的人采取严厉的惩罚措施，还应有对监督有功人员的奖励和保护。

(5)处理好法律条文的“弹性”和执法的“可操作性”关系。在立法阶段，对于法律条文规定尽量做到明确、具体，减少“弹性”，尤其是涉及公民合法权益的条款，更应如此。“徒法不足以自行”。配套的法律文件，构成一个由不同层级组成的法律体系(法律、法规、规章、规范性文件)。层级低的规范性文件，可随着形势的发展废、改、立，以适应不断变化，从而也可以克服法律因稳定性较强所具有的局限性。如果不便于作出硬性规定，至少应有一个参照标准，作为指导性的意见。如最常见的“情节轻微”、“情节恶劣”，由于没有一个参照标准，在实际执法办案中，“自由裁量权”已演变为“任意裁量”，造成混乱，就不足为奇了。

(6)必须说明作出行政行为的理由。在行政诉讼中，对滥用职权的证明，原告负有举证责任，但由于这种举证比较困难，借鉴国外的做法，应当强调行政机关说明作出具体行政行为的理由，以便确定其行政目的是否符合法律法规授予这种权力的目的。对说不出理由、理由阐述不充分或者不符合立法本意的，应认定为滥用职权。

(7)加强行政执法队伍建设，提高执法水平。现在行政执法人员素质不高是个较普遍的问题，这与我国正在进行的现代化建设很不适合，有些行政执法人员有“占据一方，唯我独尊”的思想。为此，一方面要加紧通过各种渠道培训行政执法人员，另一方面对那些不再适宜从事行政执法活动的人要坚决调出，使得行政执法队伍廉正而富有效率。

(8)定性分析与定量计算相结合。《中华人民共和国行政处罚法》第四条规定了行政处罚应考虑的基本因素：“违法行为的事实、性质、情节以及社会危害程度”，执法部门可

根据以上基本因素，分析各因素主次情况及所占比重等，以综合评定的方式来确定一个可供操作，也便于实现行政处罚的统一要求。可设想建立这样一个公式，犹如单位对每位职工进行的工资核算，工龄、级别、职务、任职年限等各种情况按不同的标准、档次逐一对应，其总和即是该同志的应得工资。以“未取得《制造计量器具许可证》或者《修理计量器具许可证》制造、修理计量器具”为例，《计量法实施细则》第四十七条规定，责令其停止生产、停止营业，封存制造、修理的计量器具，没收全部违法所得，可并处相当其违法所得10% ~50% 的罚款。处理时，对应考虑的法定因素细分，从“事实、性质、情节、后果”几个方面入手，何人、何事、何地、何时、何因、何情、何果逐一进行分析，最后给出合理的处置意见。以“情节”为例，可分为“轻微、一般、比较恶劣、恶劣”四档，再对这四档予以明晰，确定其具体内容。以“轻微”为例，可以描述为时间短(15 天以内)、规模小(资产 500 万元以内)、违法获利少(100 元以内)、未出售假冒伪劣产品、消费者无投诉、第一次违法、不知道存在违法行为、有立功表现、主动消除或减轻违法行为危害后果等。将模糊事件用定性分析与定量计算相结合的处理方法，建立数学模型，用科学手段控制行政处罚裁量权的自由度。

(9)人民法院对自由裁量权的司法监督。《中华人民共和国行政诉讼法》第五条规定了人民法院审查具体行政行为合法性的原则，人民法院通过行政诉讼依法对被诉行政机关的具体行政行为行使司法审查权，审查的主要内容是具体行政行为的合法性而不是不适当性。

但是，这并不是说人民法院对自由裁量权就无法进行司法监督了。如前所述，行政机关所拥有的自由裁量权渗透到作出具体行政行为的各个阶段。由于不正确地行使自由裁量权，其表现形式主要有滥用职权、拖延履行法定职责、行政处罚显失公平等，所导致的法律后果是人民法院有权依法撤销、限制履行或者变更具体行政行为。

然而，审查具体行政行为合法性的原则，表明了人民法院的有限司法审查权。当前，我国正在大力加强社会主义民主和法制建设，强调为政清廉，人民法院应当充分发挥审判职能作用，在这方面有所作为。一方面要严格依法办案，既要保护公民、法人或者其他组织的合法权益，又要维护和监督行政机关依法行使行政职权，克服畏难思想和无原则地迁就行政机关。另一方面要完善人民法院的司法建议权，对那些确实以权谋私者，或者其他违法违纪者，人民法院无法通过行政诉讼予以纠正的，应当以司法建议的形式向有关部门提出，以维护国家和人民的利益。

七、正确行使行政处罚自由裁量权

计量行政执法涉及的法律、法规、行政规章比较多，有《计量法》、《计量法实施细则》、《河南省计量监督管理条例》，在具体的计量业务活动中还有《计量标准考核办法》、《计量检定人员管理办法》等。行政处罚涉及企业、商业、个体工商户各种类型，小型、中型、大型的私营、国有、股份制各类性质，国民经济生产经营各个行业的企事业单位，行政执法中遇到的违法行为千态万况，案情各异，正确行使行政处罚自由裁量权已经成为依法行政、公正执法、取信于民的重要环节，成为计量事业的立业之本，成为树立政府维护市场经济秩序形象的重要举措。为了贯彻《河南省人民政府关于规范行政处罚裁量权的若干意见》(豫政〔2008〕57 号),河南省质量技术监督局制定了《河南省质量技术监督行政处罚裁量标准》和内部制约制度。在计量行政部门履行职能,开展行政执法中,必须执行《河南省质量技术监督行政处罚裁量标准》和《河南省质量技术监督行政处罚裁量标准适用规则》、《河南省质量技术监督行政处罚预先法律审核制度》、《河南省质量技术监督行政处罚案件主办人制度》、《河南省质量技术监督行政处罚案例指导制度》等内部制约制度,正确行使行政处罚自由裁量权。对自由裁量权进行控制:控而不死,用而不滥,调动自由裁量权高效灵活的积极因素,抑制滥用的消极因素,使行政权的行使符合依法行政的要求,符合依法治国的要求,符合建设社会主义法治国家的要求。

附　录

练习题

一、判断题

1. 测量准确度不是一个量,而是个定性的概念。（　）

2. 测量误差表明测量结果偏离参考量,是一个差值;测量不确定度表明赋予被测量之值的分散性,是一个区间。（　）

3. 对于不同的测量结果,不仅有不同的测量误差,其测量不确定度也一定不同。（　）

4. 仪表的最大引用误差决定仪表的准确度级别,实际使用中准确度级别高的仪表其测量误差也一定小。（　）

5. 计量是关于测量的科学,是实现单位统一、量值准确可靠的活动。（　）

6. 计量学分为科学计量、工程计量和法制计量三类。（　）

7. 不确定度是评定测量结果可靠性的重要参数,而自由度是评定所得到的测量不确定度的可靠程度的重要参数。（　）

8. 在不确定度的评定时,对使用的仪器的准确度“等”或“级”的考虑是没有区别的。（　）

9. 在我国,法制计量主要包括计量立法、统一计量单位、有关测量方法、计量器具和测量结果的控制、有关法定计量技术机构及测量实验室管理等内容。（　）

10. 判定检测数据是否符合标准要求时,修约值比较法要求将检测所得的测定值或计算值数据修约到标准规定的极限数值的末位后再进行比较。（　）

11. 为保证质量体系的有效运行,质量负责人应定期进行内部审核和管理评审。（　）

12. 对不合格工作的控制要以预防为主,及时识别,明确职责,正确评估,措施有效,纠正到位。（　）

13. 计量工作的统一性是指在统一计量单位的基础上,无论在何时何地采用何种方法,使用何种计量器具,以及由何人测量,只要符合有关的要求,其测量结果就应当具有一致性,测量结果应是可复现和可比较的。 ( )

14.《计量法》作为国家管理计量工作的根本法,是实施计量法制监督的最高准则。 ( )

15. 授权签字人应履行规定职责权力,理解质量管理要求,具有相应的专业技术素质、工作经历和能力,熟悉检定、校准、检测方法和结果评价。 ( )

16. 检测实验室应把量值溯源、测量不确定度评定和能力验证作为重要的技术支持政策。 ( )

17. 在测量设备有过载或误操作后如果继续使用测量设备,就属于使用不合格测量设备。 ( )

18. 电子存储的按规定期限保存的原始观测数据、导出数据和建立审核路径的足够信息的记录允许更改,但必须经质量负责人批准。 ( )

19. 测量设备的期间核查是指测量设备正式使用之前对其工作正常性的检查。 ( )

20. 实验室应建立并保持安全作业管理程序、环境保护程序。 ( )

21. 世界各个国家的法律都有统一的表现形式。 ( )

22. 法是以国家意志形式出现的,最终决定于社会物质生活条件的社会规范的总称。 ( )

23. 经过政府计量行政部门考核的计量标准就是社会公用计量标准。 ( )

24.《计量法》、《标准化法》、《商标法》、《文物保护法》是我国的非基本法律。 ( )

25. 量值只能用一个数和一个测量单位的乘积表示。 ( )

26. 计量检定机构按照其职责及法律地位的不同,可以分为法定计量检定机构和专业计量检定机构。 ( )

27. 法定计量检定机构考核的依据是《检测和校准实验室能力的通用要求》。 ( )

28. 计量检定机构现场考核时,由考核组提供的被测样品允许简化仪器收发手续,直接送入实验室进行检测。 ( )

29. 计量检定机构现场考核,要注意现场参观时,不要就一些具体问题展开讨论。 ( )

30. 计量检定机构现场考核,要核查计量标准是否取得了《计量标准证书》和《社会公用计量标准证书》,两证是否有效。 ( )

31. 计量法律责任是指违反了计量法律、法规和规章的规定应当承担的法律后果。 ( )

32. 某一个量的量纲,指的是量的大小。 ( )

33. 有相同量纲的量一定是同种量。 ( )

34. 基本量用来定义或导出量制中的其他量。 ( )

35. "SI"是国际上规定的"国际单位制"的简称,因而"国际单位制"称为"SI 制"或"国际制"。 ( )

36.《计量检定人员管理办法》规定:计量检定人员是指经理论考试合格,持有大专以

上毕业证书,从事计量检定工作的人员。 ( )

37. 计量检定人员有权拒绝任何人迫使其违反计量检定规程,或使用未经考核合格的计量标准进行检定。 ( )

38. 国际单位制中容积的单位是立方米,符号为 m^3。 ( )

39. 量纲是以给定量制中基本量的幂的乘积表示某量的表达式。 ( )

40. 一个流量计的流量范围为:(30～120)m^3/h,其流量比为4:1。 ( )

41. 分(min)是国际单位制中时间的计量单位。 ( )

42. 压力单位“帕斯卡”的定义与测试地点的重力加速度有关。 ( )

43. 对于非强制检定的计量器具,使用单位可以自行确定检定周期。 ( )

44. 国际单位制单位简称SI单位。 ( )

45. 国际单位制简称SI。 ( )

46. 所有在用的测量设备都必须进行计量确认。 ( )

47. 比热的单位J/(kg·℃),中文名称为“焦尔每千克每摄氏度”。 ( )

48. 某地的面积为20平方千米,应写成20千米^2。 ( )

49. 周期检定是后续检定的一种形式。 ( )

50. 计量校准用计量标准设备,属于社会公用计量标准和部门、企事业单位最高计量标准的也必须经计量标准考核合格。 ( )

51. 二级注册计量师资格的考试由各省按照相关要求组织实施。 ( )

52. 企事业单位实施强制检定,必须经政府计量行政部门计量授权。 ( )

53. 被测量的量值必须具有溯源性。 ( )

54. 以裁决为目的处理计量纠纷的检定称为仲裁检定。 ( )

55. 升(L)是国际单位制中容量的计量单位。 ( )

56. 计量技术法规包括计量检定系统表、计量检定规程、计量校准规范、计量技术规范、国家计量基准副基准操作技术规范、国际文件和国际建议。 ( )

57. 企事业单位的次级计量标准由主管部门组织考核。 ( )

58. 我国的法定计量单位都是国际单位制单位。 ( )

59. 部门和企事业单位的计量监督管理只能对计量违法行为给予行政处分,而不能给予行政处罚。 ( )

60. 计量检定规程的主要作用在于统一测量单位,确保计量器具的准确一致,使全国的量值都能在一定的允差范围内溯源到计量基准。 ( )

61. 计量校准规范是为进行校准而规定的技术文件,应根据测量设备的校准要求选择适宜的国家计量校准规范。校准规范不能自行制定。 ( )

62. 我国的计量基准,只能建立在国务院计量行政部门所属的法定计量检定机构,作为统一全国量值的最高依据。 ( )

63. 申请承担计量器具新产品样机试验的授权,向当地人民政府计量行政部门提出申请。 ( )

64. 被计量授权的单位,一旦成为计量纠纷当事人一方,在双方协商不能自行解决的情况下,要由政府计量行政部门进行调解和仲裁检定。 ( )

65. 对申请作为法定计量检定机构、建立社会公用计量标准的申请授权单位的考核，需按照 JJF 1069《法定计量检定机构考核规范》进行。 ( )

66. 被计量授权单位要终止所承担的授权工作，应提前 3 个月向授权单位提出书面报告，未经批准不得擅自终止工作。 ( )

67. 法定计量单位中的“摄氏度”以及非十进制的单位，如平面角单位“度”、“[角]分”、“[角]秒”与时间单位“分”、“时”、“日”等，可用 SI 词头构成倍数单位或分数单位。 ( )

68. 本单位已经建立计量标准，能够满足该类测量设备的检定或校准要求，并且取得《计量标准考核证书》，就可以由本企业对该测量设备自行进行检定或校准。 ( )

69. 无须出具量值的测量设备，或只需做首次检定的测量设备，或一次性使用的测量设备或列入 C 类管理范围的测量设备，也必须强调进行定期溯源。 ( )

70. 企业在进行测量设备的分类管理时，可以只考虑测量设备的使用频率、拆卸难易程度。 ( )

71. 企事业单位在用的仪器仪表、设备装置必须采用法定计量单位；使用非法定计量单位的计量器具，应当进行改制。 ( )

72. 政府计量行政部门建立的各种等级计量标准都是社会公用计量标准。 ( )

73. 检定或校准证书的有效性就是时间的有效性，检定或校准证书必须在检定有效期内。 ( )

74. 计量标准的复查考核采取函审、现场复查或现场抽查的方式进行。 ( )

75. 用于统一量值的标准物质属于计量标准范畴。 ( )

76. 每一种有证标准物质的特性值都附有给定置信水平的不确定度。 ( )

77. 仲裁检定是指由县级以上政府计量行政部门用计量基准或者计量标准所进行的以裁决为目的的计量检定活动。 ( )

78. 建立计量标准必须满足计量检定规程的要求，并清楚本计量标准在其中所处的位置。 ( )

79. 测量标准与计量标准，参考标准与最高计量标准分别是同义词。 ( )

80. 计量立法的原则是“统一立法，区别管理”，因此已建立计量标准的企业可以利用技术优势自行为社会开展计量检定、校准服务。 ( )

81. 列入国家质检总局重点管理目录的计量器具的型式评价由省级质量技术监督部门授权的技术机构进行。 ( )

82. 计量标准的封存与撤销，申请单位应填写计量标准封存(撤销)申报表一式三份，主管部门审批后即可办理封存手续。 ( )

83. 超过《计量标准考核证书》有效期，仍需继续开展量值传递工作的，应当按新建计量标准申请考核。 ( )

84. 计量调解是处理计量纠纷的必经程序。 ( )

85. 计量标准考核有现场考核或书面审查两种考核方式。考核的方式由组织考核的计量行政部门决定。 ( )

86. 当事人一方已向人民法院起诉的计量纠纷案件，政府计量行政部门也应受理另一

方的仲裁检定和计量调解的申请。 ( )

87. 计量仲裁必须用计量基准或者社会公用计量标准进行。 ( )

88. 型式批准是指质量技术监督部门对计量器具的型式是否符合法定要求而进行的行政许可活动,包括型式评价、型式的批准决定。 ( )

89. 省级质量技术监督部门应在接到型式评价报告之日起10个工作日内,根据计量法制管理的要求,对计量器具新产品的型式进行审查。 ( )

90. 单位的国际符号与中文符号不应混用。 ( )

91. 溯源性的比较链的连接有两种途径,就是量值传递和量值溯源。 ( )

92. 量值溯源与量值传递在概念上互为逆过程,从技术上说是一件事情,两种说法。 ( )

93. 比对在缺少更高准确度计量基准时,可用来统一量值,使测量结果趋向一致。 ( )

94. 计量检定必须按照国家计量检定系统表进行。 ( )

95. 量值溯源和传递框图是表示计量标准溯源到上一级计量器具和传递到下一级计量器具的框图,它可以是国家计量检定系统表的一部分,也可以是其合理的延伸与补充。 ( )

96. 测量设备包括与测量过程有关的软件和辅助设备或者它们的组合。 ( )

97. 计量确认是指"为确保测量设备处于满足预期使用要求的状态所需要的一组操作"。 ( )

98. 由系统误差的估计值可得到修正值,修正值可以完全消除系统误差。 ( )

99. 准确度等级确定了测量仪器本身的计量要求,用0.1级表一定比用0.2级表测量误差小,更准确。 ( )

100. 在重复条件下的多次测得值中,发现个别值明显偏离该数据列的算术平均值时,可直接取舍。 ( )

101. 任何一个测量结果都由准确数字和可疑数字两部分组成。 ( )

102. 测量不确定度是说明被测量测得的量值分散性的参数,它不说明测得值是否接近真值。 ( )

103. 计量授权是指政府计量行政部门,将贯彻实施《计量法》所进行的计量检定权限授予一般计量检定机构。 ( )

104. 计量纠纷是指在社会经济生活中,买卖双方所产生的矛盾和争执。 ( )

105. 仲裁检定都由县级以上政府计量行政部门直接受理。 ( )

106. 任何单位只要制造计量器具,都必须按规定申请办理《制造计量器具许可证》。 ( )

107. 对于经检定或校准,确认计量性能降低,但降级后仍可用于其他测量活动的测量设备,可以进行降级处理。 ( )

108. 非强制检定的计量器具,使用单位应当自行定期检定或者送有权对社会开展量值传递工作的其他计量检定机构进行检定。 ( )

109. 计量检定人员应为实施计量监督,发展生产、贸易和科学技术以及保护人民健康

和生命、财产的安全提供准确可靠的检定数据。 (　　)

110. 注册计量师制度和计量检定员制度主要区别是实现对计量专业技术人员的分层管理和资质管理。 (　　)

二、选择题

1. 测量误差仅与(　　)有关。

A. 测量设备　B. 测量方法　C. 测量结果　D. 测量环境

2. 误差从表达形式上可以分为(　　)。

A. 测量仪器误差和测量结果误差　B. 绝对误差和相对误差

C. 系统误差和随机误差　D. 已定误差和未定误差

3. 将 12 501、12 499、0.003 75 修约为 2 位有效数字应为(　　)。

A. 12×10^3、12×10^3、3.8×10^{-3}　B. 12×10^3、12×10^3、3.7×10^{-3}

C. 13×10^3、12×10^3、3.7×10^{-3}　D. 13×10^3、12×10^3、3.8×10^{-3}

4. 测量不确定度分为(　　)。

A. 标准不确定度和扩展不确定度　B. A 类不确定度和 B 类不确定度

C. 合成不确定度和扩展不确定度　D. 标准不确定度和合成不确定度

5. 以下(　　)内容不属于《计量法》调整的范围?

A. 建立计量基准、计量标准　B. 制造、修理计量器具

C. 进行计量检定　D. 使用教学用计量器具

6. 统一全国量值的最高依据是(　　)。

A. 计量基准　B. 社会公用计量标准

C. 部门最高计量标准　D. 工作计量标准

7. 建立数学模型应(　　)。

A. 以已知函数关系为基础　B. 充分考虑给定条件下影响量的影响

C. 根据经验予以筛选、合并和调整　D. 灵敏系数必须为 1

8. 任何一个测量不确定度的评定(　　)。

A. 都应包括有 A 类评定

B. 都应同时有 A 类和 B 类评定

C. 都应包括有 B 类评定

D. 可以只有 A 类、只有 B 类或同时具有 A 类和 B 类

9. 国家计量检定系统表由(　　)制定。

A. 省、自治区、直辖市政府计量行政部门　B. 国务院计量行政部门

C. 国务院有关主管部门　D. 计量技术机构

10. 对测量结果的已定系统误差修正后,其测量不确定度将(　　)。

A. 变小　B. 不变　C. 变大　D. 不定

11. 计量认证的现行评审准则是(　　)。

A.《产品质量检验机构计量认证考核技术规范》

B.《产品质量检验机构计量认证/审查认可(验收)评审准则》

C.《实验室资质认定评审准则》

D.《检测和校准实验室认可准则》

12. 实验室建立的质量体系应(　　)。

A. 满足准则要求　　B. 符合单位实际

C. 有一定的应变能力　　D. 有不断完善的机制

13. 作为一个基本满足要求的质量体系应该(　　)。

A. 质量体系已充分文件化　　B. 体系能保持有效地运行

C. 体系能不断改进完善　　D. 没有系统性或区域性的不符合

14. 下列对记录性质的描述中,不正确的有(　　)。

A. 记录是证实性的文件　　B. 记录应原始并真实

C. 记录应妥善保管　　D. 记录应有适当的保存期限

15. 取得计量认证合格证书的检测机构按证书上所批准的项目可以在检测证书及报告上使用标志为(　　)。

A. CMA　　B. CPA　　C. CNL　　D. CAL

16. 内部质量体系审核人员应(　　)。

A. 经过必要的培训　　B. 取得相应的审核员资格

C. 独立于被审核工作　　D. 对检测工作实施质量监督

17. 计量师初始注册者,可自取得注册计量师资格证书之日起(　　)内提出注册申请。

A. 1 年　　B. 2 年　　C. 3 年　　D. 没有时间限制

18. 计量立法的宗旨是(　　)。

A. 加强计量监督管理,保障计量单位制的统一和量值的准确可靠

B. 适应社会主义现代化建设的需要,维护国家、人民的利益

C. 保障人民的健康和生命、财产的安全

D. 有利于生产、贸易和科学技术的发展

19. 计量检定规程可以由(　　)制定。

A. 国务院计量行政部门

B. 省、自治区、直辖市政府计量行政部门

C. 国务院有关主管部门

D. 法定计量检定机构

20. 注册计量师享有的权利包括(　　)。

A. 在规定范围内从事计量技术工作,履行相应岗位职责

B. 晋升高级职称

C. 接受继续教育

D. 获得与执业责任相应的劳动报酬

21. 根据《计量法》规定,计量检定规程分三类,即(　　)。

A. 几何量、热学、力学专业检定规程,电学、磁学、光学和无线电专业检定规程,化学核辐射及其他专业检定规程

B. 国家计量检定规程、部门计量检定规程和地方计量检定规程

C. 国家计量检定规程、地方计量检定规程、企业计量检定规程

D. 检定规程、操作规程、校准规程

22. 计量检定规程是(　　)。

A. 为进行计量检定,评定计量器具计量性能,判断计量器具是否合格而制定的法定性技术文件

B. 计量执法人员对计量器具进行监督管理的重要法定依据

C. 从计量基准到各等级的计量标准直至工作计量器具的检定程序的技术规定

D. 一种进行计量检定、校准、测试所依据的方法标准

23.《计量法》的基本内容包括(　　)。

A. 计量立法宗旨　　B. 计量检定原则

C. 计量认证评审　　D. 计量纠纷处理

24.《河南省计量监督管理条例》是河南省人民代表大会依据(　　)制定的一部地方性计量法规。

A. 中华人民共和国计量法　　B. 中华人民共和国标准化法

C. 中华人民共和国产品质量法　　D. 中华人民共和国计量法实施细则

25.《计量标准考核办法》属于(　　)。

A. 法律　　B. 行政法规　　C. 行政规章　　D. 部门规章

26. 法定计量检定机构的职责是(　　)。

A. 负责研究建立计量基准、社会公用计量标准

B. 进行量值传递,执行强制检定和法律规定的其他检定、测试任务

C. 起草技术规范,为实施计量监督管理提供技术保证

D. 研制计量器具新产品

27. 按照计量法律法规的有关规定,各级政府计量行政部门对计量检定机构进行管理的内容一般包括(　　)。

A. 计量行政监督　　B. 计量标准考核

C. 计量收费　　D. 服务质量

28. 法定计量检定机构现场考核结论的内容是(　　)。

A. 总体评价　　B. 申请考核项目确认

C. 检定员资格确认　　D. 是否给予机构授权的建议

29. 法定计量检定机构获得计量授权证书后的监督的内容是(　　)。

A. 监督检查　　B. 一年一次监督检查

C. 日常监督检查　　D. 检定员实际操作考核

30. 法定计量检定机构扩项考核包括(　　)。

A. 国家计量检定规程年号变更的项目

B. 新增加的项目

C. 国家计量检定规程变更需增加仪器设备的项目

D. 已取得检定项目授权需要增加检测授权的项目

31. 强制检定的范围包括(　　)。

A. 社会公用计量标准器具

B. 部门和企事业单位使用的最高计量标准器具

C. 用于贸易结算、安全防护、医疗卫生、环境监测方面并列入强制检定目录的工作计量器具

D. 国家实施强制检定的其他计量器具

32. 计量技术法规包括(　　)。

A. 计量检定规程　　B. 国家计量检定系统表

C. 计量技术规范　　D. 国家测试标准

33. 国家计量检定系统表是(　　)

A. 国务院计量行政部门管理计量器具,实施计量检定用的一种图表

B. 将国家基准的量值逐级传递到工作计量器具,或从工作计量器具的量值逐级溯源到国家计量基准的一个比较链,以确保全国量值的统一准确和可靠

C. 由国家计量行政部门组织制定、修订,批准颁布,由建立计量基准的单位负责起草的,在进行量值溯源或量值传递时作为法定依据的文件

D. 计量检定人员判断计量器具是否合格所依据的技术文件

34. 在我国历史上曾把计量叫作"度量衡",其中"量"指的是(　　)的计量。

A. 质量　　B. 流量　　C. 电量　　D. 容量(容积)

35. 下列单位的国际符号中,不属于国际单位制的符号是(　　)。

A. t　　B. kg　　C. ns　　D. μm

36. 1 μs 等于(　　)。

A. 10^{6} s　　B. 10^{-6} s　　C. 10^{-9} s　　D. 10^{-3} s

37. 计量检定应遵循的原则是(　　)。

A. 统一准确　　B. 经济合理、就地就近

C. 严格执行计量检定规程　　D. 严格执行计量检定系统表

38. 电能单位的中文符号是(　　)

A. 瓦[特]　　B. 度　　C. 焦[耳]　　D. 千瓦时

39. 我国《计量法》规定,国家采用(　　)。

A. 米制　　B. 国际单位制　　C. 公制　　D. 市制

40. 使用实行强制检定的计量标准的单位和个人,应当向(　　)指定的计量检定机构申请周期检定。

A. 省级人民政府计量行政部门

B. 县级以上人民政府计量行政部门

C. 主持考核该项计量标准的有关人民政府计量行政部门

41. 强制检定的计量器具是指(　　)。

A. 强制检定的计量标准　　B. 强制检定的工作计量器具

C. 强制检定的计量标准和强制检定的工作计量器具

42. 下列计量单位符号中,(　　)是法定计量单位。

A. kN　　B. MPa　　C. s　　D. M

43. 1 kg 物体的重力等于(　　)N。

A. 10　　B. 9.8　　C. 98　　D. 100

44. 100 L 等于(　　)m^3。

A. 10　　B. 1　　C. 0.1　　D. 0.01

45. 下列单位中,(　　)虽不是国际单位制单位,但属于我国法定计量单位。

A. 焦耳　　B. 摄氏度　　C. 吨　　D. 升

46. 我国法定计量单位压力(压强)的计量单位名称是(　　)。

A. 标准大气压　　B. 毫米水银柱　　C. 帕斯卡　　D. 巴

47. 我国法定计量单位中速度单位的名称是(　　)。

A. 米秒　　B. 米每秒　　C. 每秒米

48. 我国法定计量单位中,20 ℃应读成(　　)。

A. 20 度　　B. 摄氏 20 度　　C. 20 摄氏度

49. 某法定计量单位的符号是 s^{-1},则该计量单位是(　　)。

A. 时间计量单位　　B. 周期计量单位　　C. 频率计量单位

50. 下列量值中,其计量单位属于用词头构成的是(　　)。

A. 5 千牛　　B. 10 亿吨　　C. 8 兆帕　　D. 20 万伏

51. 后续检定包括(　　)。

A. 周期检定　　B. 仲裁检定　　C. 计量测试　　D. 修理后检定

52. 摄氏温度计量单位的符号是℃,属于(　　)。

A. SI 基本单位　　B. SI 导出单位　　C. 非国际单位制单位

53. 我国法定计量单位质量的计量单位名称是(　　)。

A. 两　　B. 磅　　C. 克　　D. 吨

54. 某人身高用法定计量单位表示是(　　)。

A. 1 m 80 cm　　B. 1 m 80　　C. 1.80 m　　D. 180 cm

55. 我国法定计量单位长度的计量单位名称是(　　)。

A. 丝米　　B. 微米　　C. 纳米　　D. 忽米

56. 我国法定计量单位热量的计量单位名称是(　　)。

A. 卡　　B. 大卡　　C. 焦耳　　D. 千瓦时

57. 计量检定规程是指对计量器具的(　　)、检定方法、检定周期以及检定数据处理等所作的技术规定。

A. 计量性能、使用方法、检定条件

B. 计量性能、检定项目、检定条件

C. 计量性能、使用方法、检定项目

58. 对于计量违法行为,(　　)可以依法给予行政处罚。

A. 部门和企事业单位的计量管理部门

B. 政府计量行政部门

C. 法定计量技术机构

D. 部门和企事业单位的计量管理部门和政府计量行政部门

59.《计量法实施细则》是我国计量法律体系中一部仅次于《计量法》的重要的计量(　　)。

A. 法律　　B. 规章　　C. 法规　　D. 规范性的文件

60. 最高社会公用计量标准,须向(　　)申请考核。

A. 上一级政府计量行政部门

B. 同级人民政府计量行政部门

C. 国务院计量行政部门

61. 部门和企事业单位建立的各项计量标准,须经(　　)授权,才可对社会开展计量检定。

A. 主管部门　　B. 本单位　　C. 有关计量行政部门

62. 企事业单位建立的(　　),须经与其主管部门同级的人民政府计量行政部门主持考核合格后使用。

A. 计量标准　　B. 各项最高计量标准

C. 社会公用计量标准

63. 被授权单位的检定人员必须适应授权任务的需要,掌握有关专业知识和计量检定、测试技术,并经(　　)考核合格。

A. 授权单位　　B. 主管部门　　C. 本单位

64. 申请对本单位内部使用的强制检定的计量器具执行强制检定的授权,向(　　)提出申请。

A. 同级人民政府计量行政部门　　B. 同级人民政府有关主管部门

C. 上一级人民政府计量行政部门

65. 申请作为法定计量检定机构建立本地区最高社会公用计量标准的,由受理申请的人民政府计量行政部门(　　)主持考核。

A. 自行　　B. 报请上一级主管部门

C. 报请上一级人民政府计量行政部门

66. 申请承担计量器具非重点管理新产品型式评价的技术机构,向(　　)提出授权申请。

A. 省级人民政府计量行政部门　　B. 同级人民政府计量行政部门

C. 国务院计量行政部门　　D. 省级有关主管部门

67. 申请建立本地区最高社会公用计量标准,对内部使用的强制检定计量器具执行强制检定,承担计量器具产品质量监督试验,新产品型式评价和对社会开展强制检定、非强制检定的,由受理申请的人民政府计量行政部门(　　)主持考核。

A. 自行　　B. 报请上一级主管部门

C. 报请上一级人民政府计量行政部门

68. 企业选择是由本单位自己对测量设备进行溯源还是送往外部计量技术机构进行溯源,主要是根据(　　)。

A. 企业测量过程设计中对测量设备的计量特性有哪些具体要求、实施溯源需要花

多少成本

B. 企业测量过程设计中对测量设备的计量特性有哪些具体要求

C. 实施溯源需要花多少成本

69. 企业的测量设备往往不会直接溯源到国家或国际基准,企业的溯源链中并没有该测量结果是否能溯源到国家或国际基准的反映。但作为企业来说,可以采取(　　)的方法提高测量设备溯源到国家或国际基准的可信度。

A. 溯源到资质齐全、检测能力强的计量技术机构

B. 获取高质量的计量检定或校准证书　　C. 绘制量值溯源图

70. 对企业计量检测体系的评价可以采用完善企业计量检测体系、定量包装商品生产企业计量保证能力评价和(　　)的形式。

A. 计量标准考核　B. 计量认证　　C. 计量合格确认

71. 企业应保证所有的计量工作都由具备相应(　　)、受过培训、有经验、有才能的人员来实施,并有人对其工作进行监督。

A. 能力　　B. 资格　　C. 水平

72. 强制检定的主要特点表现在(　　)。

A. 政府计量行政部门指定检定机构执行检定任务

B. 送检单位无权变更检定单位

C. 检定周期由检定机构确定

73. 社会公用计量标准是(　　)。

A. 有关部门建立的本部门各项最高计量标准

B. 政府计量行政部门建立的各种等级计量标准

C. 政府计量行政部门和企事业单位建立的各种等级计量标准

D. 政府计量行政部门建立的最高等级的计量标准

74. 计量标准的考评工作由(　　)。

A. 计量标准考评员执行　　B. 聘请的技术专家执行

C. 专业计量管理人员执行

D. 计量标准考评员或聘请的技术专家组成考评组执行

75. 计量标准的封存是(　　)而采取的措施。

A. 计量标准在有效期内,因计量标准器或主要配套设备发生问题,不能继续开展检定或校准工作

B. 计量标准在有效期内,因为工作关系,如无工作任务等

C. 计量标准在有效期内,因多台使用不着

D. 因计量标准超出了有效期

76. 计量标准考核属于国家行政许可管理范畴,JJF 1033《计量标准考核规范》的内容包含了计量标准考核的以下环节(　　)。

A. 申请　　B. 准备　　C. 考核评审　　D. 复查考核

77. 计量标准监督的目的是(　　)。

A. 进一步保证计量标准考核工作质量　B. 保证计量标准能够正常运行

C. 保证量值的统一、准确、可靠　　　　D. 加强与实验室的联络

78. 计量标准考核后的管理内容有(　　)。

A. 计量标准的增加和更换的法律手续的完善

B. 计量标准改造的法律手续的完善

C. 计量标准的封存与撤销的法律手续的完善

D. 计量标准使用的法律手续的完善

79. 计量标准考核的法律依据是(　　)。

A.《中华人民共和国计量法》

B.《中华人民共和国计量法实施细则》

C.《中华人民共和国标准化法》

D.《计量标准考核办法》(2005 年 7 月 1 日实施)

80. 对于新建计量标准,下列说法正确的是(　　)。

A. 在能正确执行计量检定规程后,方能申请建立计量标准

B. 在计量标准器经有效溯源后,方能申请建立计量标准

C. 一般应经过半年以上稳定性考核,证明其所复现的量值稳定可靠后,方能申请建立计量标准

D. 环境条件达到要求后,方能申请建立计量标准

81. 市(地)、县级计量行政部门组织建立的各项最高等级的社会公用计量标准(　　)。

A. 由国家计量行政部门主持考核

B. 由上一级计量行政部门主持考核

C. 由组织建立计量标准的计量行政部门主持考核

D. 由同级的计量行政部门主持考核

82. 计量标准的测量重复性要求是(　　)。

A. 相同的测量程序,相同的观测者,在相同的条件下使用相同的仪器,相同的地点,在短时间内重复测量

B. 重复性可以用示值的分散性定量地表示,具体计算方法就是求出一组观测值的实验标准偏差 $s(y)$

C. 重复性可以用示值的分散性定量地表示,可以用实验室比对的结果

D. 重复性可以用示值的分散性定量地表示,不可以用实验室比对的结果

83. 在处理计量纠纷时,只有经(　　)仲裁检定后的数据才能作为仲裁依据,具有法律效力。

A. 各级计量标准　　　　B. 计量基准或社会公用计量标准

C. 计量基准　　　　D. 最高计量标准

84. (　　),当事人可直接向省级以上人民政府计量行政部门申请仲裁检定和计量调解。

A. 当事人一方已向人民法院起诉的计量纠纷案件

B. 在全国范围内有重大影响或争议金额在 100 万元以上的

C. 在全国范围内有重大影响或争议金额在 500 万元以上的

D. 在全国范围内有重大影响或争议金额在50万元以上的

85. 计量器具新产品是指(　　)。

A. 本单位从未生产过的计量器具,包括对原有产品在结构、材质等方面作了重大改进导致性能、技术特征发生变更的计量器具

B. 本单位已生产过的,对原有产品在结构、材质等方面作了重大改进的计量器具

C. 本单位已生产过的,改换计量器具名称的计量器具

D. 本单位已生产过的,对原有产品在结构、材质等方面作了改进未导致性能、技术特征发生变更的计量器具

86. (　　)负责统一监督管理全国的计量器具新产品型式批准工作。

A. 省级质量技术监督部门

B. 国家质量监督检验检疫总局

C. 国家质量监督检验检疫总局和省级质量技术监督部门

D. 当地质量技术监督部门

87. 型式评价是指(　　)。

A. 为确定计量器具型式是否符合计量检定规程要求所进行的技术评价

B. 为确定计量器具的量值是否准确所进行的技术评价

C. 为确定计量器具型式是否符合计量要求、技术要求和法制管理要求所进行的技术评价

D. 为确定计量器具的技术特性所进行的技术评价

88. 承担型式评价的技术机构必须全面审查申请单位提交的技术资料,(　　)。

A. 根据国家质检总局制定的型式评价技术规范拟定型式评价大纲

B. 型式评价大纲由委托的省级质量技术监督部门批准

C. 型式评价大纲由承担型式评价技术机构的技术负责人批准

D. 执行产品标准

89. 型式评价一般应在(　　)内完成。型式评价结束后,承担型式评价的技术机构将型式评价结果报委托的省级质量技术监督部门,并通知申请单位。

A. 1个月　　B. 2个月　　C. 3个月　　D. 5个月

90. 下列哪种计量器具按《计量器具新产品管理办法》要求必须办理《制造计量器具许可证》:(　　)。

A. 以非销售为目的的研制的计量器具,本单位自制自用而不对外销售的计量器具

B. 生产并销售科研单位或个人研制转让的计量器具

C. 制造或修理专门用于教学演示用的计量器具

D. 仅制造计量器具的零部件、外协件、元器件,不负责进行计量器具组装的,出厂的成品按计量器具定义不构成独立测量单元的产品

91. 下列量中属于国际单位制导出量的有(　　)。

A. 电压　　B. 电阻　　C. 电荷量　　D. 电流

92. 有一块接线板,其标注额定电压和电流容量时,下列表示中(　　)是正确的。

A. 180 ~ 240 V,5 ~ 10 A　　B. 180 V ~ 240 V,5 A ~ 10 A

C. (180 ~ 240) V,(5 ~ 10) A D. (180 ~ 240)伏[特],(5 ~ 10)安[培]

93. (　　)是"实现单位统一、量值准确可靠的活动"。

A. 测量 B. 科学试验 C. 计量 D. 检测

94. 作为测量对象的特定量称为(　　)。

A. 被测量 B. 影响量 C. 被测对象 D. 测量结果

95. 用代数法与未修正测量结果相加,以补偿其系统误差的值称(　　)。

A. 校准值 B. 校准因子 C. 修正因子 D. 修正值

96. 测量准确度可以(　　)。

A 定量描述测量结果的准确程度,如准确度为 ±1%

B. 定性描述测量结果的准确程度,如准确度较高

C. 定量说明测量结果与已知参考值之间的一致程度

D. 描述测量值之间的分散程度

97. 以(　　)表示的测量不确定度称标准不确定度。

A. 标准偏差 B. 测量值取值区间的半宽度

C. 实验标准偏差 D. 数学期望

98. 由合成标准不确定度的倍数(一般 2 ~ 3 倍)得到的不确定度称(　　)。

A. 总不确定度 B. 扩展不确定度

C. 标准不确定度 D. B 类标准不确定度

99. 测量不确定度小,表明(　　)。

A. 测量结果接近真值 B. 测量结果准确度高

C. 测量值的分散性小 D. 测量结果可能值所在的区间小

100. 某市一家化工企业建立了一项温度最高计量标准,经市计量行政部门主持考核合格后,可以(　　)。

A. 在该企业内部开展强制检定

B. 在该企业内部开展非强制检定

C. 在该企业内部开展强制检定和非强制检定

D. 在全市范围内开展非强制检定

101. 申请考核单位应当在《计量标准考核证书》有效期届满(　　)前向主持考核的计量行政部门提出计量标准的复查考核申请。

A. 1 个月 B. 3 个月 C. 5 个月 D. 6 个月

102. 检定、校准和检测结果的原始观测数据应在(　　)予以记录。

A. 工作前 B. 工作时 C. 工作后 D. 以上都可以

103. 质量管理体系文件通常包括(　　)。

A. 质量方针和质量目标 B. 质量手册、程序文件和作业指导书

C. 党政管理制度 D. 人事制度

104. 对出具的计量检定证书和校准证书,以下(　　)项要求是必须满足的基本要求。

A. 应准确、清晰、客观地报告每一项检定、校准和检测的结果

B. 应给出检定或校准的日期及有效期

C. 出具的检定、校准证书上应有责任人签字并加盖单位专用章

D. 证书的格式和内容应符合相应技术规范的规定

105. 每份检定、校准或检测记录应包含足够的信息，以便必要时(　　)。

A. 追溯环境因素对测量结果的影响　　B. 追溯测量设备对测量结果的影响

C. 追溯测量误差的大小　　D. 在接近原来条件下复现测量结果

106. 在规定的测量条件下多次测量同一个量所得测量结果与计量标准所复现的量值之差是测量的(　　)的估计值。

A. 随机误差　　B. 系统误差　　C. 不确定度　　D. 引用误差

107. 估计测量值 x 的实验标准偏差的贝塞尔公式是(　　)。

A. $s(x)=\sqrt{\dfrac{\sum_{i=1}^{n}(x_i-\bar{x})^2}{n-1}}$　　B. $s(x)=\sqrt{\dfrac{\sum_{i=1}^{n}(x_i-\bar{x})^2}{n(n-1)}}$

C. $s(x)=\sqrt{\dfrac{\sum_{i=1}^{n}(x_i-\mu)^2}{n(n-1)}}$　　D. $s(x)=\sqrt{\dfrac{\sum_{i=1}^{n}(x_i-\mu)^2}{n-1}}$

108. 在检定水银温度计时，温度标准装置的恒温槽示值为 100 ℃，将被检温度计插入恒温槽后被检温度计的指示值为 99 ℃，则被检温度计的示值误差为(　　)。

A. +1 ℃　　B. +1%　　C. −1 ℃　　D. −2%

109. 在相同条件下对被测量 X 进行有限次独立重复测量的算术平均值是(　　)。

A. 被测量的期望值　　B. 被测量的最佳估计值

C. 被测量的真值　　D. 被测量的近似值

110. 均匀分布的标准偏差是其区间半宽度的(　　)倍。

A. $\dfrac{1}{\sqrt{2}}$　　B. $\sqrt{3}$　　C. $\dfrac{1}{\sqrt{3}}$　　D. $\sqrt{8}$

三、简答题

1. 测量误差主要来源于哪些方面？

2. 试比较测量不确定度与测量误差有什么区别。

3. 什么是计量认证？

4. 简述计量认证的法律效力。

5. 法律责任的种类有哪些？

6.《计量法》的调整范围是什么？

7. 法定计量检定机构的职责是什么？

8. 法定计量检定机构考核中硬件组的现场考核方法是什么？

9. 计量监督执法依法行政的基本要求是什么？

10. 加强计量监督执法应提高的五种能力是什么？

11. 计量检定人员在检定工作中，有哪些行为构成违法？

12. 对计量标准考核的内容有哪些？

13. 我国法定计量单位由哪几部分构成？

14. 我国法定计量单位的基本单位有几个？其单位名称和符号是什么？

15. 量值传递与量值溯源有哪些区别？

16. 测量设备量值溯源的方法有几种？并简要说明之。

17. 简述计量检定人员的职责。

18. 在重复条件下的多次测得值中，当发现个别值明显偏离该数据列的算术平均值时，正确的处理办法是什么？

19. 强制检定的主要特点表现在哪几方面？

20. 我国的计量法规体系是如何构成的？

21. 我国计量监督管理的形式有哪些？

22. 计量监督机构的主要职责是什么？

23. 计量技术法规包括哪些内容？

24. 什么是计量检定规程？

25. 什么是计量授权？

26. 计量授权有哪几种形式？

27. 被计量授权的单位应遵守哪些规定？

28. 计量授权考核的内容有哪些？

29. 计量在企业中的作用主要有几方面？

30. 企业的计量任务是什么？

31. 什么是生产过程工艺参数控制？

32. 测量设备溯源的原则是什么？

33. 企业计量检测体系的评价形式有哪些？

34. 对新建计量标准需审查哪些资料？需重点关注哪些问题？

35. 何谓社会公用计量标准？其作用是什么？简述各级组织建立的社会公用计量标准分别由谁组织考核。

36. 何谓计量标准的稳定性？举例说明在计量标准考核中如何掌握，对计量标准的稳定性有何时间要求。

37. 何谓检定、校准能力验证？简述如何实施标准考核的现场验证试验。

38. 何谓仲裁检定？仲裁检定可以由谁受理？仲裁检定结果由谁提供？

39. 简述申请仲裁检定应履行的程序。

40. 承担型式评价的技术机构的法律责任是什么？

41. 注册计量师享有的权利是什么？

42. 什么叫基本量和基本单位？

43. 什么叫法定计量单位？我国法定计量单位与国际单位制的单位有什么关系？

44. 约定真值与真值的区别是什么？实际检定工作中常以什么值作为约定真值？

45. 什么是测量不确定度？什么是标准不确定度、合成标准不确定度和扩展不确定度？

46. 什么是测量仪器最大允许误差？

47. 为保证检定、校准和检测工作的正常开展，计量技术机构应具有哪些必需的资源？

48. 有哪些常用的概率分布？它们的置信区间半宽度与置信因子分别有什么关系？

49. 试述标准不确定度 B 类评定的步骤。

50. 试述 B 类评定时可能的信息来源及如何确定可能值的区间半宽度。

51. 什么是通用的数字修约规则？

52. 检定与校准有什么联系与区别？

53. 检定按管理性质可分为哪几类？

54. 检定工作必须依据什么进行？

四、计算题

1. 对被测量进行了 4 次独立重复测量，得到以下测量值：10.12，10.15，10.10，10.11，请用极差法估算实验标准偏差 $s(x)$。

2. 对被测量进行了 10 次独立重复测量，得到以下测量值：0.31，0.32，0.30，0.35，0.38，0.31，0.32，0.34，0.37，0.36，请计算算术平均值和算术平均值的实验标准偏差。

3. 检定一只量程为 200 V 的电压表，当输入的标准电压值为 100 V 时，电压表示值为 100.02 V。计算该示值的：(1)示值误差；(2)引用误差；(3)相对误差；(4)修正值。

4. 容积为 3 立方米，换算为多少毫升？

5. 写出下列近似运算结果：

(1) $5.117\,9-5.007\,9$

(2) $1.5\times10+1.600\,0\times2.6$

(3) $0.15\times10\times0.105\,1$

(4) $2\pi/0.16$

6. 按要求对下列测量结果进行修约：

测量结果	3.145 0	0.002 482	213.499	8.415 000 01	1.535 000
修约至三位有效数字					
修约间隔为 0.1					

7. 用方法 A 测量长度值为 100.0 mm 的工件 1，测量结果为 $L_1=100.0\text{ mm}+0.05\text{ mm}$；用方法 B 测量另一长度值为 10.0 mm 的工件 2，测量结果为 $L_2=10.0\text{ mm}+0.01\text{ mm}$。问哪一种方法的测量准确度高？为什么？

8. 标称值为 100 Ω 的标准电阻器，其绝对误差为 −0.02 Ω，问相对误差如何计算？

9. 检定量程为 100 V 的 2.5 级电压表，发现 50 V 刻度点有最大误差，其实际值为 52 V。(1)求 50 V 刻度点的示值误差；(2)求该电压表的最大允许引用误差；(3)求 50 V 刻度点的相对误差；(4)判定该电压表是否合格。

10. 数字显示仪器的分辨力为 δ_x，可假设为均匀分布，写出由分辨力引起的标准不确定度分量表达式。若某数字电压表的分辨力为 1 μV（最低位的一个数字代表的量值），由分辨力引起的标准不确定度分量为多少？

11. 校准证书上说明标称值为 10 Ω 的标准电阻在 23 ℃时的校准值为 10.000 074 Ω，扩展不确定度为 90 μΩ，置信水平为 99%，求电阻校准值的相对标准不确定度。

12. 手册给出了纯铜在 20 ℃时的线热膨胀系数为 α_{20}(Cu)为 16.52×10^{-6} ℃$^{-1}$,并说明此值的误差不超过 $\pm0.40\times10^{-6}$ ℃$^{-1}$,求 α_{20}(Cu)的标准不确定度。

13. 由数字电压表的仪器说明书得知,该电压表的最大允许误差为 ±(14×10^{-6} ×读数 $+2\times10^{-6}$ ×量程)。用该电压表测量某产品的输出电压,在 10 V 量程上测 1 V 电压时,测量 10 次,取其平均值作为测量结果,$\overline{V}=0.928\ 571$ V,求电压表该电压测量结果的标准不确定度。

14. 对某量独立测定 8 次,得 802.40、802.50、802.38、802.48、802.42、802.46、802.45、802.43,求单次测量值的实验标准偏差和算术平均值的实验标准偏差。

15. 已知四个标准不确定度分量为:$u_1=6.0$(单位略,下同);$u_2=8.0$;u_3 的置信区间半宽度 $a_3=1.73$,为均匀分布;u_4 的置信区间半宽度 $a_4=30.0$,为正态分布,$p=0.997\ 3$。求扩展因子 $k=2$ 时的扩展不确定度。

16. 评审组带一现场试验样品,参考值(用高一等级计量标准测量结果)为 $y_r=400.3$ mg,$U_r=1.5$ mg($k=2$)。被考核机构测量结果为 $y_L=403.8$ mg,被考核机构评定出测量结果的不确定度有 4 个相互独立分量,分别是 $u_1(y)=1.1$ mg,$u_2(y)=1.2$ mg,$u_3(y)=1.3$ mg,$u_4(y)=1.0$ mg,试分析和评价被考核机构的测量结果。

五、案例分析题

1. 某法定计量检定机构正在筹建一项新的最高计量标准,准备开展计量检定工作。在计量标准装置安装完毕进行调试时,企业送来了 2 台计量器具需要使用新的计量标准进行检定。该机构为了满足企业的需要就帮助企业进行了检定,并出具了检定证书。

2. 一个经授权的计量检定机构对外单位送检的计量器具进行计量检定。检定时发现该计量器具是新开发的多功能测量设备。计量检定机构为了满足用户的需要,自己编制了计量检定规程,经过技术负责人批准后,按规程执行了检定,并出具了计量检定证书。

3. 某法定计量检定机构,招聘了一批刚从大学毕业的学生从事计量检定工作。由于该机构承担的计量检定任务比较繁重,考虑到这批学生的理论基础比较好,动手能力比较强,所以经过所在实验室的同意和机构领导的批准就让他们直接从事计量检定工作并出具计量检定证书。

4. 某检定装置的作业指导书中规定:检定时,当测量范围等于或小于 300 mm 时,测量力应为 600 ~1 000 gf;测量范围大于 300 mm 时,测量力应为 800 ~1 200 gf。试分析该作业指导书的表述是否正确。

5. 某企业从日本买了一台准确度等级很高的数字压力计量标准,向当地市计量行政部门申请计量标准考核,考核合格后,就对外开展压力表的检定工作。

6. 在对某计量检定机构评审时,考评员问管理人员小李:"你看以下计量器具中,哪些是实物量具? ①钢卷尺;②台秤;③注射器;④热电偶;⑤电阻箱;⑥卡尺;⑦铁路计量油罐车;⑧燃油加油机。"小李回答:"我认为其中①、③、④、⑥是实物量具。"小李的回答正确吗?

7. 检查某个标准电阻器的校准证书,该证书上表明标称值为 1 MΩ 的示值误差为 0.001 MΩ,由此给出该电阻的修正值为 0.001 MΩ。

8. 某计量检测实验室,为得到 $l=70.834$ mm 的长度标准,采用 1 级量块中的标称值

分别为 $l_1=1.004$ mm，$l_2=1.33$ mm，$l_3=8.5$ mm 和 $l_4=60$ mm 的4块量块。为计算所组成的70.834 mm的极限偏差，分别对这4块量块的极限误差：0.20 μm，0.20 μm，0.20 μm和0.50 μm，按数学模型 $l=l_1+l_2+l_3+l_4$ 计算 l 的极限偏差为

$$u=\sqrt{0.2^2+0.2^2+0.2^2+0.5^2}\ \mu\text{m}$$
$$=\sqrt{3\times0.04+0.25}\ \mu\text{m}=\sqrt{0.12+0.25}\ \mu\text{m}$$
$$=\sqrt{0.37}\ \mu\text{m}=0.608\ \mu\text{m}\approx0.61\ \mu\text{m}$$

9. 某计量技术人员在建立计量标准时，对计量标准进行重复性试验，对被测对象重复测量10次，按贝塞尔公式计算出实验标准偏差 $s(x)=0.08$ V。现在，在相同条件下对同一被测件测量4次，取4次测量的算术平均值作为测量结果的最佳估计值，他认为算术平均值的实验标准偏差为 $s(x)$ 的1/4，即 $s(\bar{x})=\dfrac{0.08\ \text{V}}{4}=0.02$ V。

10. 某计量师对数字电压表的1 V量值校准后，在校准证书上给出校准值为1.001 V，以及校准值的准确度为±0.01%。

11. 在对某计量检定机构进行评审时，评审员提问检定人员这一项目是依据什么文件实施检定的，检定人员立刻拿出所依据的国家计量检定规程，并告诉评审员这一规程今年进行了修订，他们已经换了最新版本的检定规程。评审员随后检查了该项目使用的设备、环境条件，以及进行检定的原始记录。评审员发现其设备并未按新规程进行补充，原始记录的格式仍然是修订前的内容。评审员让检定人员说说新旧规程有什么不同，他们认为两者差不多。

12. 在对某计量检定机构进行评审时，评审员在检定温度计的实验室墙上看到两张同一温度标准器的修正值表，其数据不尽相同。评审员问检定人员：在进行检定时怎样使用这两张修正值表？检定人员告之，两张中有一张是标准器今年检定后的修正值表，另一张是去年检定后的修正值表，他们只使用今年的修正值表，去年的那一张已经不用了。评审员抽查了该标准器今年检定以后的检定、校准原始记录，发现在使用这个标准器时有的用的是今年的修正值，而有的却用了去年的修正值。

13. 某检测机构的一台计量器具由一个具备资质的校准机构给予校准，并且出具了校准证书。该检测机构将校准证书保存在设备档案中。过了一个月，校准机构声称上次出具的证书有打印错误，为了改正，将重新出具的校准证书发给该检测机构。该检测机构将这份新证书也收在设备档案中。当使用这台计量器具的检测人员在分析计算检测结果的不确定度，需要引用校准证书上的校准结果数据时，在设备档案中见到两份同一编号、同一日期出具的校准证书，然而校准结果数据不同，检测人员不知哪一个证书的数据是正确的。

14. 计量校准人员小王有这样的工作习惯：他每次进行试验操作时先将试验数据和计算记录在一张草稿纸上。待做完试验后，再将数据和计算结果整整齐齐地抄在按规定印有记录格式的记录纸上，草稿纸则不再保存。一次因对某仪器的校准结果引起关于仪器质量的索赔纠纷，用户方告到法院，将通过法院裁决。这台仪器正是校准人员小王校准和出具了校准证书。法院在调查时要求提供校准原始记录，但由于提供的是抄件，法院认为不能作为凭证，给调查和判断造成麻烦。

练习题参考答案

一、判断题

1. √　2. √　3. ×　4. ×　5. √　6. √　7. √　8. ×　9. √
10. √　11. ×　12. √　13. √　14. √　15. √　16. √　17. √　18. ×
19. ×　20. √　21. ×　22. √　23. ×　24. √　25. ×　26. ×　27. ×
28. ×　29. √　30. √　31. √　32. ×　33. ×　34. √　35. ×　36. ×
37. √　38. √　39. √　40. √　41. ×　42. ×　43. ×　44. ×　45. √
46. √　47. ×　48. ×　49. √　50. √　51. √　52. √　53. √　54. √
55. ×　56. √　57. ×　58. ×　59. √　60. ×　61. ×　62. ×　63. ×
64. √　65. √　66. ×　67. ×　68. ×　69. ×　70. ×　71. √　72. √
73. ×　74. √　75. √　76. √　77. ×　78. ×　79. ×　80. ×　81. ×
82. ×　83. √　84. ×　85. √　86. ×　87. √　88. √　89. ×　90. √
91. √　92. √　93. √　94. √　95. √　96. √　97. √　98. ×　99. ×
100. ×　101. √　102. √　103. ×　104. ×　105. ×　106. ×　107. √　108. √
109. √　110. √

二、选择题

1. C　2. B　3. D　4. A　5. D　6. A　7. ABC　8. D
9. B　10. C　11. C　12. ABCD　13. ABC　14. BCD　15. A　16. ABC
17. A　18. ABCD　19. ABC　20. ACD　21. B　22. A　23. ABCD　24. AD
25. CD　26. ABC　27. ABCD　28. ABD　29. AC　30. BCD　31. ABCD　32. ABC
33. BC　34. D　35. A　36. B　37. B　38. D　39. B　40. C
41. C　42. AC　43. B　44. C　45. CD　46. C　47. B　48. C
49. C　50. AC　51. AD　52. B　53. C　54. CD　55. BC　56. C
57. B　58. B　59. C　60. A　61. C　62. B　63. A　64. A
65. C　66. A　67. A　68. A　69. ABC　70. C　71. B　72. ABC
73. B　74. AD　75. ABC　76. ABCD　77. ABC　78. ABC　79. ABD　80. C
81. B　82. AB　83. B　84. A　85. A　86. B　87. C　88. AC
89. C　90. B　91. ABC　92. BC　93. C　94. A　95. D　96. B
97. A　98. B　99. CD　100. B　101. D　102. B　103. AB　104. ACD

105. ABD 106. B 107. A 108. C 109. B 110. C

三、简答题

1. 答:测量误差主要来源于测量装置(测量标准、仪器仪表、辅助设备)、测量环境、测量方法、测量人员以及被测对象变化等。

2. 答:(1)定义

测量误差:表明测量结果偏离真值,是一个差值;

测量不确定度:表明赋予被测量之值的分散性,是一个区间。

(2)性质

测量误差:分为随机误差和系统误差;

测量不确定度:按评定方法分为 A 类和 B 类。

(3)符号

测量误差:符号的表示非正即负,不能用"±"表示;

测量不确定度:恒为正值。

(4)合成的方法

测量误差:各误差分量的代数和;

测量不确定度:当各分量独立时为方和根,否则加入协方差。

(5)结果的修正

测量误差:已知系统误差估计值,可对测量结果修正,得到已修正的测量结果;

测量不确定度:不能对测量结果进行修正,在已修正测量结果的不确定度中应考虑修正不完善引入的分量。

(6)结果的说明

测量误差:属于给定的测量结果,只有相同的结果才有相同的误差;

测量不确定度:合理地赋予被测量的任一个值,均具有相同的分散性。

3. 答:计量认证是指国家认监委和地方质检部门依据有关法律、行政法规的规定,对为社会提供公证数据的产品质量检验机构的计量检定、测试设备的工作性能、工作环境和人员的操作技能和保证量值统一、准确的措施及检测数据公正可靠的质量体系能力进行的考核。

4. 答:计量认证是强制性的政府监督行为,为社会提供公证数据的产品质量检验机构未取得计量认证合格证书的,不能开展产品质量检验工作。

5. 答:(1)民事责任——违约责任和侵权责任;

(2)行政责任——行政处罚和行政处分;

(3)刑事责任——刑事违法行为应承担的责任;

(4)国家赔偿责任——国家机关及其工作人员违法行使职权,侵犯公民、法人和其他组织的合法权益并造成损害的,由法律规定的赔偿义务机关承担的对受害人予以赔偿的责任;

(5)违宪责任——国家制定法律法规、规章、决定、命令以及采取的措施和重要国家领导人行使职权过程中的行为与宪法和宪法性文件的内容和原则相抵触应承担的责任。

6. 答:《计量法》的调整范围包括适用地域和调整对象,即在中华人民共和国境内所有国家机关、社会团体、中国人民解放军、企事业单位和个人,凡是使用计量单位,建立计量基准、计量标准,进行计量检定、校准、检测,制造、修理、销售、进口、使用计量器具,开展计量认证,实施计量仲裁检定、调解计量纠纷,出具计量公证数据,进行计量监督管理的,都必须按照《计量法》的规定执行,不允许随意变通,各行其是。其他如教学示范中使用的计量器具演示教具、家庭自用的健康秤和血压计等类计量器具,则不必纳入调整范围。

7. 答:(1)研究、建立计量基准、社会公用计量标准或者本专业项目的计量标准;

(2)承担授权范围内的量值传递,执行强制检定和法律规定的其他检定、测试任务;

(3)开展校准工作;

(4)研究起草计量检定规程、计量技术规范;

(5)承办有关计量监督中的技术性工作。

8. 答:法定计量检定机构考核中硬件组的现场考核方法主要是在被考核项目实验室现场和进行试验操作过程中,观察、提问,对现场试验的结果数据与已知数据进行比较分析,验证每一个考核项目是否达到了考核项目表中所表示的能力,包括测量范围、准确度等级或测量扩展不确定度等指标。

9. 答: 计量监督执法工作是政府行政执法中的一部分。计量监督执法必须坚持依法行政、合法行政、合理行政、程序正当、高效便民、诚实守信、权责一致等行政执法原则。

实施行政执法应当依照法律、法规、规章的规定进行;实施行政管理应当遵循公平、公正的原则,不偏私、不歧视,注意保密。行使自由裁量权应当符合法律目的。要严格遵循法定程序,保障行政相对人、利害关系人的知情权、参与权和救济权。与行政管理相对人存在利害关系时,应当回避。遵守法定时限,履行法定职责,提高办事效率,提供优质服务。公布信息应当全面、准确、真实。履行管理职责,必须严格遵守法律、法规赋予的执法手段。行政机关违法或者不当行使职权,应当依法承担法律责任,实现权力和责任的统一。依法做到执法有保障、有权必有责、用权受监督、违法受追究、侵权须赔偿。

10. 答:五种能力是:

(1)做思想工作的能力。做好相对人的思想工作,促使人们加深对法的理解,从而自觉守法。

(2)应对复杂局面的能力。避免激化矛盾,防止事态扩大,一要保护好自己,二要注意保存证据,三要迅速报警并报告领导。

(3)处理应急事件的能力。一是预防,二是保存好证据。

(4)针对不同对象严格执法的能力。针对不同对象区别对待。

(5)依法执法的能力。依照法律严格执法、秉公执法、文明执法。

11. 答:(1)伪造检定数据的;

(2)出具错误数据造成损失的;

(3)违反计量检定规程进行计量检定的;

(4)使用未经考核合格的计量标准开展检定的;

(5)未取得计量检定证件执行检定的。

12. 答:(1)计量标准设备配套齐全,技术状况良好,并经主持考核的有关人民政府计量行政部门指定的计量检定机构检定合格；

(2)具有计量标准正常工作所需要的温度、湿度、防尘、防震、防腐蚀、抗干扰等环境条件和工作场所；

(3)计量检定人员应取得所从事的检定项目的计量检定证件；

(4)具有完善的管理制度，包括计量标准的保存、维护、使用制度、周期检定制度和技术规范。

13. 答：(1)国际单位制(SI)的基本单位；

(2)国际单位制(SI)中具有专门名称的包括辅助单位在内的导出单位；

(3)国家选定的非国际单位制单位；

(4)由以上单位构成的组合形式的单位；

(5)由词头和以上单位所构成的倍数单位。

14. 答：基本单位有7个。单位名称是：米、千克、秒、安[培]、开[尔文]、摩[尔]、坎[德拉]。单位符号是：m、kg、s、A、K、mol、cd。

15. 答：(1)方向不同。量值传递强调从国家建立的基准或最高标准向下传递；量值溯源强调从下至上寻求测量源头，追溯求源直至计量基准。

(2)层次不等。量值传递有严格的等级，层次较多，中间环节多；量值溯源不必拘泥于严格的等级，根据用户自身的需要，可以逐级溯源，也可以越级溯源。

(3)测量方式不同。量值传递主要"通过对计量器具的检定或校准"两种方式；而量值溯源仅指出采用不间断的"比较链"建立测量关系，可以采用多种方式进行溯源。

(4)强制程度不同。量值传递体现强制性，量值溯源体现自主性。

(5)管理对象不同。量值传递体现对测量器具的管理要求，量值溯源体现对测量数据的监督要求。

16. 答：测量设备量值溯源的方法有计量检定、计量校准、计量测试、计量比对等。

(1)计量检定。计量检定是指"查明和确定计量器具是否符合法定要求的程序，它包括检查、加封标记和(或)出具检查证书等"。

(2)计量校准。计量校准是指"在规定条件下，为确定测量仪器或测量系统所指示的量值，或实物量具或参考物质所代表的量值，与对应的由标准所复现的量值之间的关系的一组操作"。

(3)计量测试。计量测试是无法实现计量检定或者计量校准时，为确定被测对象的技术特性或功能而进行的带有试验性质的测量活动。

(4)计量比对。计量比对是在规定条件下，对相同准确度等级或指定不确定度范围的同种测量仪器复现的量值之间进行比较的过程。

17. 答：(1)正确使用计量基准、计量标准，并负责维护、保养，使其保持良好状况；

(2)按照计量技术法规的规定进行计量检定工作；

(3)保证计量检定原始数据和有关技术资料的真实、完整；

(4)遵守和执行法律、法规的各项规定，坚持原则，恪守职业道德，保守客户的技术秘密和商业秘密；

(5)承办政府计量行政部门委托的有关任务。

18. 答:正确的处理办法是:对可以判断是由于写错、记错、误操作等外界条件的突变而产生的坏值,直接予以剔除;不能确定是坏值时,可根据统计规律进行判断是否可以剔除;应用统计计算也不能判断时,应予保留,不得随便剔除。

19. 答:强制检定的主要特点表现在:

(1)管理具有强制性。强制检定由政府计量行政部门统一实施强制管理,指定法定的或授权的计量技术机构去具体执行。

(2)检定关系固定。属于强制检定的计量器具,由当地县(市)级政府计量行政部门指定法定的或授权的计量技术机构进行检定。当地检定不了的,由上一级政府计量行政部门安排检定。

(3)检定周期固定。检定周期由执行强制检定的技术机构按照计量检定规程规定,结合实际使用频度、计量器具技术状况确定。

20. 答:我国的计量法规体系由三部分组成:

(1)计量法律,指《计量法》;

(2)计量法规,国务院依据《计量法》制定或批准的计量行政法规和省、自治区、直辖市人大常委会制定的地方性计量法规;

(3)计量规章和规范性文件,国务院计量行政部门制定的计量管理办法和技术规范,国务院有关部门制定的部门计量管理办法,地方人民政府及计量行政部门制定的地方计量管理办法、规定等。

21. 答:根据我国计量法律、法规的规定,计量监督管理主要有以下几种形式:

(1)实施法定计量单位制度;

(2)实施计量基准鉴定、计量标准考核的行政许可;

(3)实施计量检定人员和注册计量师管理制度;

(4)对社会公用计量标准、部门和企事业单位的最高计量标准实施技术考核,对在用计量标准器具与工作计量器具实行强制检定和非强制检定;

(5)对计量技术机构实施计量行政监督和计量标准考核、法定计量检定机构考核、计量授权考核等;

(6)实施计量器具生产行政许可;

(7)对为社会提供公证数据的产品质量检验机构,实施计量认证制度;

(8)帮助、指导企业计量检测体系的建立与确认;

(9)对零售商品称重计量、定量包装商品计量、过度包装进行计量监督和检验法制管理;

(10)对计量违法行为实施行政处罚。

22. 答:计量监督机构的主要职责是:

(1)贯彻执行计量工作方针、政策和法律、法规、规章制度;

(2)制定、协调计量事业的发展规划,推行法定计量单位,建立计量基准和社会公用计量标准,组织量值传递;

(3)对制造、修理、进口、销售、使用计量器具实施监督;

(4)进行计量认证,组织仲裁检定,调解计量纠纷;

(5)监督计量法律、法规和规章的执行情况,对计量违法行为依法进行惩处。

23. 答:计量技术法规包括计量检定系统表、计量检定规程、计量校准规范、计量技术规范、国家计量基准副基准操作技术规范、国际文件和国际建议等。

24. 答:计量检定规程是指对计量器具的计量性能、检定项目、检定条件、检定方法、检定周期以及检定数据处理等所作的技术规定。

25. 答:计量授权是指政府计量行政部门通过履行一定的法律程序,将贯彻实施《计量法》所进行的计量检定、技术考核、定型鉴定、样机试验、计量认证、仲裁检定等技术监督管理权限授予经过考核合格的相关技术机构。

26. 答:计量授权有以下四种形式:

(1)授权专业性或区域性的计量技术机构作为法定计量检定机构;

(2)授权建立社会公用计量标准;

(3)授权有关单位对其内部使用的强制检定的计量器具执行强制检定:

(4)授权有关计量技术机构承担法律规定的其他检定、测试任务。

27. 答:被计量授权的单位应遵守:

(1)相应计量标准,必须接受计量基准或者社会公用计量标准的检定;

(2)执行检定、测试任务的人员,必须经授权单位考核合格;

(3)承担授权范围的检定、测试工作,要接受授权单位的监督,提供的技术数据应保证其正确性和公正性;

(4)一旦成为计量纠纷当事人一方,在双方协商不能自行解决的情况下,要由政府计量行政部门进行调解和仲裁检定;

(5)必须按照授权范围开展工作,需新增计量授权项目,应按照《计量授权管理办法》有关规定,申请新增项目的授权;

(6)要终止所承担的授权工作,应提前6个月向授权单位提出书面报告,未经批准不得擅自终止工作。

28. 答:计量授权考核内容为:

(1)计量标准的计量性能与申请授权项目相适应,满足授权任务的要求,计量标准器及配套设备按期检定,溯源有效;

(2)工作环境能适应授权任务的需要,保证有关计量检定、测试工作的正常进行;

(3)检定、测试人员必须适应授权任务的需要,掌握有关专业知识和计量检定、测试技术,并经考核合格;

(4)建立了保证计量检定、测试结果公正、准确的有关工作制度和管理制度,并能够严格执行;

(5)计量标准考核和计量技术机构考核的相关要求。

29. 答:计量在企业中的作用主要有:

(1)计量是企业发展的重要技术基础;

(2)计量是企业现代化管理的基本条件;

(3)计量是产品质量的重要保证;

(4)计量是节能降耗的重要手段;

(5)计量是企业经济核算的重要技术依据;

(6)计量是安全生产和环境检测的必要保证;

(7)计量检测是企业技术进步不可缺少的手段。

30. 答:企业的计量任务是:

(1)学习、掌握、了解、贯彻执行国家计量法律、法规;

(2)正确使用法定计量单位;

(3)建立计量组织;

(4)注重计量技术管理;

(5)开展计量数据监督;

(6)推行现代化管理;

(7)提高计量人员素质。

31. 答:生产过程工艺参数控制是指对工艺过程中的各种物理量、化学量、几何量的控制检测。应根据设计的工艺控制参数要求、需要的测量效率、被测对象材料特性等选择配备相应的测量设备。

32. 答:一般来说,所有在用的测量设备都要进行溯源。所有测量设备应包括:测量仪器,计量器具,测量标准,标准物质,进行测量所必需的辅助设备,参与测试数据处理用的软件,检验中用的工卡器具、工艺装备定位器、标准样板、模具、胎具,监控记录设备,高低温试验、寿命试验、可靠性试验等设备,测试、试验或检验用的理化分析仪器。对作为无须出具量值的测量设备,或只需做首次检定的测量设备,或一次性使用的测量设备,或列入C类管理范围的测量设备,不一定强调必须进行定期溯源。

33. 答:企业计量检测体系的评价形式有:

(1)完善企业计量检测体系;

(2)计量合格确认;

(3)定量包装商品生产企业计量保证能力评价;

(4)用能单位能源计量评定与审查。

34. 答:需审查:

(1)计量标准考核(复查)申请书;

(2)计量标准技术报告;

(3)计量标准测量重复性试验记录及结论;

(4)计量标准稳定性考核记录及结论;

(5)计量标准器及配套的主要计量设备有效检定或校准证书;

(6)开展检定或者校准项目的原始记录及相应的模拟检定证书或者校准证书;

(7)计量检定人员检定证件或者校准人员资质证明。

需重点关注:

(1)计量标准稳定性。在计量标准考核中,计量标准的稳定性是指用该计量标准在规定的时间间隔内测量稳定的被测对象时,所得到的测量结果的一致性。新建的计量标准一般应经过半年以上稳定性考核,证明其所复现的量值稳定可靠后,方能申请建立计量标准。已建计量标准应有历年的稳定性考核记录,以证明其计量特性持续稳定。

(2)计量标准的测量重复性。重复性可以用示值的分散性定量地表示,具体计算方法就是求出一组观测值的实验标准偏差 $s(x)$。在计量标准考核中,计量标准的测量重复性是指在重复条件下用该计量标准测量一稳定的被测对象时,所得到的测量结果的重复性。

(3)计量标准器及配套的主要计量设备有效检定或校准证书。检定或校准证书的有效性包括两个方面:一是溯源的有效性,标准器必须溯源到计量基准或社会公用计量标准,主要配套计量设备可由本单位建立的计量标准检定合格或由有权进行计量检定的计量技术机构检定合格;二是时间的有效性,检定或校准证书必须在检定有效期内。

35. 答:社会公用计量标准是指经过政府计量行政部门考核、批准,作为统一本地区量值的依据,在社会上实施计量监督具有公证作用的计量标准。在处理计量纠纷时,只有经计量基准或社会公用计量标准仲裁检定后的数据才能作为仲裁依据,其具有法律效力。

考核部门规定如下:

(1)国家计量行政部门组织建立的社会公用计量标准及各省级计量行政部门组织建立的各项最高等级的社会公用计量标准,由国家计量行政部门主持考核;

(2)市(地)、县级计量行政部门组织建立的各项最高等级的社会公用计量标准,由上一级计量行政部门主持考核;

(3)各级地方计量行政部门组织建立的其他等级的社会公用计量标准,由组织建立计量标准的计量行政部门主持考核。

36. 答:计量标准的稳定性是指"计量标准保持其计量特性随时间恒定的能力"。在计量标准考核中,计量标准的稳定性是指用该计量标准在规定的时间间隔内测量稳定的被测对象时,所得到的测量结果的一致性。新建的计量标准一般应经过半年以上稳定性考核,半年内完成4组试验,每组测量时 n 取6~10,组间测量间隔大于一个月。得到的计量标准稳定性结果不能超过计量检定规程或计量校准规范对于计量标准的规定要求,不超过评定出的计量标准测量不确定度。证明其所复现的量值稳定可靠后,方能申请建立计量标准。已建计量标准应有历年的稳定性考核记录,以证明其计量特性持续稳定。

37. 答:检定或校准能力验证实际上是对于测量设备、环境条件、操作人员和管理制度等方面的综合检查。现场主要从测量结果是否准确可靠来进行判断。验证方法是在考核现场对一已检定或校准过的被测对象进行测量,并根据测量结果和参考值之差的大小来判断测量结果是否处于合理区间内。最佳的测量对象是考评员自带的盲样。在无法自带盲样的情况下,可以选用被考核单位的核查标准作为测量对象,在被考核单位无合适的核查标准可供使用时,也可以从被考核单位的仪器收发室中,挑选一已检定或校准过的外单位送检仪器作为测量对象。对于考评员自带盲样的情况,现场测量结果 y 与参考值 y_0 及其扩展不确定度 U 和 U_0,则应满足:$|y-y_0|\leqslant\sqrt{U^2+U_0^2}$。

38. 答:仲裁检定是指由县级以上政府计量行政部门用计量基准或者社会公用计量标准所进行的以裁决为目的的计量检定活动。仲裁检定可以由县级以上政府计量行政部门直接受理;也可根据司法机关、合同管理机关、涉外仲裁机关或者其他单位的委托,指定有关计量检定机构进行。仲裁检定结果作为公证的检定数据,通常不能由纠纷双方当事人提供,而应当由具有公正地位的第三方——政府计量行政部门指定的具有法定资质的计量技术机构提供。

39. 答:(1)发生计量纠纷后,纠纷涉及双方应对与计量纠纷有关的计量器具实行保全措施,不允许以任何理由破坏其原始状态。纠纷中任何一方均可提出仲裁检定申请。

(2)申请仲裁检定的单位和个人应向所在地的政府计量行政部门递交仲裁检定申请书。属有关司法机关、合同管理机关、涉外仲裁机关或者其他单位委托的,委托单位应出具仲裁检定委托书。

(3)接受仲裁检定申请或委托的政府计量行政部门,应在接受申请或委托后 7 日内向具有仲裁能力的检定机构发出仲裁检定委托书。同时向纠纷双方发出仲裁检定通知书。

(4)仲裁检定时应有纠纷双方当事人在场,无正当理由拒不到场的,可以缺席进行,不影响仲裁检定的效果。

(5)承接仲裁检定的有关计量技术机构,应在规定的期限内完成仲裁检定任务,并对仲裁检定结果出具仲裁检定证书,受理仲裁检定的政府计量行政部门对仲裁检定证书审核后,通知申请人或委托单位。当事人在接到通知书之日起 15 日内不提出异议,仲裁检定证书则具有法律效力。

(6)当事人如对一次仲裁检定不服,可在仲裁检定通知书送达之日起15 日内向上一级政府计量行政部门申请二次仲裁检定,也就是终局仲裁检定。

40. 答:承担型式评价的技术机构,对申请单位提供的样机和技术文件、资料必须保密。违反规定的,应当按照国家有关规定,赔偿申请单位的损失,并给予直接责任人员行政处分;构成犯罪的,依法追究刑事责任。技术机构出具虚假数据的,由国家质检总局或省级质量技术监督部门撤销其授权型式评价技术机构资格。

41. 答:注册计量师享有下列权利:

(1)使用本专业相应级别注册计量师称谓;

(2)依据国家计量技术法律、法规和规章,在规定范围内从事计量技术工作,履行相应岗位职责;

(3)接受继续教育;

(4)获得与执业责任相应的劳动报酬;

(5)对不符合规定的计量技术行为提出异议,并向上级部门或注册审批机构报告;

(6)对侵犯本人权利的行为进行申诉。

42. 答:基本量是指"在给定量制中,约定地认为在函数关系上彼此独立的量"。

基本单位是指"给定量制中基本量的测量单位"。

43. 答:法定计量单位是指由国家法律承认,具有法定地位的计量单位。

我国法定计量单位完整系统地包含了国际单位制,与国际上采用的计量单位协调一致。

44. 答:真值是指与给定的特定量的定义一致的值。约定真值是指对于给定目的、具有适当不确定度的量,赋予特定的值。在实际检定工作中以计量标准所复现的量值作为约定真值。常称为标准值或实际值。

45. 答:测量不确定度是“根据所用到的信息,表征赋予被测量量值分散性的非负参数”。标准不确定度是指“以标准偏差表示的测量不确定度”。合成标准不确定度是指“由在一个测量模型中各输入量的标准测量不确定度获得的输出量的标准测量不确定度”。扩展不确定度是指“合成标准不确定度与一个大于1的数字因子的乘积”。

46. 答:测量仪器最大允许误差是指,“对给定的测量、测量仪器或测量系统,由规范或规程所允许的,相对于已知参考量值的测量误差的极限值”,也就是指对给定的测量仪器,规范、规程等所允许的误差极限值。

47. 答:决定计量技术机构检定、校准和检测的正确性和可靠性的资源有:人员、设施和环境条件、测量设备以及检定、校准和测量方法等。

48. 答:(1)均匀分布、矩形分布:$k=\sqrt{3}$。

(2)三角分布:$k=\sqrt{6}$。

(3)梯形分布:$k=\dfrac{\sqrt{6}}{\sqrt{1+\beta^2}}$。

(4)反正弦分布:$k=\sqrt{2}$。

(5)两点分布:$k=1$。

49. 答:(1)确定区间半宽度 a;

(2)假设被测量值在区间内的概率分布;

(3)查表确定 k;

(4)计算B类标准不确定度 $u_B=a/k$。

50. 答:可利用的信息包括:

(1)以前的观测数据;

(2)对有关技术资料和测量仪器特性的了解和经验;

(3)生产部门提供的技术说明文件(制造厂的技术说明书);

(4)校准证书、检定证书、测试报告或其他提供的数据、准确度等级等;

(5)手册或某些资料给出的参考数据及其不确定度;

(6)规定测量方法的校准规范、检定规程或测试标准中给出的数据;

(7)其他有用信息。

确定可能值的区间半宽度方法有:

(1)若制造厂的说明书给出测量仪器的最大允许误差为 $\pm\Delta$,并经计量部门检定合格,则可能值的区间为 $(-\Delta,\Delta)$,区间的半宽度为:$a=\Delta$;

(2)校准证书提供的校准值,给出了其扩展不确定度为 U,则区间的半宽度为:$a=U$;

(3)由手册查出所用的参考数据,同时给出该数据的误差不超过 $\pm\Delta$,则区间的半宽度为:$a=\Delta$;

(4)由有关资料查得某参数 X 的最小可能值为 a_- 和最大可能值为 a_+,则区间半宽度为:$a=\dfrac{1}{2}(a_+-a_-)$;

(5)数字显示装置的分辨力为1个数字所代表的量值 δ_x,则取 $a=\dfrac{\delta_x}{2}$;

(6)当测量仪器或实物量具给出准确度等级时，可以按检定规程或有关规范所规定的该等别或级别的最大允许误差或测量不确定度进行评定；

(7)可根据过去的经验判断某值不会超出的范围，来估计区间半宽度 a 值；

(8)必要时，用实验方法来估计可能的区间。

51. 答：通用的修约规则为：以保留数字的末位为单位，末位后的数字大于0.5者，末位进一；末位后的数字小于0.5者，末位不变（舍弃末位后的数字）；末位后的数字恰为0.5者，使末位为偶数（当末位为奇数时，末位进一；当末位为偶数时，末位不变）。我们可以简捷地记成："四舍六入，逢五取偶"。

52. 答：计量检定和计量校准都是实现溯源性的重要形式，是确保量值准确一致的重要措施。其区别主要有：

(1)目的不同：校准主要用以确定计量器具的示值误差；检定是对计量器具的计量性能进行的全面评定，是确定其是否合格所进行的全部工作。

(2)对象不同：校准的对象是强制性检定之外的计量器具；检定的对象是我国《计量法》明确规定的强制检定的计量器具。

(3)性质不同：校准不具有强制性，属于单位自愿的溯源行为；检定具有强制性，属于法制计量管理的范畴。

(4)依据不同：校准的依据是实验室根据国家、省或实际需要自行制定的《校准规范》，或参照检定规程及其他技术文献的要求；检定的依据是《计量检定规程》，这是计量检定必须遵循的技术法规文件。

(5)方式不同：校准的方式可以采用实验室自校、外校，或自校加外校相结合的方式；检定必须由法定计量检定机构，或授权的计量检定机构执行。

(6)周期不同：校准周期根据使用计量器具的单位的需要自行确定；检定的周期必须按照检定规程的规定由承担检定工作的计量检定机构确定，检定周期属于强制性约束的内容。

(7)内容不同：校准的内容和项目，只是评定计量器具的示值误差，以确保量值准确；检定的内容则是对计量器具的计量性能进行全面评定，以确保计量器具合格有效。

(8)结论不同：校准的结论只是评定计量器具的示值误差，确保量值准确，不要求给出是否合格的判定，校准可以给出校准证书或校准报告；检定则必须依据检定规程规定的示值误差范围，给出合格与否的判定，检定的结果是给出检定证书或检定结果证书。

(9)法律效力不同：校准的结论不具备法律效力，给出的校准证书只是标明示值误差，属于一种技术文件；检定的结论具有法律效力，检定证书可作为计量器具或装置的法定依据，属于具有法律效力的技术文件。

53. 答：检定按管理性质可分为强制检定、非强制检定。

54. 答：检定工作必须依据国家计量检定系统表和国家计量检定规程。如无国家计量检定规程，可使用部门或地方制定的计量检定规程。

四、计算题

1. 解：(1)计算极差

$$R = x_{max} - x_{min} = 10.15 - 10.10 = 0.05$$

(2)查表得 C 值

$$C = 2.06$$

(3)计算实验标准偏差

$$s(x) = (x_{max} - x_{min})/C = 0.05/2.06 = 0.024 = 0.02$$

2. 解:(1)计算算术平均值

$$\bar{x} = (0.31 + 0.32 + 0.30 + 0.35 + 0.38 + 0.31 + 0.32 + 0.34 + 0.37 + 0.36)/10 = 0.34$$

(2)计算10个残差

$$v_i = x_i - \bar{x}$$

$-0.03, -0.02, -0.04, +0.01, +0.04, -0.03, -0.02, 0.00, +0.03, +0.02$

(3)计算残差平方和

$$\sum_{i=1}^{n}(x_i - \bar{x})^2 = 0.0009 + 0.0004 + 0.0016 + 0.0001 + 0.0016 + 0.0009 + 0.0004 + 0.0000 + 0.0009 + 0.0004 = 0.0072$$

(4)计算实验标准偏差

$$s(x) = \sqrt{\frac{\sum_{i=1}^{n}(x_i - \bar{x})^2}{n-1}} = \sqrt{\frac{0.0072}{10-1}} = 0.028 = 0.03$$

3. 解:(1)示值误差:示值误差 = 实际值 − 示值 = 100.02 V − 100.00 V = +0.2 V

(2)引用误差:引用误差 = 示值误差/测量上限值 = +0.2/200 × 100% = +0.1%

(3)相对误差:相对误差 = 示值误差/实际值 = +0.2/100.0 × 100% = +0.2%

(4)修正值:修正值 = − 示值误差 = −0.2 V

4. 解:∵

$$1\ m^3 = 1\,000\ dm^3$$

$$1\ dm^3 = 1\ L = 1\,000\ mL$$

∴

$$3\ m^3 = 3 \times 1\,000 \times 1\,000\ mL = 3 \times 10^6\ mL$$

5. 解:

(1)$5.1179 - 5.0079 \approx 0.1100$

(2)$1.5 \times 10 + 1.6000 \times 2.6 = 1.5 \times 10 + 1.60 \times 2.6 = 15 + 4.16 = 19.16 \approx 19$

(3)$0.15 \times 10 \times 0.1051 \approx 0.15 \times 10 \times 0.105 = 0.1575 \approx 1.6 \times 10^{-1}$

(4)$2\pi/0.16 = 2 \times 3.14/0.16 = 39.25 \approx 39$

6. 解:

测量结果	3.145 0	0.002 482	213.499	8.415 000 01	1.535 000
修约至三位有效数字	3.14	2.48×10^{-3}	213	8.42	1.54
修约间隔为0.1	3.1	2.5×10^{-3}	213.5	8.4	1.5

7. 解：第一种方法的相对误差是：

$$0.05/100.0=0.05\%$$

第二种方法的相对误差是：

$$0.01/10.0=0.1\%$$

第一种方法的测量准确度高，因为第一种方法的相对误差小。

8. 解：相对误差

$$\delta=-0.02\ \Omega/100\ \Omega=-0.02\%=-2\times10^{-4}$$

9. 解：(1) 示值误差 = 测得值 − 实际值 = 50 V − 52 V = −2 V

(2) 最大允许引用误差 = ± 仪表量程 × 仪表准确度级别% = ±100 V × 2.5% = ±2.5 V

(3) 示值相对误差 = 示值误差/示值，50 V 刻度点的相对误差 $=\dfrac{-2\ \text{V}}{50\ \text{V}}=-4\%$

(4) 当示值误差≤最大允许引用误差时仪表不超差，现 2 V < 2.5 V，故判定电压表合格。

10. 解：如果数字显示仪器的分辨力为 δ_x，则区间半宽度 $a=\delta_x/2$，假设为均匀分布，查表得 $k=\sqrt{3}$，则由分辨力引起的标准不确定度分量为

$$u_B=\frac{a}{k}=\frac{\delta_x}{2\sqrt{3}}=0.29\delta_x$$

当数字电压表的分辨力为 1 μV 时，由分辨力引起的标准不确定度分量为

$$u_B(x)=0.29\times1\ \mu\text{V}=0.29\ \mu\text{V}$$

11. 解：由校准证书的信息可知

$$a=U_{99}=90\ \mu\Omega$$

假设为正态分布，查表得到 $k=2.58$，则电阻校准值的标准不确定度为

$$u(R_s)=90\ \mu\Omega/2.58=35\ \mu\Omega$$

相对标准不确定度为

$$u(R_s)/R_s=35\ \mu\Omega/10.000\,074\ \Omega=3.5\times10^{-6}$$

12. 解：根据手册，$a=0.40\times10^{-6}\ ℃^{-1}$，依据经验假设为等概率地落在区间内，即均匀分布，查表得 $k=\sqrt{3}$。铜的线热膨胀系数的标准不确定度为

$$u(\alpha_{20})=0.40\times10^{-6}\ ℃^{-1}/\sqrt{3}=0.23\times10^{-6}\ ℃^{-1}$$

13. 解：电压表最大允许误差的模为区间的半宽度

$$a=(14\times10^{-6}\times0.928\,571\ \text{V}+2\times10^{-6}\times10\ \text{V})=33\times10^{-6}\ \text{V}=33\ \mu\text{V}$$

设在区间内为均匀分布，查表得到 $k=\sqrt{3}$，则测量结果中由数字电压表仪器引入的标准不确定度为

$$u(V)=33\ \mu\text{V}/\sqrt{3}=19\ \mu\text{V}$$

14. 解：算出平均值

$$\bar{x}=\frac{1}{8}(802.40+802.50+\cdots+802.43)=802.44$$

各残差为 −0.04、0.06、−0.06、0.04、−0.02、0.02、0.01、−0.01

单次测量值的标准偏差 $s=\sqrt{\dfrac{\sum_{i=1}^{n}(x_i-\bar{x})^2}{n-1}}=0.04$

算术平均值的标准偏差 $s(\bar{x})=\dfrac{1}{\sqrt{n}}\sqrt{\dfrac{\sum_{i=1}^{n}(x_i-\bar{x})^2}{n-1}}=\dfrac{0.04}{\sqrt{8-1}}=0.0151=0.02$

15. 解:已知 $u_1=6.0$(单位略,下同),$u_2=8.0$。

(1)求 u_3:均匀分布时 $k_3=\sqrt{3}$,则 $u_3=\dfrac{a_3}{\sqrt{3}}=\dfrac{1.73}{\sqrt{3}}=1.0$

(2)求 u_4:正态分布 $p=0.9973$ 对应的 k_4 值为 3,$u_4=\dfrac{a_4}{3}=\dfrac{30.0}{3}=10.0$

(3)合成标准不确定度:$u_c=\sqrt{\sum_{i=1}^{n}u_i^2}=\sqrt{6.0^2+8.0^2+1.0^2+10.0^2}\approx10\sqrt{2}\approx14$

(4)扩展不确定度:$U=ku_c=2\times14=28$

16. 解:(1)被考核机构的测量结果合成不确定度

$$u_c(y)=\sqrt{1.1^2+1.2^2+1.3^2+1.0^2}\ \text{mg}=2.3\ \text{mg}$$

(2)评价测量结果:

$$E_n=(y_L-y_r)/[2u_c(y)]=(403.8-400.3)/4.6=0.76<1$$

被考核机构的测量结果可信。

(该题也可用 JJF 1033 中的传递法的判据:$|y_L-y_r|\leqslant\sqrt{U_L^2+U_r^2}$ 进行评价。等号左边:$|403.8-400.3|=3.5$。等号右边:$\sqrt{1.5^2+2.3^2}=\sqrt{2.25+5.29}=\sqrt{7.54}=2.7$。

$3.5<2.7$,该机构的测量结果可信。)

五、案例分析题

1. 分析:该法定计量检定机构的这种做法不符合相关计量法律法规的规定。首先,用于计量检定的社会公用计量标准,必须依据计量法律法规的规定,通过计量标准考核取得相应的计量标准证书。其次,社会公用计量标准属于强制检定的范围,该计量标准必须通过计量检定取得相应的计量检定证书方可使用。

2. 分析:《计量法》第十条规定:"计量检定必须执行计量检定规程。国家计量检定规程由国务院计量行政部门制定。没有国家计量检定规程的,由国务院有关主管部门和省、自治区、直辖市人民政府计量行政部门分别制定部门计量检定规程和地方计量检定规程,并向国务院计量行政部门备案。"所以,该计量检定机构自行编制计量检定规程,并开展检定的做法不符合《计量法》第十条的规定,是不正确的。

3. 分析:《计量法》第二十条明确规定:执行计量检定任务的人员,必须经考核合格。《计量检定人员管理办法》第四条规定:计量检定人员从事计量检定活动,必须具备相应的条件,并经质量技术监督部门核准,取得计量检定员资格。所以,上述情况不符合《计量法》第二十条和《计量检定人员管理办法》第四条的规定。该机构的做法是不正确的,新分配的大学生参加工作后,应认真学习相关的计量检定专业知识,熟悉计量检定操作技能，并在计量检定员的监督下参与计量检定过程，但是不能出具计量检定证书。只有在其通过考核取得相应的计量检定员资格，才能独立从事计量检定工作并出具计量检定证书。

4. 分析：该案例中的错误是：(1)使用了非法定计量单位，力是国际单位制中具有专门名称的导出单位，单位名称是牛[顿]，单位符号为 N。牛[顿]的倍数单位为千牛(kN)、兆牛(MN)、毫牛(mN)、微牛(μN)等。gf(克力)是非法定计量单位。

(2)测量力 600～1 000 gf 和 800～1 200 gf 表示不正确。量值的定义为数值乘以计量单位，而 600 和 800 为数值，并非量值。正确表述应为：测量力检定时，当测量范围等于或小于 300 mm 时，测量力应为 5.89 N～9.81 N；测量范围大于 300 mm 时，测量力应为 7.85 N～11.77 N。

5. 分析：该企业的做法不正确。根据相关计量法律法规的规定，企事业计量标准考核合格后只能在本单位内部开展量值传递(限非强制计量检定)，如果需要超过规定的范围开展量值传递或者执行强制检定工作，建立计量标准的单位应当向有关计量行政部门申请计量授权。该企业建立的压力计量标准只能对企业内部开展压力表(非强制)计量检定，对外开展压力表的检定工作和对内开展强制检定工作，不仅需要计量标准考核，还需要向当地市计量行政部门申请计量授权。

6. 分析：实物量具是指"具有所赋量值，使用时以固定形态复现或提供一个或多个量值的测量仪器"。实物量具本身直接复现或提供了量值，实物量具的示值就是其标称值。上题中除②台秤、④热电偶和⑥卡尺不是实物量具外，其他如①钢卷尺、③注射器、⑤电阻箱、⑦铁路计量油罐车和⑧燃油加油机都属于实物量具。卡尺虽然习惯上称之为"通用量具"，但按定义它并不是实物量具，而是一种指示式测量仪器。

7. 分析：该证书上给出的修正值是错误的。修正值与误差的估计值大小相等而符号相反。该标准电阻的示值误差为 0.001 MΩ，所以该标准电阻标称值的修正值为 −0.001 MΩ。其标准电阻的校准值为标称值加修正值，即 1 MΩ + (−0.001 MΩ) = 0.999 MΩ。

8. 分析：(1)该实验室把 1 级量块的最大允许误差称之为极限误差是不妥的。极限误差这一术语现已不用，曾定义为 3 倍标准差 3σ。用"极限偏差"来代替扩展不确定度也是错误的。

(2)直接把 4 个最大允许误差按方和根合成为扩展不确定度是不对的。

正确的评定方法如下：

按 JJG 146—2003《量块》规定，对 1 级量块，$l_n \leqslant 10$ mm 时，允许误差限 MPE 为 ±0.20 μm，在 50 mm < $l_n \leqslant 75$ mm 时，MPE 为 ±0.50 μm。所以，0.2 μm、0.2 μm、0.2 μm 与 0.5 μm 分别为 4 个量块示值(标称值)的最大允许误差的绝对值。它们的分散区间半宽度 a 分别为 0.2 μm、0.2 μm、0.2 μm 与 0.5 μm，估计为均匀分布，取 $k=\sqrt{3}$，可得它们的标准不确定度分别为

$$u(l_1) = 0.12\ \mu\text{m}$$
$$u(l_2) = 0.12\ \mu\text{m}$$
$$u(l_3) = 0.12\ \mu\text{m}$$
$$u(l_4) = 0.29\ \mu\text{m}$$

因此

$$u_c(l) = \sqrt{u^2(l_1) + u^2(l_2) + u^2(l_3) + u^2(l_4)}$$
$$= \sqrt{3 \times 0.12^2 + 0.29^2}\ \mu\text{m} = 0.36\ \mu\text{m}$$

扩展不确定度 $U(k=2)$ 为

$$U = 2 \times 0.36\ \mu\text{m} = 0.72\ \mu\text{m}$$

9. 分析：案例中的计算是错误的。按贝塞尔公式计算出实验标准偏差 $s(x) = 0.08$ V 是测量值的实验标准偏差，它表明测量值的分散性。多次测量取平均可以减小分散性，算术平均值的实验标准偏差是测量值的实验标准偏差的 $1/\sqrt{n}$。所以，算术平均值的实验标准偏差应该为

$$s(\bar{x}) = \frac{s(x)}{\sqrt{n}} = \frac{0.08\ \text{V}}{\sqrt{4}} = 0.04\ \text{V}$$

10. 分析：依据 JJF 1001《通用计量术语及定义》中关于准确度的定义，测量结果的准确度是一个定性的概念。该计量师对准确度的表达是不对的，不能用于定量表示。在校准证书上应该给出校准值的测量不确定度，而不是准确度。

11. 分析：本案例中的检定人员在检定所依据的方法文件被修订后，没有通过学习正确理解掌握新版本的检定规程，使现行有效的检定规程没有得到认真的执行，这样就不能保证检定结果的质量。

当新的规程、规范等文件颁布后，如果有权威机构组织的宣贯培训，要尽可能参加。如果没有外部组织的培训，机构内部要组织学习、研讨，尽快掌握和正确理解新版本的要点，然后对照新版本检查原来使用的标准器、配套设备，以及环境条件等硬件设施是否符合新版本的要求。如果不符合，应提出需要改造、补充新设备的申请，尽快实施改造和购置。同时检查相关的原始记录格式，检定、校准操作的作业指导书等软件是否符合新版本要求，按新要求修改原始记录格式，修订作业指导书等。

12. 分析：《法定计量检定机构考核规范》规定："当检定、校准产生了一组修正因子时，机构应有程序确保其所有备份（例如计算机软件中的备份）得到正确更新。"计量标准器在检定或校准后，设备保管人和使用人应用新的修正值替换旧的修正值。为工作时查阅而编制的修正值表，应按受控的技术文件管理，在今年的新修正值表上盖上受控章，而在去年的旧修正值表上盖作废章，并从工作场所撤出，以防误用。上述案例中，由于去年和今年检定后的两张修正值表同时存在，以致发生了混淆，出现了检定、校准工作中错用修正值的情况。

13. 分析：本案例的校准机构对已发到客户的出错证书没有按规定的程序进行更正，重新出具的新证书没有重新编号，没有明确的替换声明，未收回作废的证书，对客户造成了不良影响。依据《法定计量检定机构考核规范》有关"证书和报告的修改"的有关规定，检定或校准机构发现已出具的证书或报告有错误时，可以追加一份证书的补充件。这份补充件上应明确声明"此文件是对证书（报告）编号××××的检定证书的补充"。追加的补充文件也应符合有关证书、报告的要求，由检测人员、核验人员、批准人员签名，并加盖公章后发出。原证书不收回，采用补充件进行更正适用于原证书报告的内容是正确的，

只是不够完整,漏掉了一部分内容。如果原证书存在不正确的内容,就需要重新出具一份完整的新的证书将原证书收回。重新出具的证书要重新编号,不可使用原来出错的证书号,以免客户混淆。并且必须在新的证书上声明:“本证书代替证书编号××××的检定证书”,同时说明“(被修改的)证书编号××××的检定证书作废”。

14. 分析:依据《法定计量检定机构考核规范》有关原始记录和数据处理的要求,原始记录必须是当时记录的,不能事后追记或补记,也不能以重新抄过的记录代替原始记录。检定、校准人员必须要改掉用草稿纸记录以后重抄的习惯。原始记录必须做到真实客观,信息量足够,能从中了解到不确定度的重要影响因素,在需要时能在尽可能与原来条件接近的条件下使检定或校准试验重现。重抄的记录不能作为原始记录,也不能作为其承担法律责任的凭证。在重抄过程中很容易发生错漏,导致结果的不可靠。必须记录客观事实,即直接观察到的现象,记录读取的数据和数据处理的过程,不得虚构、伪造数据。证书、报告在各种执法活动中要承担法律责任,而证书、报告是依据原始记录编制的,因此必须保证原始记录的真实和信息的完整。为此必须使用按规定设计的记录格式;记录要有编号、页号;要包含足够的信息;要符合记录书写要求和修改要求;要按规定在原始记录上亲笔签名,按规定的保存期限妥善保存。

参考文献

[1] 中华人民共和国计量法条文解释[S].1987.

[2] 强制检定的工作计量器具实施检定的有关规定(试行)[S].1991.

[3] 计量标准考核办法[S].2005.

[4] 计量检定人员管理办法[S].2008.

[5] 计量授权管理办法[S].1989.

[6] 法定计量检定机构监督管理办法[S].2001.

[7] 仲裁检定和计量调解办法[S].1987.

[8] 注册计量师制度暂行规定[S].2006.

[9] 注册计量师资格考试实施办法[S].2006.

[10] JJF 1001—2011 通用计量术语及定义[S].

[11] JJF 1059.1—2012 测量不确定度评定与表示[S].

[12] JJF 1094—2002 测量仪器特性评定[S].

[13] JJF 1033—2008 计量标准考核规范[S].

[14] JJF 1069—2012 法定计量检定机构考核规范[S].

[15] JJF 1246—2010 制造计量器具许可考核通用规范[S].

[16] JJF 1112—2003 计量检测体系确认规范[S].

[17] GB/T 19022—2003/ISO 10012:2003 测量管理体系 测量过程和测量设备的要求[S].

[18] GB/T 27025—2008/ISO/IEC 17025:2005 检测和校准实验室能力的通用要求[S].

[19] GB 3100~3102—1993 量和单位[S].

[20] 李慎安,李寿星.计量单位使用指南[M].北京:中国计量出版社,1997.

[21] 国家技术监督局宣传教育司.技术监督与管理[M].北京:中国计量出版社,1995.

[22] 国家质量监督检验检疫总局.中国质检工作手册:计量管理[M].北京:中国质检出版社,2012.

[23] 辽宁省质量计量检测研究院.计量技术基础知识[M].北京:中国计量出版社,2001.

[24] 全国计量标准计量检定人员考核委员会.JJF 1033—2008 计量标准考核规范实施指南[M].北京:中国计量出版社,2008.

[25] 苗瑜.《JJF 1069—2007 法定计量检定机构考核规范》培训教程[M].郑州:黄河水利出版社,2008.

[26] 中国计量测试学会.一级注册计量师基础知识及专业实务[M].北京:中国质检出版社,2012.

[27] 中国质量监督检验检疫总局计量司.制造计量器具许可实施指南[M].北京:中国计量出版社,2010.

[28] 操诚.关于计量执法工作的思考[J].中国计量,2006(6).

[29] 曹立新.做好质监行政执法工作需要提高的五种能力[J].中国计量,2006(6).

[30] 计量检定人员考核规则[S]. 2012.

[31] 注册计量师注册管理暂行规定[S]. 2013.